高职高专机电一体化专业系列教材

基于 Proteus 的单片机
项目实践教程

（第 2 版）

刘燉原　主编

电子工业出版社
Publishing House of Electronics Industry
北京·BEIJING

内 容 简 介

本书采用任务驱动、项目教学模式的编写思路，基于 Keil（程序设计与开发软件）和 Proteus（程序仿真与调试软件），精心选取 10 个项目，把单片机的各个知识点贯穿其中。这 10 个项目按照从简单到复杂、从单一到综合的顺序排列，分别为点亮 LED 的设计与实现、流水灯的设计与实现、手动计数器的设计与实现、倒计时的设计与实现、数字电压表的设计与实现、数字温度计的设计与实现、简易波形发生器的设计与实现、玩具小车控制系统的设计与实现、人机交互控制系统的设计与实现、电子钟的设计与实现。每个项目的内容安排都是一个闭环系统，包括项目引入、任务描述、准备知识、项目实现、项目总结等环节。本书编程语言选用 C 语言，项目编程从易到难，将各知识难点逐个突破。

本书可作为高职高专院校电子信息、计算机应用技术、机电等相关专业单片机技术课程的教材，也可作为广大电子制作爱好者的自学用书。

未经许可，不得以任何方式复制或抄袭本书之部分或全部内容。
版权所有，侵权必究。

图书在版编目（CIP）数据

基于 Proteus 的单片机项目实践教程 / 刘燎原主编. —2 版. —北京：电子工业出版社，2023.12
ISBN 978-7-121-45795-1

Ⅰ．①基… Ⅱ．①刘… Ⅲ．①单片微型计算机－系统仿真－应用软件－高等职业教育－教材 Ⅳ．①TP368.1

中国国家版本馆 CIP 数据核字（2023）第 108304 号

责任编辑：魏建波
印　　刷：保定市中画美凯印刷有限公司
装　　订：保定市中画美凯印刷有限公司
出版发行：电子工业出版社
　　　　　北京市海淀区万寿路 173 信箱　　邮编：100036
开　　本：787×1092　1/16　印张：17　字数：393 千字
版　　次：2012 年 12 月第 1 版
　　　　　2023 年 12 月第 2 版
印　　次：2024 年 12 月第 2 次印刷
定　　价：52.00 元

凡所购买电子工业出版社图书有缺损问题，请向购买书店调换。若书店售缺，请与本社发行部联系，联系及邮购电话：（010）88254888，88258888。
质量投诉请发邮件至 zlts@phei.com.cn，盗版侵权举报请发邮件至 dbqq@phei.com.cn。
本书咨询联系方式：010-88254609，hzh@phei.com.cn。

前　　言

我国高职院校教育教学课程正在经历一场改革。传统的学科体系课程教学模式由于存在"重知识、轻能力"的问题，不能满足社会对高职人才的需求，因此正在逐步被项目教学等更适用于高职教育的教学模式取代。高职院校要培养的人才应是既懂理论，又懂实践，有一定的研发经验，并开发过一定项目或产品的实用型人才。

本书顺应高职院校教育教学改革的需要，采用任务驱动、项目教学模式的编写思路，基于 Keil（程序设计与开发软件）和 Proteus（程序仿真与调试软件），精心选取 10 个项目，把单片机的各个知识点贯穿其中。

本书的 10 个项目按照从简单到复杂、从单一到综合的顺序排列，分别为点亮 LED 的设计与实现、流水灯的设计与实现、手动计数器的设计与实现、倒计时的设计与实现、数字电压表的设计与实现、数字温度计的设计与实现、简易波形发生器的设计与实现、玩具小车控制系统的设计与实现、人机交互控制系统的设计与实现、电子钟的设计与实现。每个项目的内容安排都是一个闭环系统，包括项目引入、任务描述、准备知识、项目实现、项目总结等环节。每个项目对应若干个知识点，如点亮 LED 的设计与实现主要介绍单片机最小系统，流水灯的设计与实现主要介绍单片机和 LED 的连接及程序控制，手动计数器的设计与实现主要介绍单片机和按键、数码管的连接及程序控制，倒计时的设计与实现主要介绍单片机定时/计数器，数字电压表的设计与实现主要介绍单片机和 A/D 转换芯片的连接及程序控制，简易波形发生器的设计与实现主要介绍单片机和 D/A 转换芯片的连接及程序控制，人机交互控制系统的设计与实现主要介绍单片机与 PC 之间的串行通信等。通过这 10 个项目的学习，学生可以较为全面地掌握单片机的基础知识和各项应用技能。

本书编程语言选用 C 语言，项目编程从易到难，将各知识难点逐个突破。本书引入 Proteus，注重学生软件编程能力、设计能力的培养，该软件可以充分仿真单片机系统的工作情况，用构建的虚拟单片机系统代替硬件实物电路，程序运行于虚拟的单片机系统，使软件调试不再依赖于硬件实物电路。当仿真结果达到预期效果后，再进行硬件实物电路的制作。

本书的项目 1～7、项目 9 为基础篇，参考学时为 76 学时；项目 8、项目 10 为提高篇，参考学时为 14 学时，这两个项目为选学内容。各院校可根据具体情况进行教学，在教学中应多给学生提供制作硬件实物电路的机会，让学生边做边学，把看到的、听到的、手上做的东西结合起来。在这个过程中，学生学会发现、思考、解决问题，进而增强信心，提高学习积极性并锻炼能力。本书在改版后引入视频资源，学生可通过扫描二维码观看部分项目的教学视频，而且本书在每个项目中都增加了项目拓展，可引入新知识并拓展课题。

  本书教学资源丰富，为方便教师教学，本书配有已在多届学生中使用的电子教学课件、精品课程网站、大量实例源代码和仿真电路等教学资源，有需要的读者可以与编者联系，以便获得更多的教学服务支持。本书可作为高职高专院校电子信息、计算机应用技术、机电等相关专业单片机技术课程的教材，也可作为广大电子制作爱好者的自学用书。本书由刘燎原编著。本书从选题、撰稿到出版的过程，得到了江苏建筑职业技术学院和电子工业出版社各位领导和老师的帮助，并获得了许多宝贵的意见和建议，在此一并表示衷心的感谢。

  由于时间紧迫和编者水平有限，本书中难免存在疏漏和不妥之处，在此真诚欢迎读者多提宝贵意见。

编　者
2023 年 3 月

目 录

项目1 点亮LED的设计与实现 1

1.1 任务描述 2
1.2 准备知识 2
  1.2.1 认识单片机 2
  1.2.2 单片机最小系统 6
  1.2.3 单片机的存储器 14
  1.2.4 单片机C语言基础 21
1.3 项目实现 29
  1.3.1 设计思路 29
  1.3.2 硬件电路设计 29
  1.3.3 程序设计 30
  1.3.4 仿真调试 31
  1.3.5 项目拓展 46
思考与练习 46

项目2 流水灯的设计与实现 47

2.1 任务描述 48
2.2 准备知识 48
2.3 项目实现 52
  2.3.1 设计思路 52
  2.3.2 硬件电路设计 52
  2.3.3 程序流程设计 53
  2.3.4 仿真调试 56
  2.3.5 程序烧录 56
  2.3.6 项目拓展 62
思考与练习 62

项目 3　手动计数器的设计与实现 ... 63

3.1　任务描述 ... 63
3.2　准备知识 ... 64
　　3.2.1　数码管静态显示 ... 64
　　3.2.2　数码管动态显示 ... 68
　　3.2.3　外部中断 ... 74
3.3　项目实现 ... 86
　　3.3.1　设计思路 ... 86
　　3.3.2　硬件电路设计 ... 86
　　3.3.3　软件编程 ... 86
　　3.3.4　仿真调试 ... 88
　　3.3.5　项目拓展 ... 89
思考与练习 ... 90

项目 4　倒计时的设计与实现 ... 91

4.1　任务描述 ... 91
4.2　准备知识 ... 92
　　4.2.1　单片机定时/计数器 ... 92
　　4.2.2　键盘应用 ... 103
4.3　项目实现 ... 111
　　4.3.1　设计思路 ... 111
　　4.3.2　硬件电路设计 ... 112
　　4.3.3　程序设计 ... 112
　　4.3.4　仿真调试 ... 115
　　4.3.5　项目拓展 ... 116
思考与练习 ... 117

项目 5　数字电压表的设计与实现 ... 118

5.1　任务描述 ... 118
5.2　准备知识 ... 119
5.3　项目实现 ... 123
　　5.3.1　设计思路 ... 123
　　5.3.2　硬件电路设计 ... 123
　　5.3.3　程序设计 ... 124
　　5.3.4　仿真调试 ... 126
　　5.3.5　项目拓展 ... 127
思考与练习 ... 129

项目 6 数字温度计的设计与实现 130
6.1 任务描述 130
6.2 准备知识 131
6.2.1 DS18B20 131
6.2.2 LCD 141
6.3 项目实现 151
6.3.1 设计思路 151
6.3.2 硬件电路设计 151
6.3.3 程序设计 152
6.3.4 仿真调试 157
6.3.5 项目拓展 157
思考与练习 158

项目 7 简易波形发生器的设计与实现 159
7.1 任务描述 159
7.2 准备知识 160
7.3 项目实现 165
7.3.1 设计思路 165
7.3.2 硬件电路设计 166
7.3.3 程序设计 166
7.3.4 仿真调试 169
7.3.5 项目拓展 170
思考与练习 171

项目 8 玩具小车控制系统的设计与实现 172
8.1 任务描述 172
8.2 准备知识 173
8.2.1 步进电动机 173
8.2.2 直流电动机 180
8.3 项目实现 183
8.3.1 设计思路 183
8.3.2 硬件电路设计 183
8.3.3 程序设计 184
8.3.4 仿真调试 187
8.3.5 项目拓展 188
思考与练习 189

项目 9 　人机交互控制系统的设计与实现 190

9.1 　任务描述 190
9.2 　准备知识 191
9.2.1 　单片机的串行通信 191
9.2.2 　单片机与 PC 之间的串行通信 205
9.3 　项目实现 208
9.3.1 　设计思路 208
9.3.2 　硬件电路设计 209
9.3.3 　程序设计 209
9.3.4 　仿真调试 211
9.3.5 　项目拓展 213
思考与练习 214

项目 10 　电子钟的设计与实现 215

10.1 　任务描述 216
10.2 　准备知识 216
10.2.1 　DS1302 216
10.2.2 　LCD12864 223
10.3 　项目实现 232
10.3.1 　设计思路 232
10.3.2 　硬件电路 232
10.3.3 　软件设计 233
10.3.4 　仿真调试 242
思考与练习 244

附录 A 　单片机 C 语言的相关知识 245

附录 B 　单片机 C 语言的编程模版 248

附录 C 　Proteus 元件名称的中英文对照 251

附录 D 　I^2C 器件 AT24C04 的原理与应用 254

参考文献 262

项目 1

点亮 LED 的设计与实现

▶▶ 项目引入

现代有很多常用的电器使用 LED（发光二极管），其要求 LED 按照一定的频率闪烁，这实际上就是一个最简单的单片机控制电路。LED 如图 1-1 所示，是一种较简单和常用的电子元件。单片机的学习就从点亮 LED 开始。本项目的任务是利用单片机驱动 LED 电路，设计程序使其点亮。

图 1-1　LED

▶▶ 知识目标

- 了解单片机的基本结构。
- 掌握单片机的引脚。
- 掌握单片机最小系统的组成。
- 掌握 C51 基本语法。

▶▶ 技能目标

- 会安装和使用 Keil、Proteus。
- 能制作单片机最小系统硬件电路。

1.1 任务描述

设计单片机驱动 LED 闪烁的控制电路，借助 Keil 完成该程序的编写，在 Proteus 中完成仿真。

1.2 准备知识

1.2.1 认识单片机

1. 单片机的概念

1）计算机

要搞清楚什么是单片机，还要从计算机讲起。图 1-2 所示的计算机是由中央处理器（CPU）、存储器、输入/输出（I/O）端口和外围设备组成，依靠系统总线（地址总线、数据总线、控制总线）相连而成的硬件系统，其硬件结构图如图 1-3 所示。

图 1-2　计算机

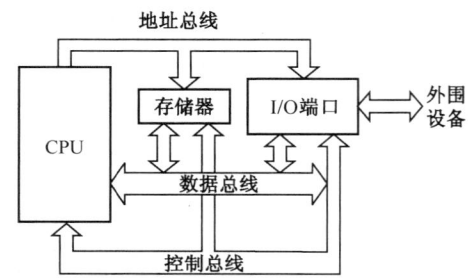

图 1-3　计算机硬件结构图

2）单片机

随着大规模集成电路技术的发展，构成计算机的 CPU、存储器（ROM、RAM）、I/O 端口等主要功能部件及系统总线集成在同一块芯片上，称为单芯片的微型计算机（Single Chip Micro Computer），简称单片机（微控制器），其内部结构如图 1-4 所示。图 1-5 所示为 AT89S52 单片机，它是由 Atmel 公司生产的一种较常用的单片机。

3）嵌入式系统

嵌入式系统一般由嵌入式 CPU、外围设备、嵌入式操作系统及用户的应用程序 4 个部分组成。它与一般单片机的区别主要有两点：一是它带有嵌入式操作系统；二是它为 32 位或更高位系统，一般其核心为 ARM、DSP、FPGA 等。单片机一般不带操作系统，ARM 算是单片机的进一步发展。

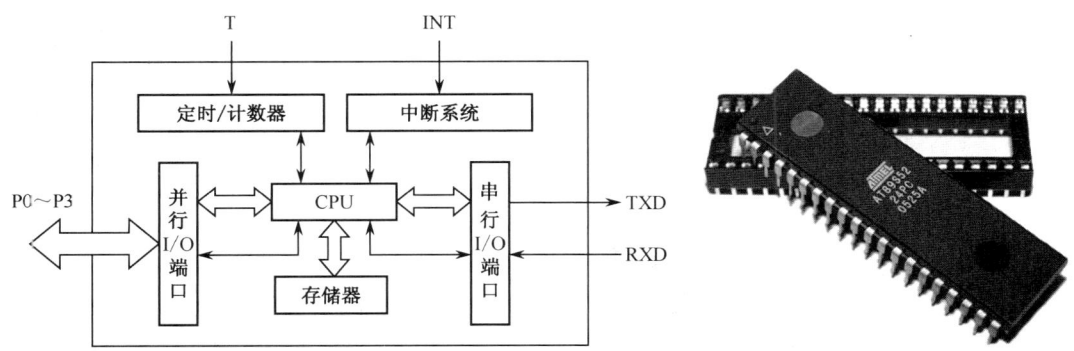

图 1-4　单片机内部结构　　　　图 1-5　AT89S52 单片机

2．单片机的发展与分类

1975 年出现了第一块 4bit 单片机。单片机的发展经历了 4bit、8bit、16bit、32bit 各个阶段。出现较早且较成熟的单片机为 Intel 公司的 MCS-51 系列单片机，代表型号有 Intel 8031、Intel 8051、Intel 8751 等。该系列单片机的字长为 8bit，具有完善的结构和优越的性能，以及较高的性价比和较低的开发环境要求。因此，后来很多厂商和公司沿用或参考了 Intel 公司的 MCS-51 内核，相继开发出了自己的单片机产品，如 PHILIPS、Dallas、Atmel 等公司，并增加和扩展了单片机的很多功能。单片机的型号很多，采用 MCS-51 内核的单片机常简称为 51 系列单片机。目前市场流行的 8bit 单片机多为 Atmel 公司的 AT89 系列单片机和国内品牌的 STC 系列单片机等。

STC 系列单片机为增强 51 系列单片机，支持 ISP 串口下载、内部看门狗和内部 E^2PROM 应用编程（IAP），个别型号内部设计有 A/D 转换器。由于 STC 系列单片机功能强且价格低，在市场中容易购置，其实验和研发成本较低，因此使用较为广泛。

国内应用的单片机主要包括以下型号。

- Intel 公司——Intel 8031、Intel 8051。
- Atmel 公司——AT89 系列单片机（如 AT89S51）、AVR 系列单片机（如 ATMEGA48）。
- 宏晶公司——STC12C5410AD。
- MICROCHIP 公司——PIC 系列单片机（如 PIC16F877）。
- Motorola 公司——M68HC08 系列单片机（如 MC68HC908GP32）。
- TI 公司——TMS370 系列单片机、MSP430 系列单片机、MSP430 系列单片机。

3．单片机的应用

单片机的应用非常广泛，涉及人们生活的各个领域。它有较强的数据运算和处理的能力，可以嵌入很多电子设备的电路系统，实现智能化检测和控制。单片机的应用主要集中在以下几个方面。

1）工业自动控制

工业自动控制是最早采用单片机控制的领域之一。单片机结合不同类型的传感器，可实现电信号、湿度、温度、流量、压力、速度和位移等物理量的测量。例如，智能电度表可用于家用电器的功率、用电量及电费的测量和计算，如图1-6所示。单片机在测控系统、工业生产机器人的过程控制、医疗、机电一体化设备和仪器仪表中有着广泛的应用。典型应用产品有机器人、数控机床、自动包装机、验钞机（见图1-7）、医疗设备、打印机、传真机、复印机等。

图1-6　智能电度表　　　　　　　　　图1-7　验钞机

2）家用电器

单片机具有体积小、功耗低、扩展灵活和使用方便等优点，在家用电器方面也有着广泛的应用。单片机能够完成电子系统的输入和自动操作，非常适用于对家用电器的智能控制。嵌入单片机的家用电器实现了智能化，使传统型家用电器更新换代，如今单片机已广泛应用于全自动洗衣机、空调、电视机、微波炉、电冰箱及各种视听设备。

3）其他领域

智能化的集中显示系统、动力监测控制系统、自动驾驶系统、通信系统和运行监视的各种仪器仪表等装置都离不开单片机。单片机在机器人、汽车、航空航天、军事等领域也有着广泛的应用。

4．单片机的开发

1）单片机的开发概述

单片机的运行需要必要的硬件和软件，而程序就是单片机的软件。把程序下载到单片机内部的ROM中，让单片机运行，从而实现其基本功能，这就是单片机的开发过程，如图1-8所示。虽然单片机不能加载复杂的操作系统，但它是一种程序简单、芯片化的计算机，各功能部件在芯片中的布局和结构达到最优化，抗干扰能力强，工作相对稳定。

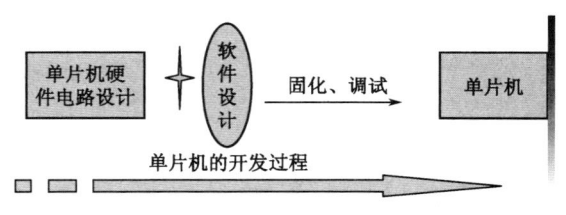

图1-8　单片机的开发过程

2）单片机的开发工具

（1）Keil。

单片机完成各种操作是通过程序实现的，编程的语言可以是汇编语言，也可以是 C 语言。汇编语言直接面向机器，而 C 语言通读性强。编程的调试软件较多，有伟福、MedWin、Keil 等，其中 Keil 较为常用，它是由德国 Keil 软件公司开发的基于 MCS-51 内核的微控制器软件开发平台，其操作界面如图 1-9 所示。

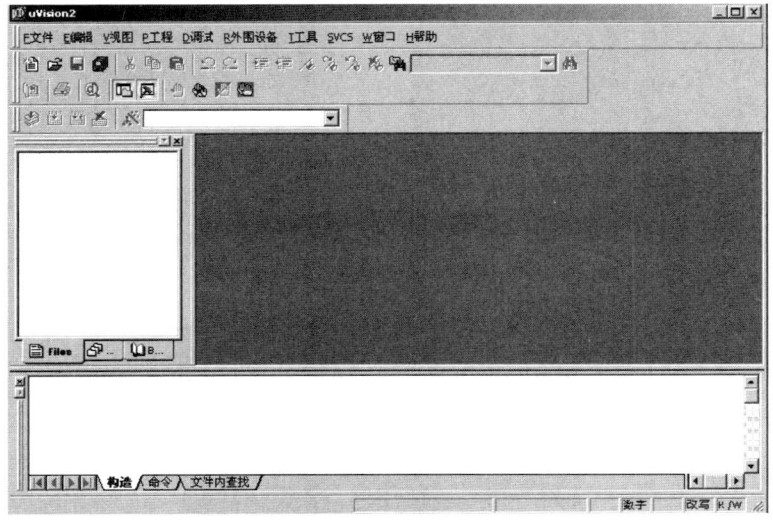

图 1-9　Keil 操作界面

（2）Proteus。

Proteus 是由英国 Labcenter Electronics 公司开发的性能优良的单片机及外围设备的仿真软件。它由 ISIS 和 ARES 两个软件构成，其中 ISIS 是原理图编辑与仿真软件，ARES 是布线编辑软件。利用 Proteus，在没有硬件的情况下，不仅可将许多单片机实例功能形象化，还可将许多单片机实例运行过程形象化，易于帮助学生理解系统硬件的组成并提高其学习兴趣，是单片机教学的先进手段。Proteus 初始界面如图 1-10 所示。

图 1-10　Proteus 初始界面

(3) 单片机硬件电路设计的元器件及调试工具。

在单片机硬件电路设计中，有一些常用的电子元器件，如 LCD、矩阵键盘、LED、数码管、晶体振荡器等，如图 1-11 所示。在完成电路焊接后，需要用烧录器把编制的程序烧录到电路板的单片机芯片中，烧录器如图 1-12 所示。现在很多简单实用的单片机开发板已慢慢代替了烧录器。单片机开发板不仅可以烧录程序，还可以作为学习工具用来完成各种单片机实验，有的还可以作为仿真器使用，如图 1-13 所示。

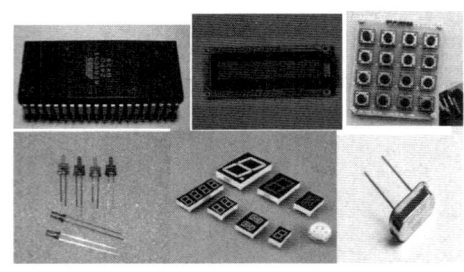 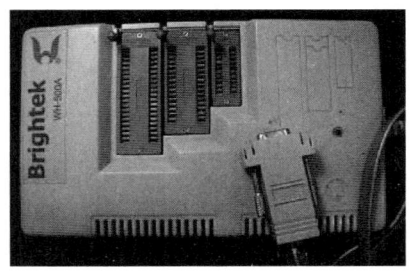

图 1-11　常用的电子元器件　　　　　图 1-12　烧录器

图 1-13　单片机开发板

1.2.2　单片机最小系统

单片机的型号很多，采用 MCS-51 内核的单片机常简称为 51 系列单片机。目前市场上流行的 8bit 单片机多为 Atmel 公司的 AT89 系列单片机和国内品牌的 STC 系列单片机等。本书主要讲述 Atmel 公司的 AT89S51 单片机。

1．单片机的内部结构

AT89S51 单片机的内部结构如图 1-14 所示，它主要由以下几个部件组成。

1）CPU

CPU 是整个单片机的核心部件，是 8bit 数据宽度的处理器，能处理 8bit 二进制数据或代码。CPU 负责控制、指挥和调度整个单片机系统协调工作，完成运算及控制 I/O 功能等操作。

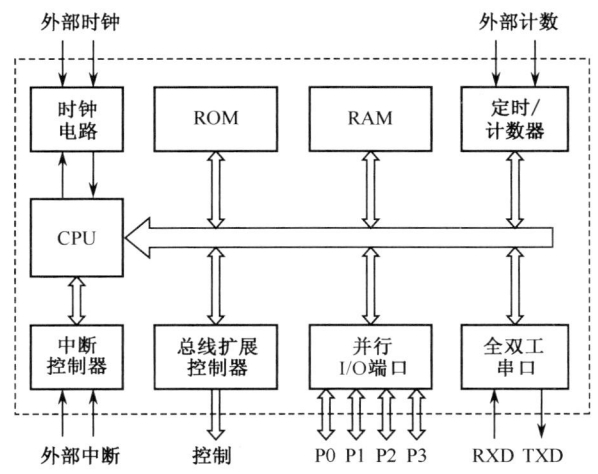

图 1-14 AT89S51 单片机的内部结构

2）RAM

AT89S51 单片机内部有 128B 的 RAM（随机存储器）和 21 个专用寄存器单元，它们是统一编址的。专用寄存器有专门的用途，通常用于存放控制指令数据，不能用于存放用户数据。用户能使用的 RAM 只有 128B，可存放读/写的数据、运算的中间结果或用户定义的字型表。

3）ROM

AT89S51 单片机共有 4KB 的 ROM（只读存储器），用于存放用户程序和数据表格。

4）定时/计数器

AT89S51 单片机有 2 个 16B 的可编程定时/计数器，以实现定时或计数。当定时/计数器产生溢出时，可用中断方式控制程序转向。

5）并行 I/O 端口

AT89S51 单片机共有 4 个 8B 的并行 I/O 端口（P0、P1、P2、P3），用于实现对外部数据的传输。

6）全双工串口

AT89S51 单片机内置一个全双工串口，用于与其他设备间的串行数据传输。该串口既可以用作异步通信收发器，也可以用作同步移位器。

7）中断控制器

AT89S51 单片机具备较完善的中断功能，有 5 个中断源（2 个外部中断、2 个定时/计数器中断和 1 个串行中断），可基本满足不同的控制要求，并具有 2 级优先级别选择功能。

8）时钟电路

AT89S51 单片机内置最高频率达 12MHz 的时钟电路，用于产生整个单片机运行的时序脉冲，但需要外接晶体振荡器和振荡电容。

2. 单片机的外部引脚

常用的 AT89S51/52、STC89C51 单片机都采用 DIP40 封装。图 1-15（a）所示为 DIP40 封装单片机的引脚分布，图 1-15（b）所示为其电路符号，图 1-15（c）所示为其实物外形。40 个引脚按功能分为 4 个部分，即电源引脚、时钟引脚、控制信号引脚及 I/O 端口引脚。

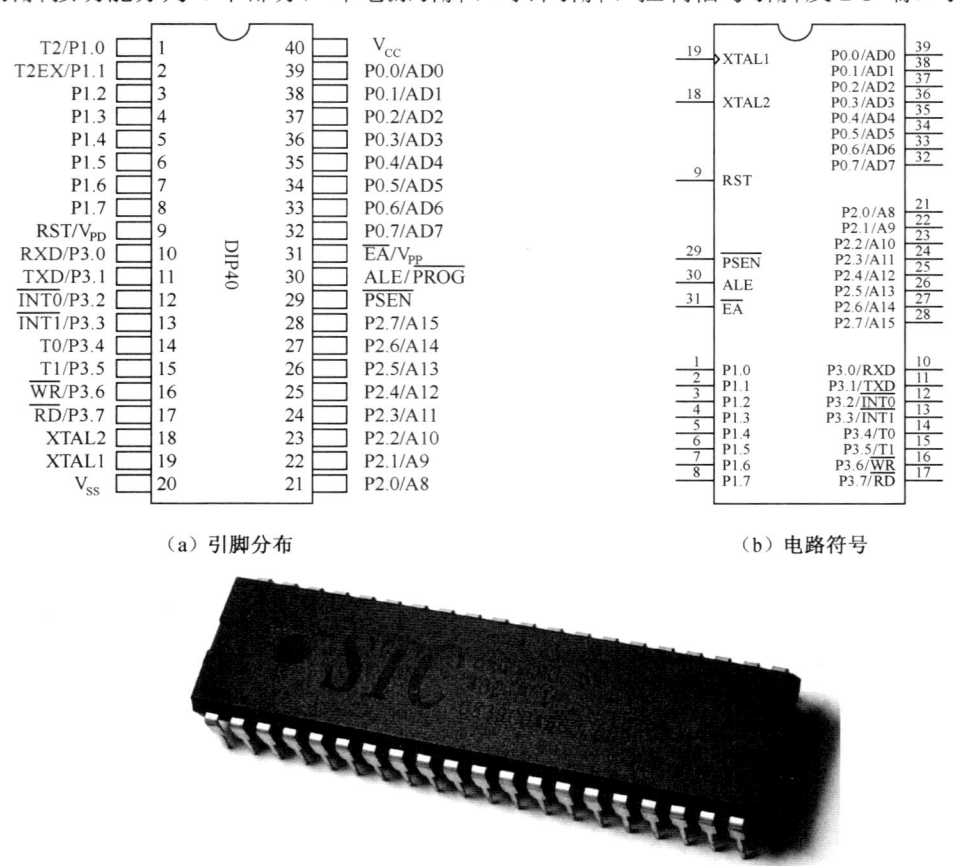

（a）引脚分布　　　　　　　　　　（b）电路符号

（c）实物外形

图 1-15　DIP40 封装单片机的引脚分布、电路符号与实物外形

1）电源引脚

V_{CC}（40 脚）：单片机的电源正极引脚。

V_{SS}（20 脚）：单片机的接地引脚。

在正常工作情况下，V_{CC} 接+5V 电源。为了保证单片机运行的可靠性和稳定性，提高电路的抗干扰能力，电源正极与地之间可接有 0.1μF 的独立电容。

2）时钟引脚

单片机有两个时钟引脚，用于提供单片机的工作时钟信号。单片机是一个复杂的数字系统，其内部 CPU 及时序逻辑电路都需要时钟脉冲，所以单片机需要精确的时钟信号。

XTAL1（19 脚）：片内振荡电路反相放大器的输入端。
XTAL2（18 脚）：片内振荡电路反相放大器的输出端。
单片机的时钟电路有两种方式，片内振荡方式和片外时钟输入方式，分别如图 1-16（a）和图 1-16（b）所示。

图 1-16（a）使用片内振荡电路，需要外接晶体振荡器和振荡电容。

图 1-16（b）利用片外时钟输入，XTAL1 接片外时钟振荡脉冲，XTAL2 可以悬空不用或接地。

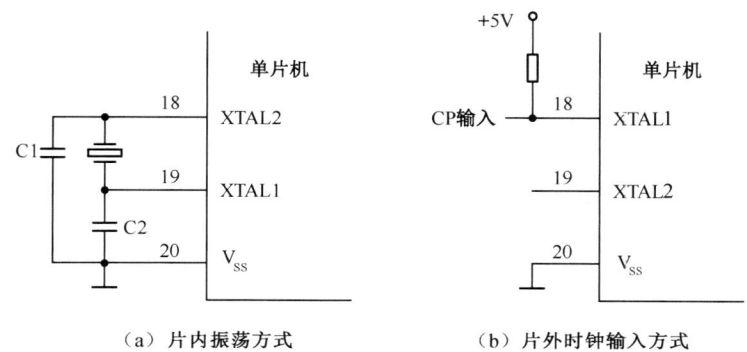

图 1-16 单片机的时钟电路

3）控制信号引脚

RST/V_{PD}（9 脚）：复位信号输入/备用电源引脚。

- 当单片机正常工作时，RST 引脚为复位信号输入引脚。对此引脚施加两个机器周期的高电平可使单片机复位（Reset）。当单片机正常工作时，此引脚应为低电平。
- 在 V_{CC} 掉电的情况下，V_{PD} 引脚还可接备用电源（+5V），在系统工作的过程中，若 V_{CC} 引脚的电压值低于规定的电压值，则 V_{PD} 向片内 RAM 提供电源，以保证片内 RAM 中的信息不丢失。

ALE/$\overline{PROG}$（30 脚）：地址锁存允许信号输出/编程脉冲引脚。

- 在扩展了片外存储器的单片机系统中，当单片机访问片外存储器时，ALE 引脚用于锁存低 8bit 的地址信号。如果系统没有扩展片外存储器，那么 ALE 引脚输出周期性的脉冲信号，频率为时钟振荡频率的 1/6，可用于对外输出的时钟。
- 在 EPROM 型单片机中，对闪存进行编程（也称烧录程序）期间，$\overline{PROG}$ 引脚用于输入编程脉冲。

$\overline{PSEN}$（29 脚）：输出访问片外 ROM 的读选通信号。在 CPU 从片外 ROM 读取指令期间，该信号每个机器周期内两次有效。在访问片外 RAM 期间，这个 $\overline{PSEN}$ 引脚输出的信号将不出现。

$\overline{EA}$/V_{PP}（31 脚）：片内外 ROM 选择/编程电源引脚。

- 当单片机正常工作时，$\overline{EA}$ 为片内外 ROM 选择引脚，用于区分片内外低 4KB 范围的 ROM 空间。当该引脚接高电平时，CPU 访问片内 ROM 4KB 的地址范围，若 PC 值超过 4KB 的地址范围，则 CPU 自动转向访问片外 ROM；当此引脚接低电平时，只访问片外 ROM，忽略片内 ROM。Intel 8031 单片机没有片内 ROM，此引脚必须接地。

- 对于 EPROM 型单片机，在编程期间，V_{PP} 引脚用于施加较高的编程电压，一般为 +21V。

4）I/O 端口引脚

单片机的 I/O 端口用来输入信息和控制输出，51 系列单片机共有 P0、P1、P2、P3 四个端口，分别与单片机内部 P0、P1、P2、P3 四个寄存器对应，每组端口有 8 个端口，因此采用 DIP40 封装的 51 系列单片机共有 32 个 I/O 端口。

P0 端口（32～39 脚）：分别是 P0.0～P0.7，与其他 I/O 端口不同，P0 端口是漏极开路型双向 I/O 端口。它的功能如下。

- 在作为普通的 I/O 端口使用时，要求外接上拉电阻或排阻，每个端口以吸收电流的方式驱动 8 个 LSTTL 负载。
- 在访问片外存储器时，其作为与外部传送数据的 8bit 数据总线（D0～D7），此时不需要外接上拉电阻。
- 在访问片外存储器时，其作为扩展片外存储器的低 8bit 地址总线（A0～A7），此时不需要外接上拉电阻。

P1 端口（1～8 脚）：分别是 P1.0～P1.7，P1 端口是一个带内部上拉电阻的 8bit 双向 I/O 端口，每个端口能驱动 4 个 LSTTL 负载。由于这种端口没有高阻状态，输入不能锁存，因此不是真正的双向 I/O 端口。

P2 端口（21～28 脚）：分别是 P2.0～P2.7，P2 端口也是一个带内部上拉电阻的 8bit 双向 I/O 端口。它的功能如下。

- 在作为普通 I/O 端口使用时，每个端口也可以驱动 4 个 LSTTL 负载。
- 在访问外部存储器时，P2 端口输出高 8bit 地址。

P3 端口（10～17 脚）：分别是 P3.0～P3.7，P3 端口是双功能端口。它的功能如下。

- 在作为普通 I/O 端口使用时，其功能同 P1、P2 端口一样。
- P3 端口的第二功能表如表 1-1 所示。P3 端口具有的第二功能可以使硬件资源得到充分利用。

表 1-1 P3 端口的第二功能表

I/O 端口	第二功能定义	功 能 说 明
P3.0	RXD	串行输入
P3.1	TXD	串行输出
P3.2	$\overline{INT0}$	外部中断 0 输入
P3.3	$\overline{INT1}$	外部中断 1 输入

续表

I/O 端口	第二功能定义	功能说明
P3.4	T0	T0 外部计数脉冲输入
P3.5	T1	T1 外部计数脉冲输入
P3.6	$\overline{WR}$	外部 RAM 写选通脉冲输出
P3.7	$\overline{RD}$	外部 RAM 读选通脉冲输出

3．单片机最小系统的含义

所谓单片机最小系统，是指由单片机和一些基本的外围电路所组成的一个可以工作的基本单片机系统，也是一个微型计算机系统。复杂的单片机系统电路都是以单片机最小系统为基本电路进行扩展设计的。一般来说，单片机最小系统包括时钟电路、复位电路等。

1）时钟电路

单片机是一个复杂的数字系统，其内部 CPU 及时序逻辑电路都需要时钟脉冲，所以单片机需要有精确的时钟信号。单片机有两个时钟引脚用于提供单片机的时钟信号。

单片机内部有一个由高增益反相放大器组成的时钟电路，XTAL1、XTAL2 分别为内部振荡电路高增益反相放大器的输入端和输出端，单片机的时钟电路常采用片内振荡器方式，如图 1-17 所示。

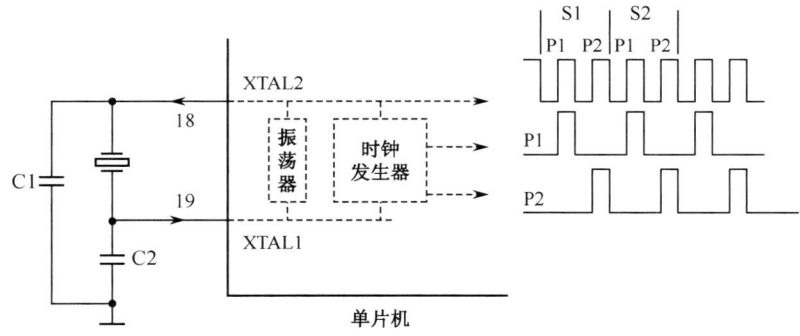

图 1-17　由高增益反相放大器组成的时钟电路

高增益反相放大器通过 XTAL1、XTAL2 外接作为反馈元件的片外晶体振荡器（呈感性）与电容组成的并联谐振回路构成一个自激振荡器，向内部时钟电路提供振荡时钟。振荡器的频率主要取决于晶体的振荡频率，一般晶体的振荡频率为 1.2～12MHz，电容器 C_1 和 C_2 的电容范围为 5～30pF，电容的大小对振荡频率有微小的影响，可起频率微调作用。

片外时钟输入方式如图 1-16（b）所示，XTAL1 是片外时钟信号的输入端，XTAL2 可悬空不同或接地。

2）时序

单片机内的各种操作都是在一系列脉冲控制下进行的，而各脉冲在时间上的先后顺序称为时序。51 系列单片机的工作时序共有 4 个，从小到大依次是节拍、状态、机器周期和指令周期。

（1）节拍与状态。

晶体振荡信号的1个周期称为节拍，用P表示，振荡脉冲经过二分频后，就是单片机的时钟周期，其定义为状态，用S表示。1个状态包含2个节拍，前半个周期对应的节拍叫节拍1，记为P1，后半个周期对应的节拍叫节拍2，记为P2，如图1-18所示。CPU以时钟P1、P2为基本节拍，指挥单片机的各个部分协调工作。

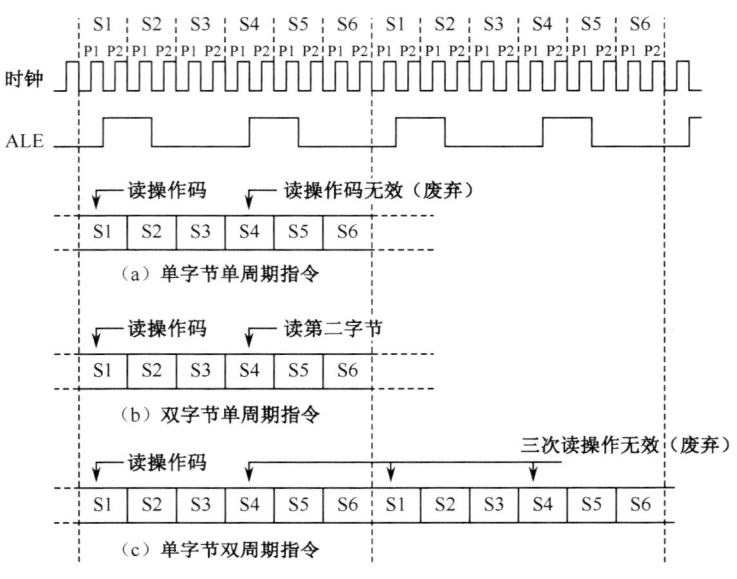

图1-18 单片机的指令时序图

（2）机器周期。

单片机的基本操作周期称为机器周期。1个机器周期的宽度为6个状态，依次表示为S1～S6。由于1个状态又包括2个节拍，因此1个机器周期总共有12个节拍，分别记为S1P1、S1P2……S6P1、S6P2。实际上，1个机器周期有12个振荡脉冲周期，即机器周期就是振荡脉冲信号的十二分频。

当外接的晶体振荡频率为12MHz时，一个机器周期为1μs；当外接的晶体振荡频率为6 MHz时，一个机器周期为2μs。

（3）指令周期。

单片机执行一条指令所需要的时间称为指令周期。指令周期是单片机最大的工作时序单位，不同的指令所需要的机器周期数也不相同。若单片机执行一条指令占用一个机器周期，则这条指令称为单周期指令，如简单的数据传输指令；若单片机执行一条指令占用两个机器周期，则这条指令称为双周期指令，如乘法运算指令。单片机的运算速度与程序执行所占用的指令周期有关，指令占用机器周期数越少，单片的运算速度越快。在51系列单片机的111条汇编指令中，包括单周期指令、双周期指令和四周期指令3种指令。

3）复位电路

复位是指使CPU及其他功能部件都处于一个确定的初始状态，并从这个状态开始工作。例如，在单片机上电后，需要对单片机的初始化复位，程序运行出错或操作错误进入死锁状态都需要复位重新开始。

在单片机的 RST 端口（9 脚）至少维持 2 个机器周期的高电平，单片机会进入复位状态。在实际应用中，复位操作通常有上电自动复位、手动复位 2 种方式。上电自动复位要求接通电源后，自动实现复位操作。上电自动复位电路图如图 1-19（a）所示。图 1-19（a）中的电容和电阻电路对+5V 电源构成微分电路，在单片机上电复位后，单片机的 RST 端口会得到一个很短暂的高电平。单片机开始运行时必须先进行复位操作，如果单片机运行期间出现故障，那么需要对单片机进行复位，使单片机初始化。这时可用图 1-19（b）所示的手动复位电路图中的按键进行复位，图 1-19（b）中的电容器采用电解电容，一般为 4.7～10μF，电阻为 1～10kΩ。

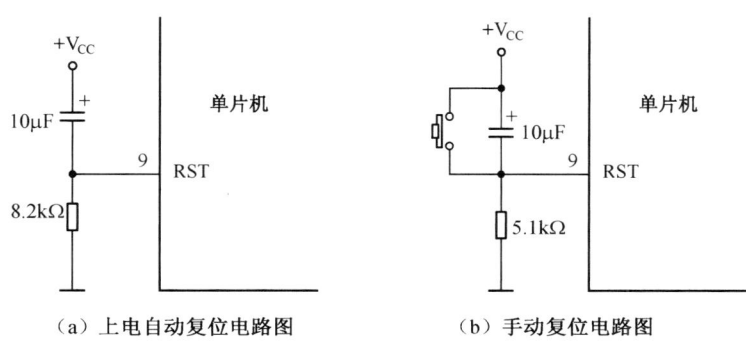

（a）上电自动复位电路图　　　　（b）手动复位电路图

图 1-19　单片机复位电路

在单片机复位以后，P0～P3 端口输出高电平，SP 赋初值 07H，程序计数器 PC 被清 0，但不影响片内 RAM 低 128B 存放的内容，单片机内部特殊功能寄存器的状态都会被初始化。单片机内部特殊功能寄存器复位状态表如表 1-2 所示。单片机完成复位后，RST 引脚从高电平变到低电平，单片机进入启动状态，从 0000H 地址开始执行程序。

表 1-2　单片机内部特殊功能寄存器复位状态表

特殊功能寄存器	复 位 状 态	特殊功能寄存器	复 位 状 态
A	00H	TMOD	00H
B	00H	TCON	00H
PSW	00H	TH0	00H
SP	07H	TL0	00H
DPL	00H	TH1	00H
DPH	00H	TL1	00H
P0～P3	FFH	SCON	00H
IP	00H	SBUF	不定
IE	00H	PCON	0XXXXXXXB

4）单片机最小系统电路

单片机最小系统电路如图 1-20 所示，其中单片机型号采用 AT89S51，电路包括电源、时钟电路、复位电路，单片机内部有 512B 的 RAM、4KB 的 ROM 及 I/O 端口等。电路采用的是上电自动复位和片外振荡器方式。

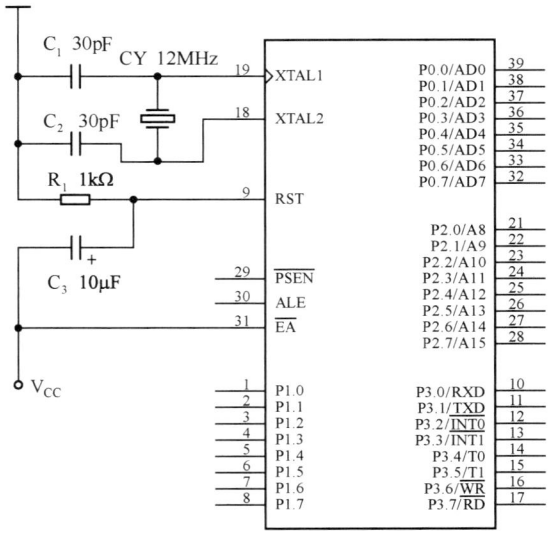

图 1-20　单片机最小系统电路

1.2.3　单片机的存储器

单片机内部包含 RAM 和 ROM，RAM 用于保存单片机运行的中间数据。单片机的 ROM 不只用来装载程序，增强 51 系列单片机也可以在运行过程中利用程序把数据存储在 ROM 的部分空间内。51 系列单片机在系统结构上采用哈佛结构（Harvard Architecture），即 ROM 和 RAM 的寻址空间是分开管理的。它共有 4 个物理上独立的存储器空间，即片内和片外 ROM 及片内和片外 RAM。从用户的角度看，51 系列单片机的存储器从逻辑上可分为 3 个存储空间，如图 1-21 所示，即统一编址的 64KB 的 ROM 地址空间（包括 4KB 的片内 ROM 和 60KB 的片外扩展 ROM），地址为 0000H～FFFFH；256B 的片内 RAM 地址空间（包括 128B 的片内 RAM 和 21 个特殊功能寄存器）；64KB 的片外扩展 RAM 地址空间。图 1-21 中的 $\overline{EA}$ 是单片机的程序扩展控制引脚。

1．片内 RAM

51 系列单片机中共有 256B 的 RAM，但其中高 128B 被特殊功能寄存器占用，能作为存储单元供用户使用的只有低 128B，用于存放可读/写的数据。因此通常所说的单片机内部的数据存储器就是指低 128B，又称片内 RAM，如图 1-22 所示。当程序比较复杂，且运算变量较多而导致片内 RAM 不够用时，可根据实际需要在片外扩展，最多可扩展 64KB，但在实际应用中，若需要大容量 RAM，则往往会利用增强 51 系列单片机而不再扩展片外

RAM。增强 51 系列单片机，如 52 和 58 子系列，分别有 256B 和 512B 的 RAM。

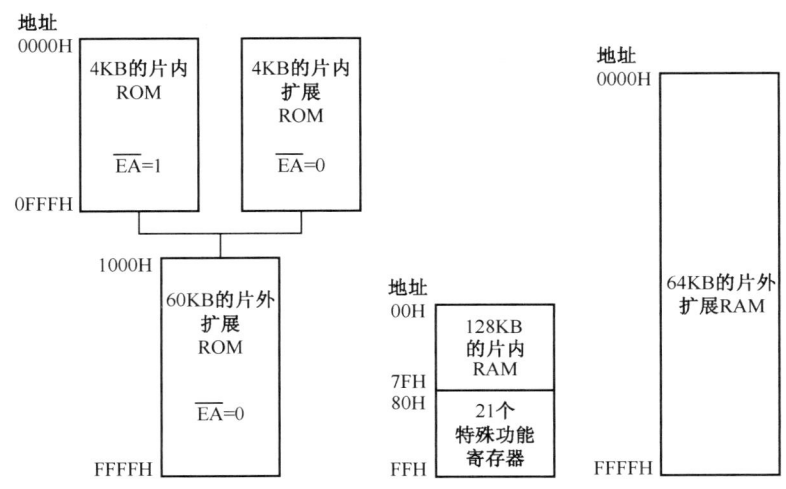

图 1-21　51 系列单片机的存储器空间

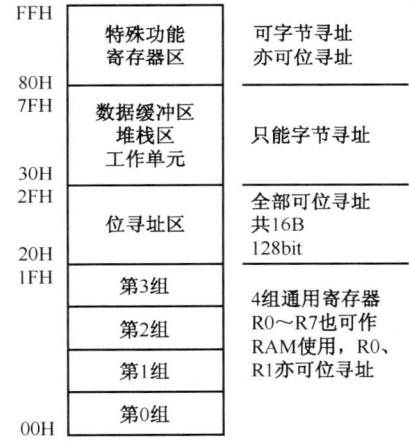

图 1-22　片内 RAM

1）低 128B

51 系列单片机片内 RAM 低 128B 根据功能又划分为工作寄存器区（地址为 00H～1FH）、位寻址区（地址为 20H～2FH）、数据缓冲区（地址为 30H～7FH），如图 1-22 所示，其中位寻址区共 16B，即 128bit，128 个 RAM 单元。

（1）工作寄存器区。

工作寄存器区的地址为 00H～1FH，共分 4 个组，每组有 8B，即 32bit，32 个 RAM 单元。作为工作寄存器使用的 8B，又称为 R0～R7，每组都有 8 个寄存器，每个寄存器都有 8bit。程序状态字 PSW 中的 PSW.3（RS0）和 PSW.4（RS1）用来选择哪一组作为当前工作寄存器使用，如表 1-3 所示。CPU 通过软件修改 PSW 中 RS0 和 RS1 的状态，就可任选一组工作寄存器工作。每次只能有一组作为工作寄存器使用（R0、R1、R2、R3、R4、R5、

R6、R7），其他各组可以作为一般的数据缓冲区使用。

表 1-3 工作寄存器的选择

PSW.4（RS1）	PSW.3（RS0）	当前使用的工作寄存器组 R0～R7
0	0	0 组（00H～07H）
0	1	1 组（08H～0FH）
1	0	2 组（10H～17H）
1	1	3 组（18H～1FH）

（2）位寻址区。

位寻址区的地址为 20H～2FH，共 16B。位寻址区的 16B（共计 128bit）中的每 1B 都有一个 8bit 表示的位寻址，位寻址范围为 20H～2FH，如图 1-23 所示。位寻址区的每 1B 都可当作软件触发器，由程序直接进行位处理。同样，位寻址的 RAM 单元也可以按字节操作，作为一般的数据缓冲区使用。

2FH	7F	7E	7D	7C	7B	7A	79	78
2EH	77	76	75	74	73	72	71	70
2DH	6F	6E	6D	6C	6B	6A	69	68
2CH	67	66	65	64	63	62	61	60
2BH	5F	5E	5D	5C	5B	5A	59	58
2AH	57	56	55	54	53	52	51	50
29H	4F	4E	4D	4C	4B	4A	49	48
28H	47	46	45	44	43	42	41	40
27H	3F	3E	3D	3C	3B	3A	39	38
26H	37	36	35	34	33	32	31	30
25H	2F	2E	2D	2C	2B	2A	29	28
24H	27	26	25	24	23	22	21	20
23H	1F	1E	1D	1C	1B	1A	19	18
22H	17	16	15	14	13	12	11	10
21H	0F	0E	0D	0C	0B	0A	09	08
20H	07	06	05	04	03	02	01	00

图 1-23 位寻址区

（3）数据缓冲区。

数据缓冲区的地址为 30H～7FH，这是用户可以随意用来存储数据的区域，堆栈区也在此区中。用户可在初始化程序时设定 SP 的初值，确定堆栈区的范围，通常情况下将堆栈区设在 30H～7FH 的范围之内。

2）高 128B

51 系列单片机片内 RAM 高 128B 是由 21 个特殊功能寄存器（Special Function Register，SFR）占用的。它是单片机内部很重要的部件，用于对片内各功能模块进行监控和管理，是一些控制寄存器和状态寄存器，与片内其他 RAM 单元统一编址。

51 系列单片机内部堆栈指针（SP）、累加器 A、程序状态字（PSW）、I/O 锁存器、定时器、计数器及控制寄存器和状态寄存器等都是特殊功能寄存器，和片内其他 RAM 单元统一编址，分散占用 80～FFH 单元，共有 21 个，增强 52 系列单片机则有 26 个。特殊功能寄存器如表 1-4 所示，该表列出其名称、标识符和字节地址，其中含有 52 系列的定时器

T2 的相关寄存器。在单片机 C 语言编程应用中，经常用到单片机的特殊功能寄存器标识符。下面只介绍其中部分特殊功能寄存器，一些控制寄存器会在单片机内部资源编程应用中详细介绍。

表 1-4　特殊功能寄存器

名　　称	标　识　符	字 节 地 址
并口 0	P0	80H
堆栈指针	SP	81H
数据指针（低 8bit）	DPL	82H
数据指针（高 8bit）	DPH	83H
电源控制寄存器	PCON	87H
定时/计数器控制	TCON	88H
定时/计数器方式控制	TMOD	89H
定时/计数器 0（低 8bit）	TL0	8AH
定时/计数器 1（高 8bit）	TL1	8BH
定时/计数器 0（低 8bit）	TH0	8CH
定时/计数器 1（高 8bit）	TH1	8DH
并口 1	P1	90H
串口控制寄存器	SCON	98H
串行数据缓冲器	SBUF	99H
并口 2	P2	A0H
中断允许控制寄存器	IE	A8H
并口 3	P3	B0H
中断优先控制寄存器	IP	B8H
定时/计数器 2 控制	T2CON（52）	C8H
定时/计数器 2 自动重装载（低 8bit）	RCAP2L（52）	CAH
定时/计数器 2 自动重装载（高 8bit）	RCAP2H（52）	CBH
定时/计数器 2（低 8bit）	TL2（52）	CCH
定时/计数器 2（高 8bit）	TH2（52）	CDH
程序状态字	PSW	D0H
累加器 A	A 或 ACC	E0H
寄存器 B	B	F0H

（1）累加器 A。

累加器 A 为 8bit 寄存器，是较常用的专用寄存器，功能较多，使用较为频繁。它既可用于存放操作数，也可用于存放运算的中间结果。51 系列单片机中大部分单操作数指令的操作数就取自累加器 A，许多双操作数指令中的一个操作数也取自累加器 A。由于累加器 A 有自己的地址，因此可以进行地址操作。

（2）寄存器 B。

寄存器 B 是一个 8bit 寄存器，主要用于乘除运算。在乘法运算时，B 提供乘数；在乘法操作后，乘积的高 8bit 存于寄存器 B；在除法运算时，寄存器 B 提供除数；在除法操作后，余数存于寄存器 B。此外，寄存器 B 也可作为一般数据寄存器使用。

（3）程序状态字。

程序状态字（Program Status Word，PSW）是一个 8bit 寄存器，用于存放程序运行中的各种状态信息。其中有些位的状态是由程序运行结果决定或硬件自动设置的，而有些位的状态则由软件方法设定。PSW 的位状态可以用专门指令进行测试，也可以用程序读出。一些条件转移程序可以根据 PSW 特定位的状态，进行程序转移。PSW 标识符定义格式如表 1-5 所示。

表 1-5　PSW 标识符定义格式

名　称	PSW.7	PSW.6	PSW.5	PSW.4	PSW.3	PSW.2	PSW.1	PSW.0
标 识 符	CY	AC	F0	RS1	RS0	OV	F1	P

PSW.7 为进/借位标志位（Carry，CY），表示运算是否有进位或借位，其功能有两个：一是存放算术运算的进/借位标志，在进行加、减运算时，若操作结果的最高位有进位或借位，则 CY 由硬件置"1"，否则被清"0"；二是在位操作指令中，作为累加器 A 使用。

PSW.6 为辅助进/借位标志位（Auxiliary Carry，AC），也叫半/借进位标志位。在进行加减运算时，若低 4bit 向高 4bit 进位或借位，则 AC 由硬件置"1"，否则被清"0"。在 BCD 码的加法调整中也要用到 AC 位。

PSW.5 为用户标志位（Flag 0，F0），是一个供用户定义的标志位，需要利用软件方法置位或复位，用以控制程序的转向。

PSW.4/PSW.3 为寄存器组选择位（RS1/RS0）（Register Selection），用于选择 CPU 当前使用的工作寄存器组，寄存器组的映射表如表 1-6 所示。

表 1-6　寄存器组的映射表

RS1	RS0	寄存器组	片内单元
0	0	第 0 组	00H～07H
0	1	第 1 组	08H～0FH
1	0	第 2 组	10H～17H
1	1	第 3 组	18H～1FH

这两个选择位的状态是由程序设置的，被选中的寄存器组为当前寄存器组。单片机上电或复位后，RS1/RS0=00，即默认的工作寄存器组是第 0 组。

PSW.2 为溢出标志位（Overflow，OV）。在带符号数的加减运算中，OV=1 表示加减运算超出了累加器 A 所能表示的符号数有效范围（-128～+127），即产生了溢出，表示累加器 A 中的数据只是运算结果的一部分；OV=0 表示运算正确，即无溢出产生，表示累加器 A 中的数据就是全部运算结果。在乘法运算中，OV=1 表示乘积超过 255，即乘积分别在寄存器 B 与累加器 A 中；OV=0 表示乘积只在累加器 A 中。在除法运算中，OV=1 表示除数为 0，除法不能进行；OV=0 表示除数不为 0，除法可正常进行。

PSW.1 为用户标志位（Flag 1，F1），也是一个供用户定义的标志位，与 F0 类似。

PSW.0 为奇偶标志位（Parity，P），表示累加器 A 中"1"的个数奇偶性。若累加器 A 中有奇数个"1"，则 P 由硬件置"1"，否则被清"0"，即完全由累加器 A 的运算结果中"1"的个数为奇数还是偶数决定。注意，P 并非用于表示累加器 A 中数的奇偶性。凡是改变累加器 A 中内容的指令均会影响 P。标志位 P 对串行通信中的数据传输有重要的意义。在串行通信中常采用奇偶校验的办法来校验数据传输的可靠性。

（4）数据指针。

数据指针（Data Pointer，DPTR）为 16bit 寄存器。在编程时，DPTR 既能以单个 16bit 寄存器的方式使用，也能以两个 8bit 寄存器的方式分开使用，即 DPTR 的高位字节 DPH 和 DPTR 的低位字节 DPL。

在系统扩展中，DPTR 作为程序存储器和片外 RAM 的地址指针，用来指示要访问的 ROM 和片外 RAM 的单元地址。由于 DPTR 是 16bit 寄存器，因此通过 DPTR 可寻址 64KB 的地址空间。

（5）堆栈指针。

堆栈是一个特殊的存储区，用来暂存系统的数据或地址，它是按"先进后出"或"后进先出"的原则来存取数据的，而系统对堆栈的管理是通过 8bit 的堆栈指针（Stack Pointer，SP）来实现的，SP 总是指向最新的栈顶位置。堆栈的操作分为进栈和出栈两种。

因为 51 系列单片机的堆栈设在片内 RAM 中，SP 是一个 8bit 寄存器，所以系统复位后，SP 的初值为 07H，但堆栈实际上是从 08H 单元开始的。由于 08H～1FH 单元分别属于工作寄存器第 1～3 组，20H～2FH 是位寻址区，若程序要用到这些单元，则最好把 SP 值改为 2FH 或更大的值。一般在片内 RAM 的 30H～7FH 单元中设置堆栈。SP 的内容一旦确定，堆栈的位置也就跟着确定下来。由于 SP 可初始化为不同值，因此堆栈的具体位置是浮动的。

（6）P0～P3。

P0～P3 是和 I/O 有关的 4 个特殊寄存器，实际上是 4 个锁存器。每个锁存器加上相应的驱动器和输入缓冲器就构成一个并口，并且为单片机外部提供 32 个 I/O 引脚，命名为 P0～P3 端口。

3）特殊功能寄存器在程序设计中的应用

在程序设计过程中，在很多情况下单片机的功能是通过设置和检测单片机内部的特殊功能寄存器来实现的。字节地址能被 8 整除的特殊功能寄存器既可以位寻址，也可以字节寻址。若采用 C 语言设计单片机的程序，则只需要记住每个特殊功能寄存器的位的标识符和作用就可以了。对特殊功能寄存器的操作很简单，只需要对某个特殊功能寄存器或位标识符赋值即可。

例如，在外部中断操作中，假设需要首先设置 IE 寄存器的 EA 位为"1"（其他位为

"0"），则可以字节操作（IE=0X80），也可以位操作（EA=1）。在单片机 C 语言程序设计中，常用的特殊功能寄存器如表 1-7 所示，其中 T2CON 为增强 51 系列单片机中的特殊功能寄存器。

表 1-7 常用的特殊功能寄存器

名称	MSB			位地址				LSB
	D7	D6	D5	D4	D3	D2	D1	D0
PSW	D7H	D6H	D5H	D4H	D3H	D3H	D2H	D1H
	CY	AC	F0	RS1	RS0	OV	F1	P
TCON	8FH	8EH	8DH	8CH	8BH	8AH	89H	88H
	TF1	TR1	TF0	TR0	IE1	IT1	IE0	IT0
TMOD	GATE	C/T	M1	M0	GATE	C/T	M1	M0
PCON	SMOD				GF1	GF0	PD	IDL
SCON	9FH	9EH	9DH	9CH	9BH	9AH	99H	98H
	SM0	SM1	SM2	REN	TB8	RB8	TI	RI
IP			BDH	BCH	BBH	BAH	B9H	B8H
			PT2	PS	PT1	PX1	PT0	PX0
IE	AFH	AEH	ADH	ACH	ABH	AAH	A9H	A8H
	EA		ET2	ES	ET1	EX1	ET0	EX0
P3	B7H	B6H	B5H	B4H	B3H	B2H	B1H	B0H
	P3.7	P3.6	P3.5	P3.4	P3.3	P3.2	P3.1	P3.0
P2	A7H	A6H	A5H	A4H	A3H	A2H	A1H	A0H
	P2.7	P2.6	P2.5	P2.4	P2.3	P2.2	P2.1	P2.0
P1	97H	96H	95H	94H	93H	92H	91H	90H
	P1.7	P1.6	P1.5	P1.4	P1.3	P1.2	P1.1	P1.0
P0	87H	86H	85H	84H	83H	82H	81H	80H
	P0.7	P0.6	P0.5	P0.4	P0.3	P0.2	P0.1	P0.0
T2CON	CFH	CEH	CDH	CCH	CBH	CAH	C9H	C8H
	TF2	EXF2	RCLK	TCLK	EXEN2	TR2	C/12	CP/RL2

2．片内 ROM

程序计数器（PC）是一个 16bit 的加 1 计数器，其作用是控制程序的执行顺序，而其内容为将要执行的指令的 ROM 地址，寻址范围是 64KB。它并不在片内 RAM 的高 128B 中。单片机的工作是按照事先编制好的程序命令一条一条地顺序执行的，ROM 就是用来存放这些已编制好的程序和表格常数的。51 系列单片机共有 4 KB 的片内 ROM，单片机的生产商不同，片内 ROM 格式也不同，可以是 E^2PROM 或 Flash ROM 格式。可根据实际需要对单片机进行片外扩展，最多可扩展 64KB。增强 51 系列单片机片内 ROM 空间可以达到 64KB，在使用时无须扩展片外 ROM。

RAM、ROM 及位地址空间的地址有一部分是重叠的,但在具体寻址时,可由不同的指令格式和相应的控制信号来区分不同的地址空间,不会造成冲突。

1.2.4 单片机 C 语言基础

常用的 51 系列单片机的编程语言有两种,一种是汇编语言,另一种是 C 语言。C 语言是一种结构化的高级程序设计语言,能直接对计算机的硬件进行操作,与汇编语言相比,它有以下优点。

- 不要求对单片机的指令系统进行了解,仅要求对单片机的存储器结构有初步了解。
- 寄存器的分配、不同存储器的寻址及数据类型等细节可由编译器进行管理。
- 程序有规范的结构,可分为不同的函数,这种方式可使程序结构化。
- 采用自然描述语言,以近似人的思维方式进行编程,改善了程序的可读性。
- 编程及程序调试时间显著缩短,可大大提高单片机效率。
- 提供的库中包含许多标准子程序,且具有较强的数据处理能力。
- 程序易于移植。

因此,本书中的案例全部采用 C 语言进行程序设计。国内在 51 系列单片机中使用的高级 C 语言大多数是 Keil/Franklin C 语言,简称 C51。

1. C51 的程序结构

C51 的程序结构和一般的 C 语言没有什么差别。C51 的程序总体上是一个由函数定义的集合,但还包括一些其他定义。一个完整的 C51 程序通常包括以下部分。

- 头文件。
- 宏定义。
- 单片机端口位功能定义。
- 子函数声明。
- 主函数(一个)。
- 自定义子函数(多个)。

C51 的程序是从 main()(主函数)开始执行的,主函数是程序的入口,若主函数中的语句执行完毕,则程序执行结束。单片机程序一般需要用户自行编写一定数量的子函数,供主函数调用,以便简化书写及逻辑分析工作。

一个完整的 C51 程序如下:

```
#include<reg52.h>              //头文件
#define uint unsigned int      //宏定义
sbit D1=P1^0;                  //声明单片机 P1 端口的第一位
void delay();                  //声明子函数
```

```
void main()                          //主函数
{
    while(1)                         //大循环
    {
        D1=0;                        //点亮第一个 LED
        delay();                     //延时 500ms
        D1=1;                        //熄灭第一个 LED
        delay();                     //延时 500ms
    }
}
void delay()                         //延时子函数
{
    uint x,y;
    for(x=500;x>0;x--)
    for(y=110;y>0;y--);
}
```

2．C51 的函数

C51 的函数由类型、函数名、参数表、函数体组合而成。函数名是一个标识符，其字母区分大小写，最长可为 255 个字符。参数表是用圆括号括起来的若干个参数，参数之间用逗号隔开。函数体是用花括号括起来的若干 C 语句，语句之间用分号隔开。最后一个语句一般是 return 语句，有时也可以省略（如在主函数中可以省略）。函数类型就是返回值的类型，函数类型除整型外，其他类型均需要在函数名前加以指定。

C51 的函数定义如下：

```
类型  函数名（参数表）
参数说明；
{
数据说明部分；
执行语句部分；
}
```

3．C51 的数据类型

在使用各种变量进行编程之前，首先要对变量进行定义，数据类型是变量的一个很重要的概念，数据类型是指该类型的数据能表示的数值范围。因为单片机在执行程序运算过程中，变量的大小是有限制的，所以不能随意给一个变量赋任意的值。又因为变量在单片机的内存中是要占据空间的，变量大小不同，所占据的空间就不同，所以在设定一个变量之前，必须对编译器声明这个变量的类型，以便编译器提前从单片机内存中分配给这个变量合适的空间。

1）常用的数据类型

C51 中常用的数据类型如表 1-8 所示。

表 1-8　C51 中常用的数据类型

数据类型	关 键 字	长　度/bit	长　度/B	值　　域
位类型	bit	1	—	0，1
无符号字符型	unsigned char	8	1	0～255
有符号字符型	char	8	1	−128～127
无符号整型	unsigned int	16	2	0～65535
有符号整型	int	16	2	−32768～32767
无符号长整型	unsigned long	32	4	0～$2^{32}-1$
有符号长整型	long	32	4	-2^{31}～$2^{31}-1$
单精度实型	float	32	4	3.4e−38～3.4e38
双精度实型	double	64	8	1.7e−308～1.7e308

示例如下：

```
unsigned int a;        //a 为无符号整型数据，值域为 0~65535
```

当计算的结果隐含另一种数据类型时，数据类型可以自动进行转换。例如，将一个位变量赋值给一个整型变量时，位变量值自动转换为整型变量值，也可以采用人工方法对数据类型进行强制转换。

数据类型强制转换的书写格式如下：

（要转换成的数据类型）（变量）

示例如下：

```
(double) a;            //将 a 强制转换为 double 型数据
```

2）扩充的数据类型

（1）SFR/SFR16。

SFR/SFR16 是单片机中特殊功能寄存器的定义，分为 8bit 和 16bit 两种。SFR 是对 8bit 特殊功能寄存器的定义，占 1B 单元；SFR16 是对 16bit 特殊功能寄存器的定义，占 1 个字单元。定义格式如下：

SFR　特殊功能寄存器名 = 地址；

示例如下：

```
SFR P1 = 0X90;
SFR16 T2 = 0xCC;
```

C51 对特殊功能寄存器已经做了定义并存在头文件（reg51.h）中，用户可直接使用特殊功能寄存器名，一般用大写字母表示。

（2）sbit。

sbit 用于定义片内可位寻址区（20H～2FH）和特殊功能寄存器中的可位寻址的位。其定义格式如下：

sbit　位变量名 = SFR 名^位号；

示例如下：

```
sbit led0 = P1^0;
sbit OV = PSW^2;
```

4．C51 的变量与常量

单片机在操作时会涉及各种数据，包括变量与常量。

1）变量

变量定义的语法格式如下：

变量数据类型说明　变量存储位置说明　变量名

C51 是面向 51 系列单片机及其硬件控制系统的开发工具，其定义的任何数据类型都必须以一定的存储类型方式定位于 51 系列单片机的某一存储区。在 51 系列单片机中，ROM 与 RAM 是严格分开的，且都分为片内和片外两个独立的寻址空间，特殊功能寄存器与片内 RAM 统一编址，RAM 与 I/O 端口统一编址，这是 51 系列单片机与一般微机存储器结构不同的显著特点。

C51 存储类型与 51 系列单片机实际存储空间的对应关系如表 1-9 所示。

表 1-9　C51 存储类型与 51 系列单片机实际存储空间的对应关系

C51 存储类型	与 51 系列单片机存储空间的对应关系	备　　注
data	直接寻址片内 RAM，访问速度快	低 128B
bdata	可位寻址片内 RAM，允许位与字节混合访问	片内 RAM 20H～2FH 空间
idata	间接寻址片内 RAM，可访问全部片内 RAM	全部片内 RAM
pdata	分页寻址片外 RAM，每页 256B	由 MOVX @Ri 访问
xdata	片外 RAM，64KB 空间	由 MOVX @DPTR 访问
code	ROM，64KB 空间	由 MOVC @DPTR 访问

由于访问片内 RAM（data、idata、bdata）比访问片外 RAM（xdata、pdata）相对要快很多（其中访问 data 型数据最快），因此可将经常使用的变量置于片内 RAM，而将较大及很少使用的数据单元置于片外 RAM。

示例如下：

```
char data var1;              /*字符变量 var1 定义为 data 存储类型*/
```

其中 data 常可以省略。

2）常量

常量分为数字常量、字符常量、字符串常量三种。在进行串口数据传输、液晶显示等操作时，经常会用到字符常量和字符串常量。通常将变量定义在 ROM 中作为常量使用，示例如下：

```
char code CHAR_ARRAY[ ] = { "Start working!" };
```

5．C51 的运算符

C51 的运算符分以下几种。

1）算术运算符

算术运算符除人们所熟悉的一般四则运算（加、减、乘、除）以外，还有取余数运算，如表 1-10 所示。

表 1-10　算术运算符

符　号	功　能	示　例	说　明
+	加	A=x+y	将 x 变量与 y 变量的值相加，其和放入 A 变量
-	减	B=x-y	将 x 变量的值减去 y 变量的值，其差放入 B 变量
*	乘	C=x*y	将 x 变量与 y 变量的值相乘，其积放入 C 变量
/	除	D=x/y	将 x 变量的值除以 y 变量的值，其商放入 D 变量
%	取余数	E=x%y	将 x 变量的值除以 y 变量的值，其余数放入 E 变量

2）关系运算符

关系运算符用于处理两个变量间的大小关系，如表 1-11 所示。

表 1-11　关系运算符

符　号	功　能	示　例	说　明
==	相等	x==y	比较 x 变量与 y 变量的值，若相等，则结果为 1，否则结果为 0
!=	不相等	x!=y	比较 x 变量与 y 变量的值，若不相等，则结果为 1，否则结果为 0
>	大于	x>y	若 x 变量的值大于 y 变量的值，则结果为 1，否则结果为 0
<	小于	x<y	若 x 变量的值小于 y 变量的值，则结果为 1，否则结果为 0
>=	大等于	x>=y	若 x 变量的值大于或等于 y 变量的值，则结果为 1，否则结果为 0
<=	小等于	x<=y	若 x 变量的值小于或等于 y 变量的值，则结果为 1，否则结果为 0

3）逻辑运算符

逻辑运算符就是执行逻辑运算功能的操作符号，如表 1-12 所示。

表 1-12　逻辑运算符

符　号	功　能	示　例	说　明
&&	与运算	(x>y)&&(y>z)	若 x 变量的值大于 y 变量的值，且 y 变量的值也大于 z 变量的值，则结果为 1，否则结果为 0
||	或运算	(x>y)||(y>z)	若 x 变量的值大于 y 变量的值，或 y 变量的值大于 z 变量的值，则结果为 1，否则结果为 0
!	反相运算	!（x>y）	若 x 变量的值大于 y 变量的值，则结果为 0，否则结果为 1

4）位运算符

位运算符与逻辑运算符非常相似，它们之间的差异在于位运算符针对变量中的每一位，而逻辑运算符则对整个变量进行操作。位运算符如表 1-13 所示。

表 1-13　位运算符

符　号	功　能	示　例	说　明
&	与运算	A=x&y	将 x 变量与 y 变量的每个位进行与运算，其结果放入 A 变量
|	或运算	B=x|y	将 x 变量与 y 变量的每个位进行或运算，其结果放入 B 变量
^	异或	C=x^y	将 x 变量与 y 变量的每个位进行异或运算，其结果放入 C 变量
~	取反	D=~x	将 x 变量的每一位进行取反，其结果放入 D 变量
<<	左移	E=x<<n	将 x 变量的值左移 n 位，其结果放入 E 变量
>>	右移	F=x>>n	将 x 变量的值右移 n 位，其结果放入 F 变量

程序示例如下：

```
main()
{
 char A,B,C,D,E,F,x,y;
 x=0x25;
 y=0x62;
 A=x&y;
 B=x|y;
 C=x^y;
 D=~x
 E=x<<3;
 F=x>>2
}
```

程序执行结果如下：

A=0x20   B=0x67   C=0x47   D=0xda   E=0x28   F=0x09

5）递增/减运算符

递增/减运算符也是一种效率很高的运算符，其中包括递增与递减两种操作符号，如表 1-14 所示。

表 1-14 递增/减运算符

符号	功能	示例	说明
++	加 1	x++	将 x 变量的值加 1
--	减 1	x--	将 x 变量的值减 1

程序示例如下：

```
main()
{
int A,B,x,y;
x=6;
y=4;
A=x++;
B=y--;
}
```

程序执行结果如下：

A=7,B=3

6．C51 的流程控制语句

1）while 循环语句

while 循环语句的格式如下：

```
while（表达式）
{
语句；
}
```

特点：先判断表达式的值，后执行语句。

原则：若表达式的值不是"0"，即为真，则执行 while 循环语句，否则跳出 while 循环语句，往下执行。

程序示例如下：
```
while(1)              //表达式的值始终为"1"，形成死循环
{
语句;
}
```

2) for 循环语句

for 循环语句是一个很实用的计数循环，其格式如下：
```
for(表达式1；表达式2；表达式3)
{
语句;
}
```

执行过程：

① 求解表达式 1。

② 求解表达式 2，若其值为真（非"0"即为真），则执行 for 循环语句，然后执行第③步；否则直接跳出 for 循环语句，不再执行第③步。

③ 求解表达式 3。

④ 跳到第②步重复执行。

程序示例如下：
```
a=0;
for(i=0;i<8;i++)      //控制循环执行 8 次
{
    a++;
}
```

程序执行结果如下：
```
a=8
```

3) if-else 语句

if-else 语句提供条件判断，称为条件选择语句，其格式如下：
```
if（表达式)
{
语句1;
}
else
{
语句2;
}
```

在这个语句里，先判断表达式是否成立，若成立，则执行语句1；若不成立，则执行语句2。

其中 else 部分也可以省略，省略后的格式如下：
```
if（表达式)
{
语句;
}
```

除此以外，还有一种选择语句，其格式如下：

```
if（条件表达式1）            语句1
    else if（条件表达式2）语句2
    ……
    else if（条件表达式n）语句n
    ……
    else                     语句p
```

含义：从条件表达式1开始顺次向下判断，当遇到为真的那个条件表达式时，如条件表达式n，则执行语句n，之后不再判断其他条件表达式，程序直接跳转到语句p之后。若所有的条件表达式中没有一个为真，则执行语句p。

4）switch 语句

```
switch（表达式）
{
case  常量1：语句1
            break;
case  常量2：语句2
            break;
……
case  常量m：语句m
            break;
……
case  常量n：语句n
            break;
default :   语句p
}
```

含义：将表达式的值与常量1到常量n逐个比较，若表达式的值与某个常量相等，如与常量m相等，则执行语句m，然后通过语句m后的break语句直接退出switch语句。若没有一个常量与表达式的值相等，则执行语句p，然后结束switch语句。

5）文件包含

C51提供了大量标准的库函数，这些库函数按照功能被打包成几个文件，如表1-15所示。若要使用某个现成的库函数，则需要把该库函数所在的文件包含到单片机程序中。文件包含的语法有两种，两者功能相同，其格式为：

```
#include  <文件名>
```

或

```
#include  "文件名"
```

表 1-15 库函数

库 函 数	对应头文件	该文件中库函数的功能
字符函数	ctype.h	判断字符、计算字符ASKII码、大小写转换
一般 I/O 函数	stdio.h	单片机串口I/O操作
字符串函数	string.h	字符串替换、比较、查找
标准函数	stdlib.h	字符串与数字之间的转换

续表

库 函 数	对应头文件	该文件中库函数的功能
数学函数	math.h	求绝对值、平方、开方、三角函数
内部函数	intrins.h	循环移位、空操作指令
SFR 声明函数	reg52.h	声明单片机的特殊功能寄存器

声明特殊功能寄存器的文件包含语句如下：
```
#include < reg52.h >
```

1.3 项目实现

1.3.1 设计思路

本项目要求设计单片机驱动 LED 闪烁的电路，选用 1 个 LED 和单片机 I/O 端口相连，利用 C 语言编制程序驱动 1 个 LED 闪烁。

1.3.2 硬件电路设计

在了解单片机最小系统后，可以设计出简单的单片机控制 LED 电路。单片机的 I/O 端口可以直接驱动一些元器件，通过单片机运行程序，实现单片机对一些元器件的控制。LED 是一种常用的显示元件，单片机的 I/O 端口可以直接驱动 LED。

图 1-24 所示为单片机驱动 LED 电路，其中 P1.0 端口与电源之间接有一个电阻 R1，当 P1.0 端口输出低电平时，从电源正极出发经过电阻的电流通过 P1.0 端口进入单片机，LED1 亮；当 P1.0 端口输出高电平时，LED1 不亮。

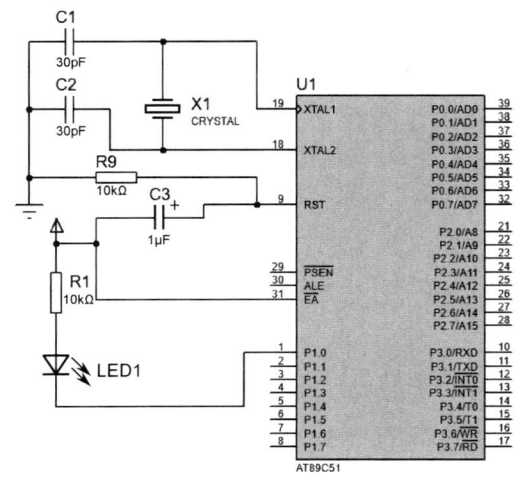

图 1-24 单片机驱动 LED 电路

1.3.3 程序设计

单片机的 P0~P3 端口都可以进行位操作。本项目要实现 LED 闪烁,只要让 P1.0 端口的电平周期性变化即可。LED 闪烁程序流程如图 1-25 所示。

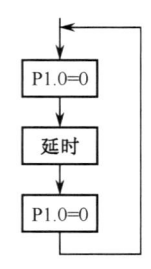

```
┌─────────┐
│ P1.0=0  │◄──┐
└────┬────┘   │
     ▼        │
┌─────────┐   │
│  延时   │   │
└────┬────┘   │
     ▼        │
┌─────────┐   │
│ P1.0=0  │───┘
└─────────┘
```

图 1-25 LED 闪烁程序流程

在 C51 中,P1.0 端口定义为 P1^0,因此在利用 C51 进行程序设计时,要想让 P1.0 为低电平,只要编写 P1^0 = 0 一条语句即可。为了使程序简单明了,也可以利用 sbit LED1 = P1^0 语句,用 LED1 代替 P1^0。

程序如下:

```c
/*****************************************************************/
#include<reg51.h>              //包含头文件,文件内包含了 51 单片机的功能定义
sbit LED1 = P1^0;              //LED1 接 P1.0。在 C51 中,定义 P1.0 为 P1^0
void delay(unsigned char x)    //延时函数
{
   unsigned char i,j;
   for(i = 0;i < x;i++)
   for(j = 0;j < 255;j++);
}
void main(void)                //主函数
{
   while(1)                    //程序反复循环执行
   {
      LED1 = 0;                //P1.0 输出低电平,LED1 亮
      delay(100);              //调用延时函数,延时一段时间,约 0.3s,不精确
      LED1 = 1;                //P1.0 输出高电平,LED1 灭
      delay(100);
   }
}
/*****************************************************************/
```

程序说明:

- 因为本项目使用的单片机为 STC89C51,因此程序中包含 reg51.h 文件。reg51.h 文件定义了 51 系列单片机中所有特殊功能寄存器的名称定义和相应的地址值。所谓文件包含,是指一个文件将另一个文件的内容全部包含进来。reg51.h 是 C51 中定义 51

- 系列单片机内部资源的头文件，在编写单片机程序时，只要用到 51 系列单片机内部资源，就必须在程序前面把此文件包含进来。
- 利用位定义命令让 LED1 等价于 P1.0，程序执行 LED1 = 1 后，单片机内部位寄存器相应位设置为高电平，P1.0 端口输出高电平，单片机的所有 I/O 端口都可以进行位定义，也可以进行字节定义。
- 由于单片机执行速度快，因此如果不进行延时，LED 在点亮之后马上熄灭，时间很短。因为人眼有视觉暂留效应，根本无法分辨速度过快的闪烁，所以要加入延时程序，让人眼能够看到 LED 由亮到灭的过程。
- 延时程序 delay() 要先定义，后使用。上述程序用了两条 for 语句构成双重循环，循环体是空的，以实现延时的目的。在执行 delay() 的过程中，单片机只能集中于这一条语句，单片机在执行此函数相关指令时所浪费和占用的时间就是执行延时函数所获得的时间，但利用 delay() 不能得到精确的延时。
- 单片机程序是按顺序执行的，先执行主函数，在主函数内可以调用分函数，分函数可以再调用分函数，但分函数不能调用主函数，程序执行一条指令后再执行下一条指令，执行完毕后返回到主函数入口进行下次循环。
- 根据以上程序，完成 1.3.5 节中的题目。

1.3.4 仿真调试

单片机的设计与开发包括硬件和软件两方面。硬件是单片机的基本组成部分，硬件的设计要求设计者具备一定的电路基础和元器件应用能力、电路设计能力等；软件的设计必须依照硬件结构和电气特性要求，以硬件功能的稳定实现为目的编制程序。本节从单片机软件设计入手，介绍单片机程序设计与开发软件 Keil 和单片机程序仿真与调试软件 Proteus，硬件设计将在后面的章节中介绍。

1. Keil——单片机程序设计与开发软件

Keil 是美国 Keil Software 公司推出的一款兼容 51 系列单片机 C 语言程序的设计软件，目前，Keil 使用较多的版本为μVision3，它集可视化编程、编译、调试、仿真于一体，支持 51 汇编、PLM 和 C 语言的混合编程，界面友好、易学易用、功能强大。它具有功能强大的编辑器、工程管理器及各种编译工具，包括 C 编译器、宏汇编器、链接器/装载器和十六进制文件转换器。

1）Keil 的工作界面

本书选用 Keil μVision3 版本作为示例，该软件的安装过程为标准 Windows 软件安装过程。安装 Keil 之后在桌面或开始菜单中可以运行该软件，其工作界面如图 1-26 所示，主要分为菜单栏、工具栏、项目工作区、程序编辑窗口和输出提示区。

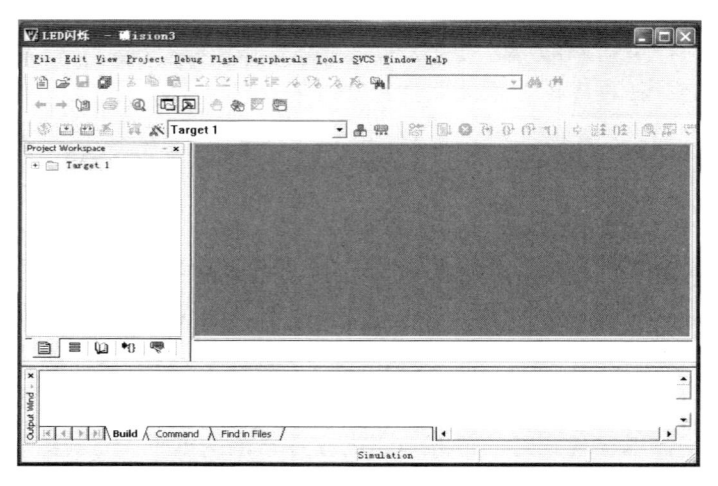

图 1-26　Keil 的工作界面

Keil 为用户提供了可以快速选择命令的工具栏和菜单栏及源代码编辑窗口、对话框。菜单栏提供各种操作命令菜单，用于编辑操作、项目维护、工具选项、程序调试、窗口选择及帮助。另外，工具条按钮和键盘快捷键允许快速执行命令。下面通过一个实例说明 Keil 常用的菜单、命令的应用。

2）Keil 的应用

Keil 集成的工程管理器使得开发应用程序更加容易，Keil 把单片机软件部分作为一个工程对待，完整的程序设计过程包括选择工具集（对基于 ARM 的工程）、新建工程、选择 CPU、添加工作手册、新建源文件、在工程中加入源文件、新建文件组、设置目标硬件的工具选项、配置 CPU 启动代码、编译工程和新建应用程序代码、为 PROM 编程新建 HEX 文件等。

在针对单片机的程序设计中，可以把 Keil 的应用分为新建工程文件并选择单片机型号；新建源文件并添加到工程中；编辑程序；编译程序、配置工程并生成 HEX 文件；调试程序 5 个步骤。为了便于说明各个步骤，现以单片机控制 LED 闪烁为例进行讲解，电路原理如图 1-24 所示。

（1）新建工程文件并选择单片机型号。

选择 Keil 菜单栏中的"Project"→"New μVision Project"菜单命令，打开"新建工程"对话框，输入工程名称后即可新建一个工程。注意，在新建工程时要使用独立的文件夹，在"新建工程"对话框中新建一个文件夹，并为其设置一个名称，如"LED 闪烁"。在"Project Workspace"区的"Files"选项卡中可以查阅项目结构，如图 1-27 所示。

图 1-27　项目结构

在确定工程文件创建完成后，会自动弹出"Select Device for Target 'Target 1'"对话框，要求选择目标工程的 CPU，如图 1-28 所示。该对话框包含了 Keil 的设备数据库，在"Date base"列表框中选择单片机公司和型号后，在右侧"Description"列表框中会显示对此单片机的基本说明，并为目标设备配置必要的工具选项，通过这种方法可简化工具配置。如果使用的单片机为 STC89C51，那么应选择 Atmel 的 AT89C51 或 Intel 的 8051 作为 CPU，它们与 STC89C51 有相同的内核。

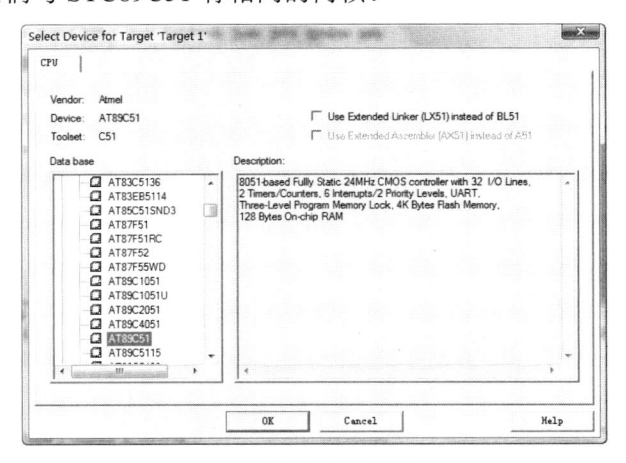

图 1-28　选择目标工程的 CPU

程序需要通过 CPU 的初始化代码来配置目标硬件。启动代码负责配置设备的微处理器和初始化编译器运行时的系统。对于大部分设备来说，Keil 会提示复制 CPU 指定的启动代码到工程中。如果这些文件需要进行适当的修改以匹配目标硬件，那么应当将文件复制到工程文件夹中。

若工程中需要使用这些启动代码，则应单击"是（Y）"按钮；若不使用这些启动代码，则可以单击"否（N）"按钮。单击"是（Y）"按钮后，完成工程文件的新建。在本例中，应单击"否（N）"按钮。

（2）新建源文件并将其添加到工程中。

第一步，新建一个源文件。选择"File"→"New"菜单命令（见图 1-29）或单击 图标以新建一个源文件，会打开一个空的程序编辑窗口，也就是编辑程序的界面。用户可以在此窗口中输入源代码，然后选择"File"→"Save"菜单命令，以扩展名*.c 保存文件，这里保存的文件名为 led.c。

第二步，在工程中添加源文件。在源文件创建完成后，需要在工程中添加这个文件。在工程工作区中，右击"Source

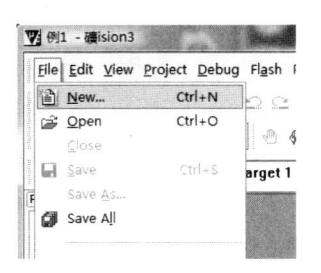

图 1-29　新建源文件

Group 1"，弹出快捷菜单，如图 1-30 所示。选择"Add Files to Group 'Source Group 1'"选项，会打开一个标准的文件对话框，在对话框中选择前面所创建的源文件，然后单击"Add"按钮。这时文件已被添加到工程中，再单击"Close"按钮关闭该对话框即可。文件被添加到工程中后即可开始编写程序代码，在工程中，除了可以添加程序代码文件，还可以添加头文件（*.h）和库文件（*.lib）。在"Project Workspace"区的"Files"选项卡中会列出用户工程的文件组织结构,如图 1-31 所示。用户可以通过用拖曳鼠标的方式来重新组织工程的源文件。双击工程工作空间的文件名,可以在程序编辑窗口打开相应的源文件进行编辑。

图 1-30　在工程中添加源文件　　　　　图 1-31　文件组织结构

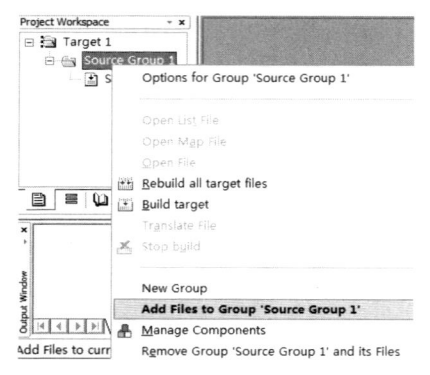

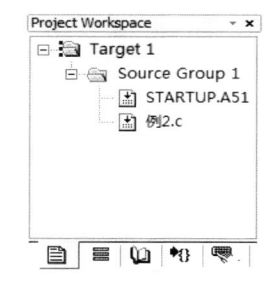

(3) 编辑程序。

在程序编辑窗口中输入以下语句或指令,其中 reg51.h 为 51 系列单片机内部资源的头文件,包含各个特殊寄存器和可寻址位的地址定义等。"//"符号后面的内容为对指令的说明。

程序如下:

```
/*******************************************************************/
#include<reg51.h>         //包含头文件,文件内包含了 51 系列单片机的功能定义
sbit LED = P1^0;          //位声明,P1.0 在 Keil 中应写成 P1^0,LED 接 P1.0 端口,位 P1.0 可寻址
delay(unsigned int x)     //延时子函数
{
    unsigned char i,j;    //定义两个局部变量
    for(i = 0;i<x;i++)    //for 循环嵌套
    for(j = 0;j<100;j++);
}
void main(void)           //主函数
{
    while (1)
    {
        LED = 1;          //LED 亮
        delay(100);       //延时 1000ms,时间不精确,为单片机执行这个函数的时间
        LED = 0;
        delay(100);
    }
}
/*******************************************************************/
```

上面的程序是利用单片机的 1 个 I/O 端口驱动 1 个 LED 闪烁的程序,若不了解 C 语言,则很难从中看出单片机的影子;若学过 C 语言,则会熟悉程序的每一行。在掌握单片机内部的寄存器基础以后,这个程序就变得很简单。这就是为什么要选用 C 语言进行单片

机的程序设计。利用 C 语言编写单片机程序，不用考虑单片机内部数据在单片机内部怎样运行，只要了解单片机按照编写的程序顺序单步执行程序就可以。

单片机程序在格式上要求严谨，结构层次比较鲜明。为了增强程序的稳定性，所有函数没有返回值就需要用 void 声明，没有形参也需要用 void 声明。另外，为了避免程序编写错误，逻辑运算符号、左移、右移、比较等符号左右留有一个空格，每条命令占用一行，在程序中"{""}"上下对齐，"{"的下一行命令要后退一个 Tab 键的位置。

（4）编译程序、配置工程并生成 HEX 文件。

第一步，编译程序。单击 图标，让 Keil 对程序进行编译，同时也对程序进行保存，图 1-32 所示为编译结果显示窗口。若程序有错误，则会在该窗口中进行提示，双击错误提示，将会看到一个箭头指向程序的错误处，便于修改。

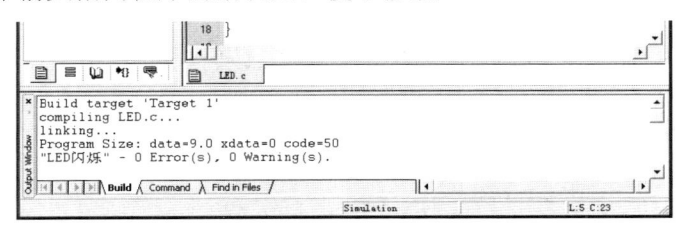

图 1-32　编译结果显示窗口

第二步，配置工程。编译的程序最终要在单片机内部运行，下载到单片机内部的程序为二进制格式，编译的主要目的就是让 Keil 自动生成一个 HEX 文件。程序设计需要根据目标硬件的实际情况对工程进行配置。通过单击工具栏中的 图标或"Project"菜单中的"Options for Target"命令，在弹出的"Options for Target 'Target 1'"对话框中可指定目标硬件和所选设备片内组件的相关参数，如图 1-33 所示。"Options for Target 'Target 1'"对话框中的各选项说明如表 1-15 所示。

图 1-33　"Options for Target 'Target 1'"对话框

表 1-15　"Options for Target 'Target 1'"对话框中的各选项说明

选　项	描　述
Xtal	设备的晶振频率。大部分基于 ARM 的微控制器使用片内 PLL 作为 CPU 时钟源。依据硬件设备不同设置其相应的值
Operating system	选择一个实时操作系统
Use On-chip ROM(0x0-0xFFF)	定义片内的内存部件的地址空间以供链接器/定位器使用

第三步，生成 HEX 文件。在"Options for Target 'Target 1'"对话框中单击"Output"选项卡，勾选"Create HEX File"复选框，如图 1-34 所示，Keil 会在编译程序的过程中同时生成 HEX 文件。

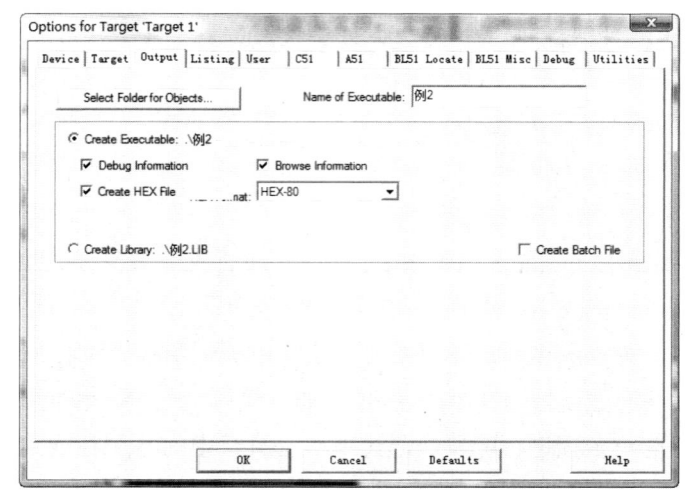

图 1-34　勾选"Create HEX File"复选框

（5）调试程序。

Keil 调试器可用于调试程序，调试器提供了在 PC 上调试和使用评估板/硬件平台进行的目标调试。工作模式的选择在图 1-35 所示的"Debug"选项卡中进行。

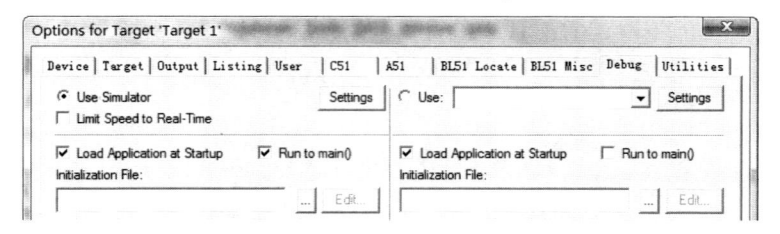

图 1-35　"Debug"选项卡

在没有目标硬件的情况下，可以使用仿真器（Simulator）将 Keil 调试器配置为软件仿真器。它可以仿真微控器的许多特性，还可以仿真许多外围设备，包括串口、外部 I/O 端口及时钟等，其所能仿真的外围设备在为目标程序选择 CPU 时就被设置了。在目标硬件准备好之前，可用这种方式测试和调试嵌入式应用程序。

Keil 已经内置了多种高级图形驱动设备，若使用其他的仿真器则需要先安装驱动程序，然后在列表中选取，也可以配置与 Proteus 匹配的接口，使两个软件联合工作。具体配置在 Proteus 的介绍部分中会详细说明。

第一步，启动调试模式。通过选择"Debug"→"Start/Stop Debug Session"菜单命令或工具栏中的 图标，可以启动 Keil 的调试模式，如图 1-36 所示。

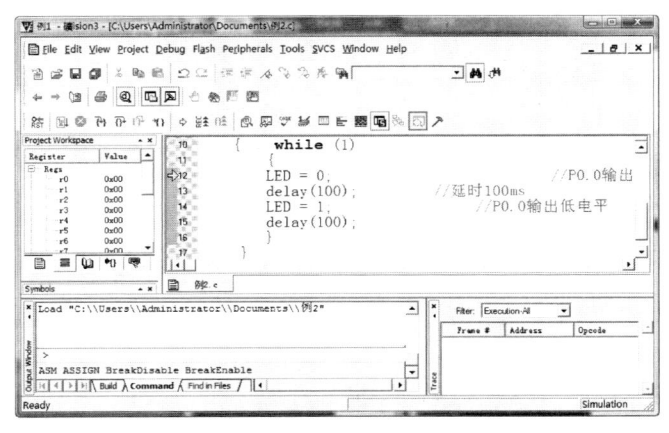

图 1-36 启动 Keil 的调试模式

在调试过程中，若程序执行停止，则 Keil 会打开一个显示源文件的程序编辑窗口或显示 CPU 指令的反汇编窗口，下一条要执行的语句以黄色箭头指示。

在调试时，编辑模式下的许多特性仍然可用，如可以使用查找命令或修改程序中的错误，程序中的源代码也在同一个窗口中显示。

但调试模式与编辑模式有所不同，调试菜单与调试命令是可用的，其他的调试窗口和对话框、工程结构或工具参数不能被修改，所有的编译命令均不可用。

第二步，程序调试。程序调试要使用"Debug"菜单中的常用命令和快捷键，也可使用 按钮进行程序调试。"Debug"菜单中的命令和热键功能说明如下。

- Run（F5）：全速运行，直到运行到断点时停止，等待调试指令。
- Step into（F11）：单步运行程序。每执行一次，程序运行一条语句。对于一个函数，程序指针将进入函数内部。
- Start over（F10）：单步跨越运行程序。与单步运行程序相似，不同点是该命令跨越当前函数，运行到函数的下一条语句。
- Step out of Current Function（Ctrl+F11）：跳出当前函数。程序运行到当前函数返回的下一条语句。
- Run to Cursor Line（Ctrl+F10）：运行到当前指针。程序将会全速运行，运行到光栅所在语句时停止。
- Stop Running：停止全速运行。停止当前程序的运行。

设置断点的作用是当程序全速运行时，需要在程序不同的地方停止运行然后进行单步调试，可以通过设置断点来实现。断点的设置只能在有效代码处进行，如图1-37所示，其可设置在左侧栏中的有效代码（深灰色）处。

将光标移到有效代码处，双击后会出现一个红色标记，表示断点已成功设置；在红色标记处再次双击，红色标记消失，表示断点已被成功删除。当程序运行到设置的断点的位置时，停止运行。

此时，可以选择"View"→"Watch & Call Stack Window"菜单命令，对程序中的数值进行监视，如对数值i进行监视，如图1-38所示。每按下一次"Step into"按钮，i的数值增加一次。数值"Value"可以在十六进制和十进制之间选择。

可以在"Project Workspace"区的"Register"选项卡中看到仿真运行时间，本例中此刻的时间为 0.032 665 50 秒，如图1-39所示。要调整闪烁的时间间隔，可以调整该值，以达到调整闪烁时间的目的。

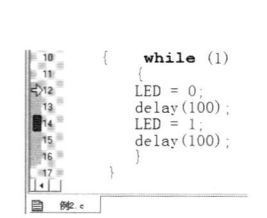

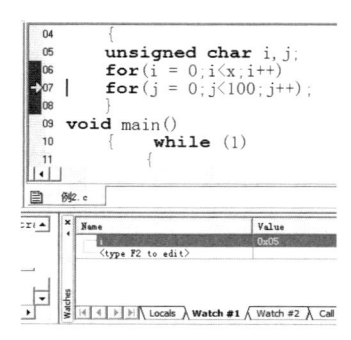

图1-37　断点的设置　　　图1-38　对数值i进行监视　　　图1-39　仿真运行时间

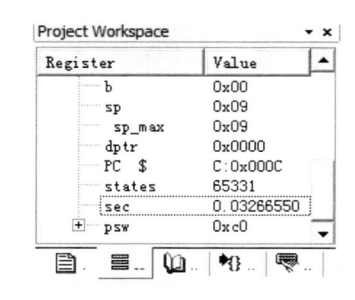

Keil 集成开发环境的功能相当强大，本节只是简单地介绍一些基本的使用方法，若需要对 Keil 集成开发环境有更深入和全面的了解，则可阅读该软件自带的帮助文档。

2．Proteus——单片机程序仿真与调试软件

程序仿真与调试是单片机软件开发过程的必要环节。一般开发可以在电路原理基础上利用软件进行程序仿真与调试，以便减少硬件的重复设计和成本。在学习单片机程序设计时，也经常会用到程序仿真与调试，以验证程序设计的正确性、完整性、可靠性。软件仿真是一种依靠计算机系统资源进行的硬件模拟、指令模拟和运行模拟。在程序仿真与调试过程中，不需要任何在线的硬件和目标电路板就可以完成软件开发的全部过程。

常用的单片机程序仿真与调试软件为Proteus，该软件是由英国Labcenter Electronics公司开发的 EDA 工具软件。Proteus 主要由 ARES 和 ISIS 两个程序组成。前者主要用于 PCB 自动或人工布线及其电路仿真，后者主要采用原理布图的方法绘制电路并进行相应的仿真。Proteus 电路仿真过程是互动的，针对微处理器的应用可以直接在基于原理图的虚拟原型上编程，并实现软件代码级的调试，还可以直接实时动态地模拟按钮、键盘的输入，LED、液晶显示的输出，同时配合虚拟工具（如示波器、逻辑分析仪等）进行相应的测量和观测。

Proteus 的应用范围十分广泛，涉及 PCB 制版、Spice 电路仿真、单片机仿真等。

本节主要以单片机最小系统电路为基础，对 1.3.3 节中的程序进行仿真与调试，使读者初步掌握 Proteus 的应用过程。

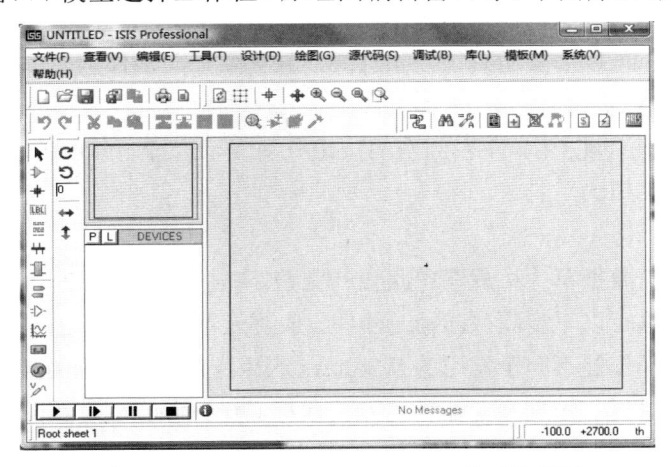

1）Proteus ISIS 7 Professional 的工作界面

Proteus ISIS 7 Professional 的安装过程为标准 Windows 安装过程。在安装完成后出现 Proteus 7 Professional 程序组，首先运行 Licence Manager 进行授权认证，之后就可以运行 Proteus ARES 7 Professional 或 Proteus ISIS 7 Professional 了。这里主要讲解 Proteus ISIS 7 Professional 的使用方法。

Proteus ISIS 7 Professional 的工作界面如图 1-40 所示，其工作区域主要分为标题栏、菜单栏、标准工具栏、绘图工具栏、状态栏、元器件选择器、预览对象方位控制按钮、仿真控制栏、预览窗口、模型选择工作栏、原理图编辑窗口等。下面介绍部分窗口和工具栏。

图 1-40　Proteus ISIS 7 Professional 的工作界面

（1）预览窗口（The Overview Window）。

预览窗口可显示两项内容，即整张原理图或某个元件原理图的缩略图。若在此区域单击，光标图形变为✥，则会显示整张原理图的缩略图，并显示一个绿色方框。绿色方框里面的内容是当前原理图编辑窗口中显示的内容，此时绿色方框跟随光标运动，在适当位置单击即可改变原理图的可视范围。当选择元件列表中的某个元件时，预览窗口中显示该元件原理图的缩略图。

（2）原理图编辑窗口（The Editing Window）。

原理图编辑窗口是主要工作区域，用来绘制原理图。蓝色方框内为可编辑区，各种元件都要放置在蓝色方框中。

（3）模型选择工具栏（Mode Selector Toolbar）。

模型选择工具栏分为主要模型（Main Modes）、配件（Gadgets）、二维图形（2D Graphics）3 个部分，如图 1-41 所示。为了显示方便，在此将其改为了横排版。

图 1-41　模型选择工具栏

主要模型包括选择元件、放置连接点、放置标签、放置文本、绘制总线、放置子电路、即时编辑元件参数。

配件包括终端接口（电源、接地、输出、输入等接口）、器件引脚、仿真图表（用于各种分析）、录音机、信号发生器、电压探针（用于仿真图表）、电流探针、虚拟仪表（示波器等）。

二维图形包括直线、方框、圆、圆弧、多边形、文本、符号、原点。

（4）元器件选择器（The Object Selector）。

元器件选择器用于选择已经在元器件库中挑选出来的元器件、终端接口、信号发生器、仿真图表等。单击 P 按钮会打开"Pick Devices"对话框，选择一个元器件后，该元器件会在元器件列表中显示，以后要用到该元器件时，只需要在元器件列表中选择即可。

（5）仿真控制栏。

在　　　　中，从左到右的按钮分别表示运行、单步运行、暂停、停止，是在运行仿真功能时使用的工具。

2）电路原理设计

利用软件仿真需要把单片机程序电路设计完整。Proteus ISIS 7 Professional 仿真系统创建单片机仿真电路执行以下步骤：选择元器件、放置元器件、绘制电路图。需要注意的是，原理图编辑窗口的操作是不同于常用的 Windows 应用程序的。正确的操作是单击鼠标左键放置元器件；单击鼠标右键选择元器件；双击鼠标右键删除元器件；单击鼠标右键拖动选择多个元器件；先单击鼠标右键后单击鼠标左键编辑元器件属性；先单击鼠标右键后单击鼠标左键拖动元器件；连线用鼠标左键；删除用鼠标右键；改连接线的方法是先单击鼠标右键连线，再按住鼠标左键拖动；用鼠标中键或滚轮缩放原理图。下面对 1.3.3 节中的 LED 闪烁程序进行仿真。

（1）选择元器件。

单击工具箱中的"元器件"按钮，再单击 ISIS 对象选择器左边中间的 P 按钮，出现"Pick Devices"对话框，如图 1-42 所示。或者在编辑窗口单击鼠标右键，在弹出的快捷菜单中选择"Place"→"Component"→"From Libraries"菜单命令即可。

"Pick Devices"对话框的左边的列表框分别为"关键字""类别""子类别""制造商"。可以先从"类别"列表框中粗选后，再到"子类别"列表框中点选，在实际操作中应该了解计划放置的元器件的类型和型号，才能在软件的元器件库中找到该元器件，若要放置一个 LED，则需要先选择"类别"列表框中的"Optoelectronics"选项，然后在"子类别"列表框中选择"LEDS"选项。"Pick Devices"对话框的中间区域是元器件型号及其主要参数，右边区域是所选元器件的预览图和 PCB 预览图。

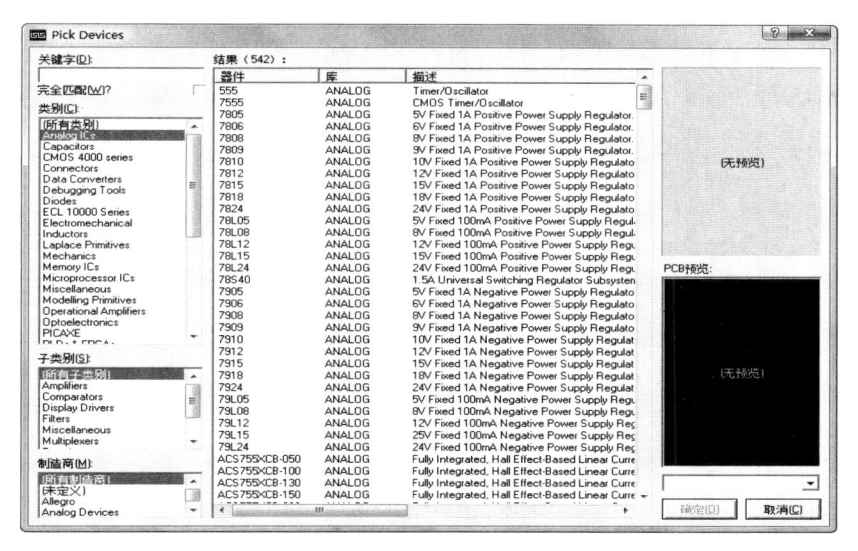

图 1-42 "Pick Devices" 对话框

当不知道元器件的类别时，可以在"关键字"文本框中进行搜索查询，输入"89C51"后搜索所出现的界面如图 1-43 所示。

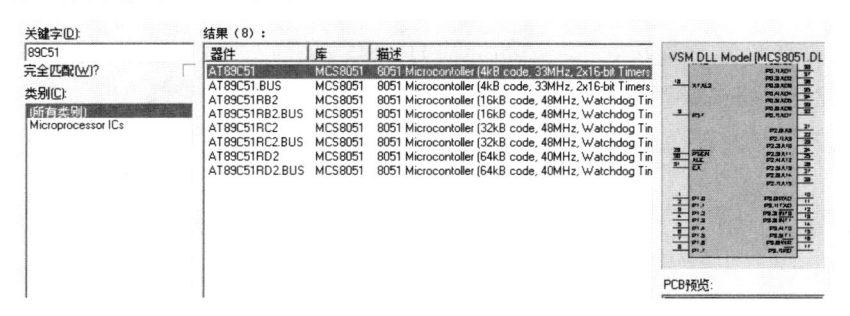

图 1-43 输入"89C51"后搜索所出现的界面

选择"AT89C51"选项，双击可将其添加到元器件列表中。按此方法可以一次性添加所需要的全部元器件，也可以在需要时再次使用该方法进行添加。这里一次性添加全部元器件。分别添加"Optoelectronics"类别下的"LED-BIRG"（发光二极管）和"Resistors"类别下的"RESPACK-8"（排阻）。在元器件全部添加完毕后，单击"确定"按钮，关闭元器件库。元器件列表如图 1-44 所示。

（2）放置元器件。

在元器件列表中选中"AT89C51"选项，在图形编辑窗口中单击空白区域，"AT89C51"被放置到原理图编辑窗口中。用同样方法可以放置"LED-BIRG"和"RESPACK-8"。在放置的过程中可能遇到下列问题。

a．对象的放置。在对象选择器中选定这个元器件，单击该元器件，然后把光标移到原理图编辑窗口的适当位置，再单击就可以把相应的元器件放入原理图编辑窗口。

b．放置电源及接地符号。许多元器件没有 V_{CC} 和 GND 引脚，但事实是这些引脚被隐藏了，在使用时可以不用添加电源，单片机和 LCD 的 V_{SS}、V_{DD}、V_{EE} 不需要连接，默认 $V_{SS}=0V$、$V_{DD}=5V$、$V_{EE}=-5V$、$GND=0$。若需要添加电源，则可以单击工具栏的接线端按钮，这时对象选择器中将出现一些接线端，如图 1-45 所示。

图 1-44　元器件列表　　　　　图 1-45　对象选择器

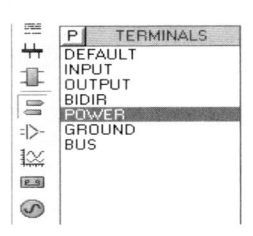

在对象选择器中单击"POWER"选项，将光标移入原理图编辑窗口，单击即可放置电源符号，用同样方法也可以把接地符号 GROUND 放入原理图编辑窗口。

c．对象的编辑。调整对象的位置和放置方向及改变元器件的属性等，有选中、删除、拖动等基本操作，可以右击元器件，在弹出的快捷菜单中进行操作。对象的编辑主要包括以下操作。

- 拖动标签。许多类型的对象有一个或多个属性标签附着，可以很容易地拖动这些标签使电路图看起来更美观。拖动标签的步骤：先右击选中对象，然后用光标对准标签，按住鼠标左键拖动标签到所需的位置，释放鼠标即可。
- 对象的旋转。许多类型的对象可以调整旋转为 0°、90°、270°、360°及以 x 轴或 y 轴镜像旋转。
- 编辑对象的属性。对象一般都具有文本属性，这些属性可以通过一个对话框进行编辑。编辑单个对象的具体方法：先右击选中对象，然后单击对象，此时出现"编辑元件"对话框。也可以先单击工具栏中按钮，再单击对象，也会出现"编辑元件"对话框。图 1-46 所示为 AT89C51 的"编辑元件"对话框，在该对话框中可以改变 AT89C51 的标号、元件值、PCB 封装时钟频率及是否把这些参数隐藏等，修改完毕后单击"确定"按钮即可。

（3）绘制电路图。

a．绘制导线。Proteus 可以在想要绘制导线的时候进行智能化自动检测。当光标靠近一个对象的连接点时，就会出现一个符号，单击元件的连接点，移动光标到所需要连接的连接点，光标会变为绿色，再次单击就出现了连接导线，如图 1-47 所示。这就是 Proteus 的线路自动路径功能（WAR），若只在两个连接点处单击，则 WAR 将选择一个合适的线径。WAR 可通过使用工具栏中的"WAR"选项来关闭或打开，也可以在菜单栏的"Tools"菜单中找到这个图标。如果想自己决定导线路径，那么只需要在想要的连接点处单击即可。在绘制导线的过程中需要放置连接点，在需要放置的位置处双击就放置了一个圆点，此点可以连接 4 条导线。

在绘制导线的过程中，随时可以按下 Esc 键或右击来放弃绘制。

图 1-46　AT89C51 的 "编辑元件" 对话框

b. 绘制总线。为了简化电路图，可以用一条导线代表数条并行的导线，这就是所谓的总线。当电路中有多根数据线、地址线、控制线并行时，经常使用总线。单击工具箱中的总线按钮，即可在原理图编辑窗口绘制总线。单击则开始绘制，双击则结束本段绘制，右击则取消继续绘制。

右击，在弹出的快捷菜单选择 "Place" → "Bus" 菜单命令放置点线，然后绘制总线分支线，用来连接总线和元器件引脚。在绘制总线的时候，为了和普通的导线区分，一般用斜线来表示分支线，此时需要关闭自动布线功能，可单击图标。在绘制好分支线后，还需要给分支线放置网络标号，放置方法是单击连线工具条中的图标，这时光标放置在支线上，变成十字形，并出现一虚线框，如图 1-48 所示。再次单击，弹出 "Edit Wire Label" 对话框，如图 1-49 所示。定义网络标号，如 P01，将设置好的网络标号放在支线上，按住鼠标左键拖动即可将之定位。注意，在标注导线标签的过程中，相互接通的导线必须标注相同的标签。

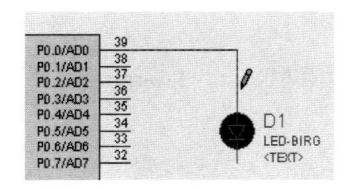

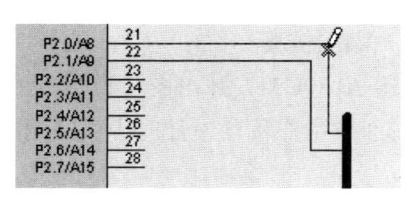

图 1-47　连接导线　　　　　　　　图 1-48　选定要标号的支线

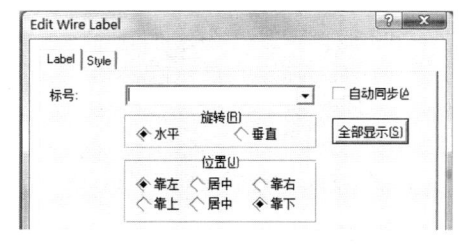

图 1-49　"Edit Wire Label" 对话框

c．放置电路节点。若在交叉点处有电气节点，则认为两条导线在电气上是相连的，否则就认为它们在电气上是不相连的。Proteus 在绘制导线时能够智能地判断是否要放置电路节点，但在两条导线交叉时是不放置节点的，这时要想使两条导线电气相连，只能手动放置电路节点。单击工具箱中的节点放置按钮，当把光标移到原理图编辑窗口并指向一条导线的时候，会出现一个符号，单击它就能放置一个电路节点。

通过以上步骤就可以得到图 1-50 所示的电路图。在图 1-50 中，单片机连接晶振、电容、电解电容组成最小系统电路，同时 P1.0 端口需要连接限流电阻、LED。由于本例中只有一个端口使用，因此没有使用总线。

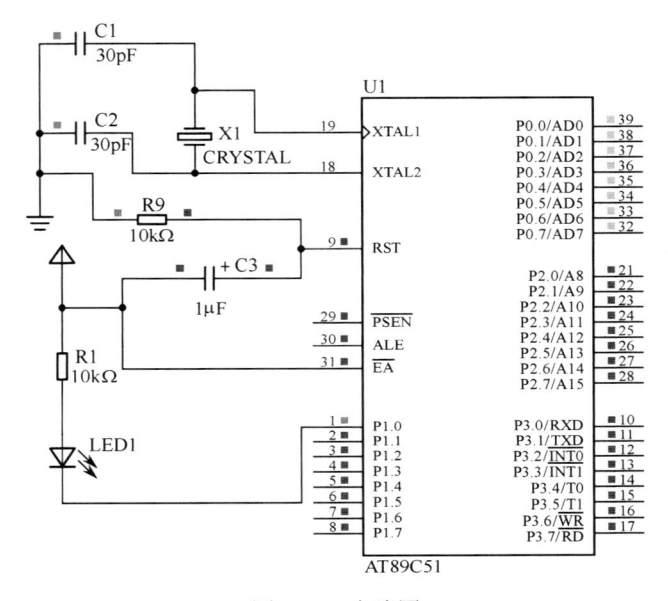

图 1-50　电路图

3）仿真与调试

（1）添加仿真文件。

双击 AT89C51，弹出图 1-51 所示的"编辑元件"对话框，在"Program File"文本框中添加 1.3.3 节中在程序设计时生成的 HEX 文件。

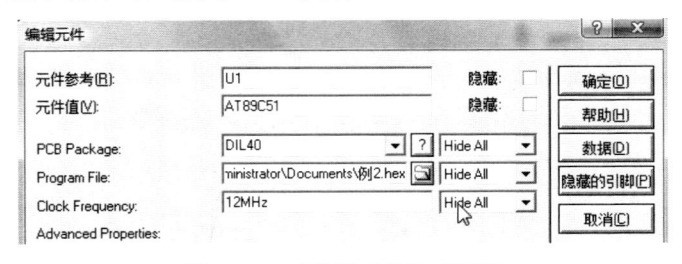

图 1-51　"编辑元件"对话框

单击"Program File"文本框后的图标，弹出"文件浏览"对话框，找到 HEX 文件，单击"确定"按钮完成添加文件,在"Clock Frequency"文本框中把频率改为12MHz,单击"确定"按钮退出。

(2)仿真运行。

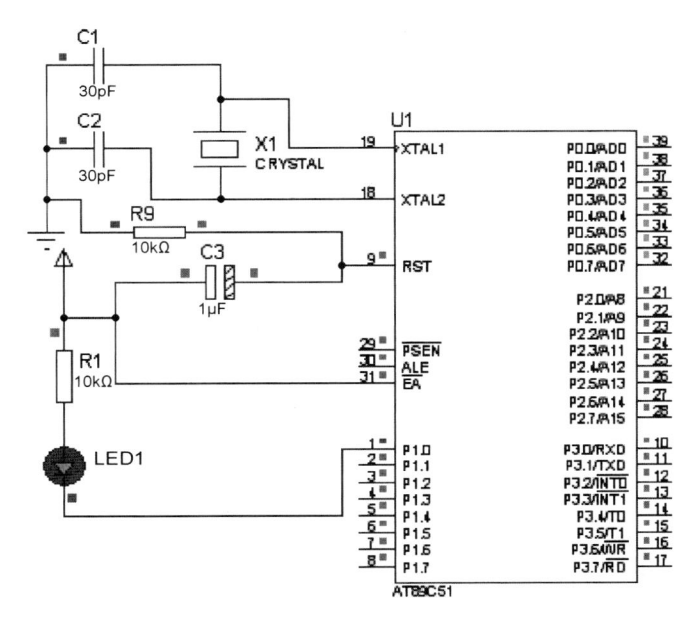

单击 ▶ ▶ ▌ ▌ ■ 中的 ▶ 按钮,程序开始仿真运行,仿真运行效果如图 1-52 所示。

图 1-52 仿真运行效果

在计算机界面中可以直接看到仿真运行效果,LED 不断闪烁,单片机的端口呈现红色、蓝色或灰色的点,红色代表高电平,蓝色代表低电平,灰色代表不确定电平。当程序运行时,在"Debug"菜单中可以查看单片机的相关资源。可以打开"Debug"菜单中的"Watch Window"窗口,右击添加观察对象,此时观察的是 P1 端口的输出,如图 1-53 所示。

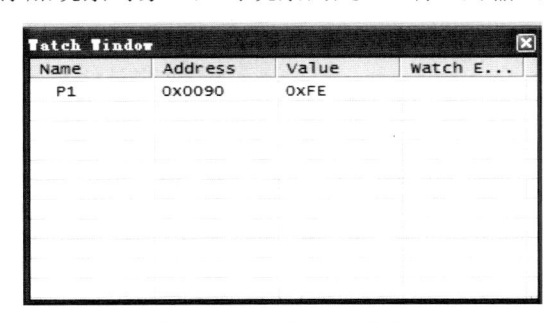

图 1-53 P1 端口的输出

(3)调试。

调试的过程是指通过观察仿真运行结果中出现的问题对程序进行修改的过程。在利用

Keil 进行程序设计时，简单的程序往往依据编译的通过与否就可以判断程序设计的准确与否，但对于复杂程序，编译成功并不能代表程序运行成功，需要通过软件仿真运行结果对程序多次修改才能达到设计的目的。

1.3.5 项目拓展

1）设计用开关控制 LED 点亮的电路

利用 C 语言编制程序，实现按下开关 K1，LED 点亮；断开开关 K1，LED 熄灭。

2）设计用开关控制 LED 闪烁快慢的电路

利用 C 语言编制程序，实现按下开关 K1，LED 闪烁快；断开开关 K1，LED 闪烁慢。

▶ 项目总结

- 单片机是把 CPU、RAM、ROM、定时/计数器及 I/O 端口等功能模块集成在一块芯片上的微型计算机。生产单片机的厂家有很多，单片机型号也有很多，目前应用较多的单片机是 51 系列单片机。
- 单片机最小系统是指用最少的元件组成的单片机系统，也就是单片机在工作时最起码要具备的电路系统。
- 单片机的开发工具包括软件和硬件两部分。软件开发工具包括设计与开发程序的 Keil、仿真与调试程序的 Proteus 等；硬件开发工具包括仿真器、编程器、ISP 下载线等。
- C51 是基于 51 系列单片机的 C 语言，学习时要重点关注其与 C 语言之间的不同。

思考与练习

1．AT89C51 单片机主要由哪些功能部件组成？
2．简述单片机应用研发过程和研发工具。
3．画图说明 AT89C51 单片机的存储空间结构。
4．当 AT89C51 单片机外接晶振的频率为 6MHz 时，其振荡周期、状态时钟周期、机器周期、指令周期的值各为多少？
5．画出单片机最小系统。

项目 2

流水灯的设计与实现

▶ 项目引入

在现代城市的夜晚,到处可以见到各种各样的流水灯、霓虹灯、广告灯箱,这些灯变换着各种图案和色彩,如图 2-1 所示。这些流水灯实际上都是简单的单片机控制电路,它可以根据用户的需要来变换各种不同的图案。项目 1 实现的是点亮 1 个 LED,本项目要实现的是流水灯,即按照一定的规律点亮多个 LED。

图 2-1 流水灯

▶ 知识目标

- 掌握单片机 I/O 口的应用。
- 掌握单片机最小系统的组成。
- 掌握流水灯的三种程序设计方法。

▶ 技能目标

- 熟悉单片机开发工具。
- 熟悉 Keil、Proteus 的安装和使用。
- 能制作流水灯硬件电路。

2.1 任务描述

用电子元器件和单片机制作一个流水灯，该流水灯含有 8 个 LED，可以实现 8 个 LED 以不同方式点亮（如从上到下逐个点亮）。

2.2 准备知识

在实现项目之前先来认识单片机的 I/O 口。

单片机经常要和外围设备进行数据传输（输入或输出），P0 口、P1 口、P2 口、P3 口就是可以和外围设备完成并行数据传输的接口。

1. P1 口

1）结构

P1 口是 8 位双向 I/O 口，其内部结构图如图 2-2 所示，P1 口由 8 个这样的电路组成，每个电路由以下几个部分组成：锁存器（D 触发器），起输出锁存作用；场效应管（FET）V 和上拉电阻 R 组成的输出驱动器，用以增大带负载能力；上下两个三态缓冲器分别接读锁存器和读引脚。

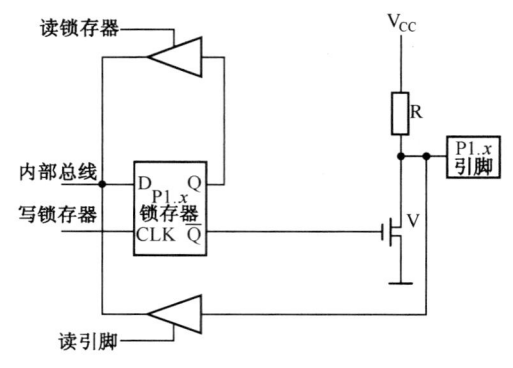

图 2-2 P1 口内部结构图

2）功能

P1 口通常作为通用的 I/O 口使用，每一位可单独定义为输出口或输入口。

（1）输出。

若 P1 口外接 LED，则定义为输出口，可以用语句 P1=0Xdata 输出数值。若某一位需要输出"0"，则内部总线输出"0"，D=0，$\overline{Q}$=1，V 导通，即输出"0"。

（2）输入。

若 P1 口外接按键，则定义为输入口。

若读引脚信号为高电平有效,则应把该三态缓冲器打开,这样 P1 口引脚上的数据经过三态缓冲器读入内部总线。如果输入数据走该通道,那么场效应管 V 对该引脚有影响。

如果锁存器原来寄存的数据 Q=0,那么场效应管 V 导通,引脚始终被钳位在低电平,不可能输入外接电路的高电平,所以在输入前,必须用输出指令向锁存器写入"1",使场效应管 V 截止(断开),保证单片机输入的电平与外接电路电平相同。因此 P1 口被称为准双向口。

2. P0 口

1) 结构

P0 口内部结构图如图 2-3 所示。在电路结构上,P0 口比 P1 口增加了多路选择器(MUX),配合非门、与门用来实现两种功能的切换;还增加了输出驱动电路,是由两个场效应管 V_1、V_2 组成的漏极开路电路。

2) 功能

P0 口有两种功能:通用 I/O 口和地址/数据线。

(1) 通用 I/O 口。

- 输出。当 P0 口作为通用输出口使用时,内部控制信号为低电平,MUX 接通 B,同时与门输出"0",V_1 截止。此时,该电路与 P1 口的内部结构相似,唯一不同的是该电路为漏极开路电路,在使用时必须外接上拉电阻才有高电平输出。

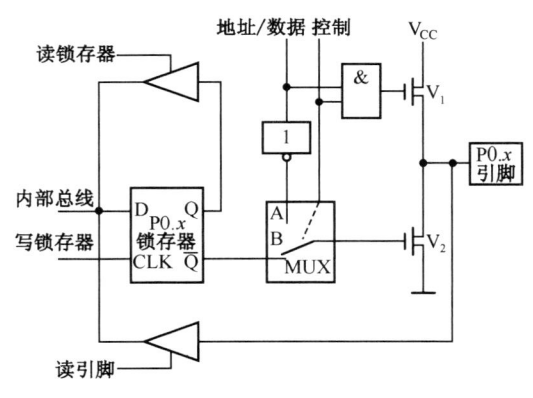

图 2-3 P0 口内部结构图

- 输入。当 P0 口作为通用输入口使用时,和输出口相似,必须外接上拉电阻。另外因为 P0 口也是准双向口,所以要先向电路中写入"1"。

(2) 地址/数据线。

当 P0 口作为地址/数据线使用时,内部发出控制信号,打开与门,MUX 接通 A,V_2 导通,V_1、V_2 形成推挽电路结构,使电路的带负载能力大为提高,可以输出低 8bit 地址信号及输出或输入 8bit 数据信号。

3．P2 口

1）结构

P2 口内部结构图如图 2-4 所示。P2 口比 P1 口增加了多路转换器（MUX）和反相器。

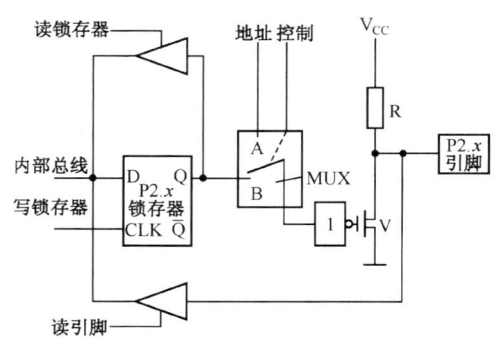

图 2-4　P2 口内部结构图

2）功能

P2 口有两种功能：通用 I/O 口和地址总线（高 8bit）。

（1）通用 I/O 口。

在无外部扩展存储器的系统中，当 MUX 接通 B 时，P2 口作为通用 I/O 口使用，此时 P2 口的功能和 P1 口一样。

（2）地址总线（高 8bit）。

在有外部扩展存储器的系统中，当 MUX 接通 A 时，P2 口通常作为高 8bit 地址总线使用，P0 口分时输出低 8bit 地址信号和 8bit 数据信号。由于有了 16bit 地址，因此单片机最大可外接 60KB 的 ROM 和 64KB 的 RAM。

4．P3 口

1）结构

P3 口内部结构图如图 2-5 所示。P3 口比 P1 口增加了与非门第二功能输出控制电路和第二功能输入三态缓冲器。

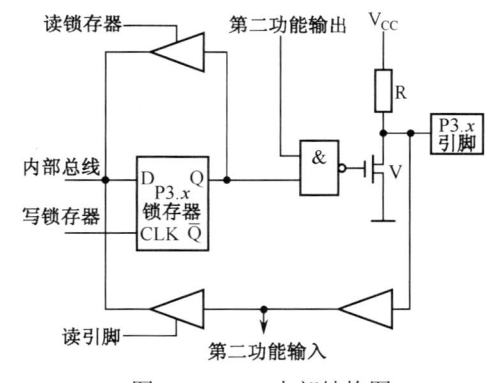

图 2-5　P3 口内部结构图

2）功能

P3 口有两种功能：通用 I/O 口和第二功能。

（1）通用 I/O 口。

P3 口作为通用 I/O 口使用时功能和 P1 口一样。

（2）第二功能。

在真正的单片机应用电路中，第二功能显得尤为重要。因为第二功能信号有输入、输出两种情况，所以下面分两种情况进行说明。

- 第二功能输入。当作为第二功能信号输入引脚时，P3 口在输入通路上增加了一个第二功能输入三态缓冲器，输入的第二功能信号就是从这个第二功能输入三态缓冲器的输出端获得的。
- 第二功能输出。当作为第二功能信号输出引脚时，P3 口的锁存器应置"1"，Q 端输出高电平，与非门输出第二功能信号。P3 口各引脚的第二功能定义在 1.2.2 节中已做过介绍。

5．带负载能力

带负载能力是指在一定的电压（0～5V）下能够灌入或拉出的最大电流（灌电流和拉电流），也称为驱动能力。

灌电流和拉电流是衡量电路驱动能力的参数，这种说法常用在数字电路中。

1）灌电流（输出低电平）

当负载的一端接 V_{CC}，另一端（输出端）输出低电平时，就会产生灌电流。它是从负载流向输出端"灌进去"的电流，一般是输出端吸收的负载的电流，其吸收电流的数值叫作灌电流。

2）拉电流（输出高电平）

当负载的一端接地，另一端（输出端）输出高电平时，就会产生拉电流。它是从输出端流向负载"拉出来"的电流，一般是输出端对负载提供的电流，其提供电流的数值叫作拉电流。

一般地，对于 1 个 LSTTL（低功耗肖特基 TTL），其拉电流（输出高电平）为 0.20μA，灌电流（输出低电平）为 0.35mA。由于灌电流一般比拉电流要大得多，因此当用单片机 I/O 口驱动 LED 时一般采用低电平输出（灌电流）方式。

3）I/O 口驱动能力

P0 口的带负载能力为驱动 8 个 TTL 门电路，P1 口、P2 口、P3 口的带负载能力为驱动 4 个 TTL 门电路。

对于 4 个 I/O 口的引脚，每个引脚灌电流≤10mA，每个 I/O 口 8 个引脚的灌电流之和为

$$P0 口灌电流之和 \leqslant 26mA$$

$$P1 口、P2 口、P3 口灌电流之和 \leqslant 15mA$$

2.3 项目实现

2.3.1 设计思路

本项目要求制作含有 8 个 LED，可以实现 8 个 LED 以不同方式点亮（如从上到下逐个点亮）的流水灯。

2.3.2 硬件电路设计

根据前面讲解的 I/O 口的内容，流水灯需要 8 个 LED 作为输出，可以选择单片机的 4 个 I/O 口中的任意 1 个连接 8 个 LED。为了方便连接，本项目选用 P1 口输出驱动 8 个 LED，流水灯电路图如图 2-6 所示。从图 2-6 中可以看出，当 P1 口引脚输出低电平时，对应的 LED 点亮；当 P1 口引脚输出高电平时，对应的 LED 熄灭。

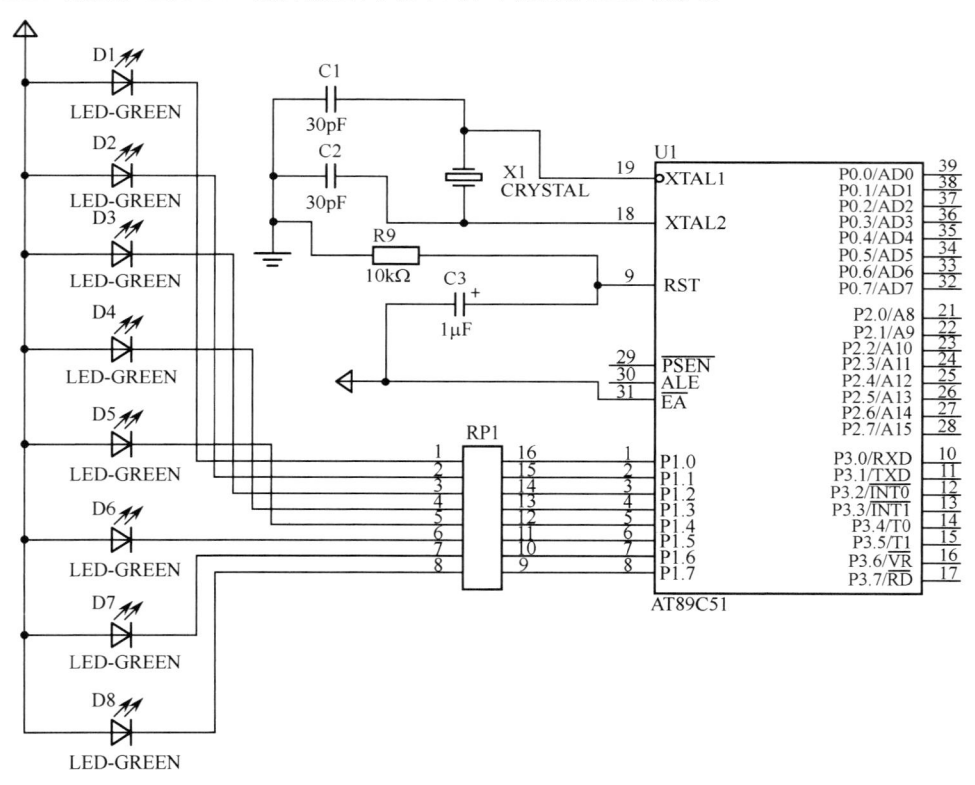

图 2-6 流水灯电路图

在图 2-6 中，考虑到单片机 P1 口的带负载能力，选择 LED 共阳极接法，另外在设计中用到了排阻 RP1。将大小、功能完全一样的电阻加工到同一个器件中，该器件就叫作排阻。排阻 RP1 中有 8 个电阻，在电路中起到限流的作用，阻值为 300Ω。LED 的工作电流为 10mA 左右，正向导通压降为 1.7V 左右，限流电阻计算公式为

$$R = \frac{5-1.7}{0.01} = 330 \; (\Omega) \tag{2-1}$$

2.3.3 程序流程设计

流水灯电路设计完成后，还看不到 LED 流水灯效果，这时还需要编写程序来控制单片机引脚电平的高低变化，从而控制 LED 的亮灭，实现 LED 流水灯效果。要求 8 个 LED 按一定的规律循环点亮，如 8 个 LED 从上到下逐个点亮。

第 1 次：D1 点亮，D2～D7 熄灭，P1.0 输出低电平，其他引脚都输出高电平，P1=FEH。

第 2 次：D2 点亮，D1、D3～D7 熄灭，P1.1 输出低电平，其他引脚都输出高电平，P1=FDH。

第 3 次：D3 点亮，D1、D2、D4～D7 熄灭，P1.2 输出低电平，其他引脚都输出高电平，P1=FBH。

……

第 8 次：D8 点亮，D1～D7 熄灭，P1.7 输出低电平，其他引脚都输出高电平，P1=7FH。

这 8 次 P1 口输出的值分别为 FE、FD、FB、F7、EF、DF、BF、7F。

下面介绍三种编程方法。

1．方法一

此方法较为简单和直观，只适用于 LED 个数较少的情况，程序如下：

```c
/************************************************************/
#include <reg51.h>              //包含头文件，文件内包含 51 系列单片机的功能定义
void delay(unsigned int t)
{
  unsigned int i, j;
 for(i=0;i<t;i++)
  {
    for(j=0;j<120;j++);}
  }
}
void main (void)
{
 P1=0XFF;
 while(1)
   {
    P1=0XFE; delay(1000);
    P1=0XFD; delay(1000);
    P1=0XFB; delay(1000);
```

```
      P1=0XF7; delay(1000);
      P1=0XEF; delay(1000);
      P1=0XDF; delay(1000);
      P1=0XBF; delay(1000);
      P1=0X7F; delay(1000);
   }
}
/****************************************************************/
```

程序说明：
- 因为人眼有视觉暂留效应，而单片机的执行速度又很快，所以在程序中加入了延时程序。此延时程序含有参数，可以通过改变参数的大小来改变延时的长短。
- 在程序中反复执行的部分可以写成一个子函数，这样就可以在程序中反复地调用该子函数，如 delay()函数。
- 可以把一些具有一定功能的程序打包为独立的函数，在需要用到此功能时直接调用该函数即可。在本节的几个程序中，主函数都调用了延时函数。函数调用是单片机程序模块化设计的一种方法。函数调用令使用 C 语言的单片机程序具有很强的可移植性，同时也可大大简化程序的结构。函数调用比较简单，如在本程序和上一个项目的程序中，主函数中出现的 delay()语句就是一种函数调用，当单片机运行主函数的 delay(1000)语句时，调用延时函数 delay(unsigned int t)，其中"1000"为延时函数的实参，"t"为延时函数的形参。在延时函数中，实参与形参的类型必须统一，在本程序中，若"t"为 char 变量，则程序运行会出错。

2．方法二

仔细观察方法一中 8 次赋给 P1 口的控制码，不难发现这 8 个控制码是有规律的，每个控制码都可以由前一个循环中的控制码左移一位得到，程序如下：

```
/****************************************************************/
#include <reg51.h>         //包含头文件，文件内包含 51 系列单片机的功能定义
#include <INTRINS.H>       //包含头文件，文件内有循环左移函数
void delay(unsigned int t)
 {
  unsigned int i, j;
  for(i=0;i<t;i++)
   {
     for(j=0;j<120;j++);
   }
 }
 void main (void)
 {
unsigned char m;
P1=0XFF;
while(1)
```

```
{
P1=0xfe;
for(m=0;m<8;m++)
 {
   P1=_crol_(P1,1);
   delay(1000)
 }
}
}
/**************************************************************/
```

程序说明：

在复杂的单片机程序中常常用到文件包含。本程序前面的#include<reg51.h>和#include<INTRINS.H>语句都是文件包含语句。所谓文件包含，是指一个文件将另外一个文件的内容全部包含进来。因为INTRINS.H头文件中有循环左移函数，程序中使用循环左移函数的目的是由上一个控制码得到下一个控制码，所以程序在一开始使用了包含命令#include<INTRINS.H>。

```
_crol_(unsigned char val, unsigned char n);    //将变量val循环左移n位
_irol_(unsigned int val, unsigned char n);     //将变量val循环左移n位
```

3. 方法三

此方法为数组方法，适用于实现控制码毫无规律的花样流水灯效果。可以把每次对应的控制码预先存入数组，程序循环读取数组中的每个控制码，就可以实现自定义花样流水灯的自由显示，程序如下：

```
/**************************************************************/
#include <reg51.h>
unsigned char code sz1[]={0x7e,0xbd,0xdb,0xe7,0xdb,0xbd,0x7e,0x00,0xff};
void delay(unsigned int t)
 {
  unsigned int i, j;
  for(i=0;i<t;i++)
   {
     for(j=0;j<125;j++);
   }
 }
void main()
{
   unsigned char i;
   while (1)
   {
    for(i=0;i<9;i++)
     {
       P1=sz1[i];
```

```
        delay(1000);
      }
   }
}
/*****************************************************************/
```

程序说明：

在 C 语言编程中，可以将在运行过程中不会发生变化的数据定义为 code 存储类型，将这些数据保存在 ROM 而不是 RAM 中。因为数组所占空间较大，且预设后相对固定，所以 sz1 的存储类型设为 code。若将 code 改为 data，则也不会影响程序运行，只是在程序运行时数组会被分配到 RAM 中。

根据以上程序，完成 2.3.6 节中的题目。

2.3.4 仿真调试

本项目的程序在 Keil 上进行设计。在 PC 上运行 Keil，先新建一个工程项目，使用的单片机为 AT89C51，该工程项目暂且命名为 lsd，然后新建一个文件，保存为 lsd.c，并将其添加到工程项目中。可以直接在 Keil 的程序编辑窗口中编写程序，也可以先把程序清单生成一个 TXT 文件，然后复制到 Keil 的程序编辑窗口中。当程序设计完成后，通过 Keil 编译并生成 HEX 文件。在应用 Keil 时，由于编译过程中会生成很多文件，因此新建的工程项目需要在同一个目录中。

在已安装 Proteus 的 PC 上运行 ISIS 文件，即可进入 Proteus 电路原理仿真界面。利用该软件进行仿真时操作比较简单，其过程是首先构造电路，然后双击单片机加载 HEX 文件，最后进行仿真。流水灯仿真电路如图 2-7 所示。在仿真过程中，单片机加载程序模拟运行实际状态。电路中的单片机采用 AT89C51，单片机默认为最小系统，可以不再外接晶体振荡电路和复位电路。在仿真时，8 个 LED 从上到下逐个点亮，然后循环。

软件仿真是对程序设计结果的验证，能够在没有硬件的条件下验证程序的完整性。PC 是单片机程序设计的重要工具，单片机的程序设计或相关产品的开发必须依靠相关的软件和硬件，软件仿真虽然能节省一定的硬件投入，但其不能测试硬件的安全性和可靠性，也不能测试电路的完整性。程序的设计往往需要将软件仿真和硬件设计相结合，并且在有限的时间内完成项目的设计工作。

2.3.5 程序烧录

对于单片机的实验板或自行焊接的电路板，在编写好程序后，需要把程序下载到实验板或电路板中的单片机芯片内。程序下载的过程是把 Keil 生成的 HEX 文件通过一定的接口或手段从 PC 保存到单片机的内部 ROM 中。程序下载需要由专门的下载软件、下载接口或烧录器来完成。

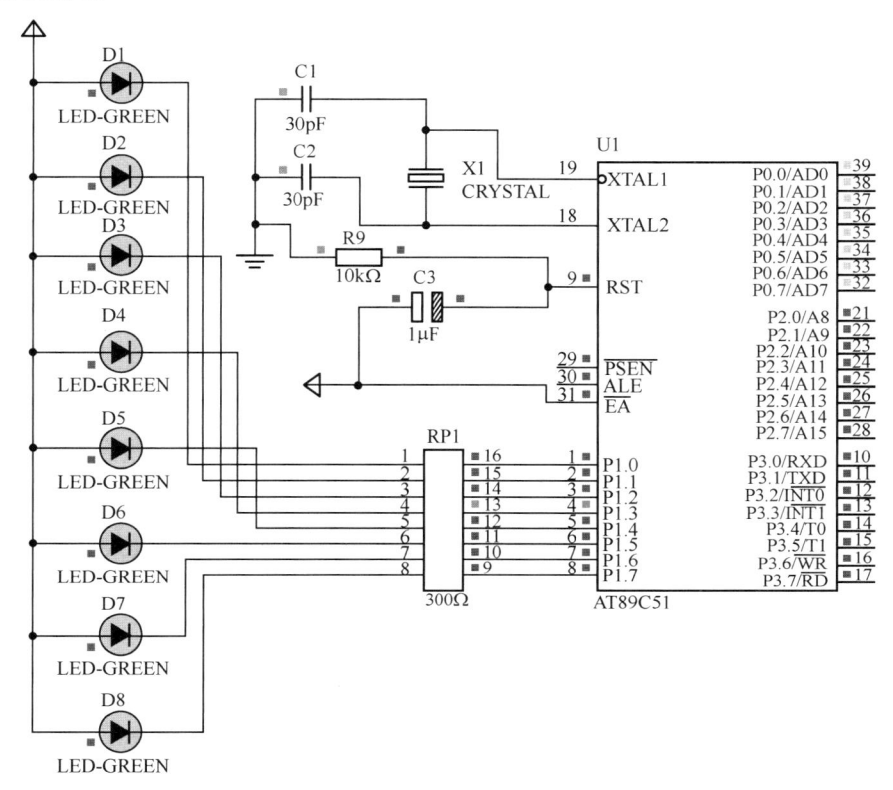

图 2-7 流水灯仿真电路

1．下载接口

要完成程序下载，首先要有一个烧录器。因为单片机的实验板大多支持在线下载，所以在有单片机实验板的情况下，还要有一个能在 PC 上运行的下载工具或软件。由于单片机无法直接与 PC 联机，因此程序下载还需要一个下载接口。常用的单片机下载接口有并口、串口和 USB 接口三种。随着 PC 的应用普及和技术的发展，近年来，许多 PC 已经省去了并口和串口，目前单片机的下载接口中使用 USB 接口的较多。

不同厂商的单片机下载接口相差较大，如 AT89S51 采用 API 总线下载，需要通过专用下载接口与 PC 的并口连接。STC89C51 采用串口下载，但单片机数据电压格式与 PC 串口输出不同，仍需要专用的下载接口。

1）串口下载

STC89C51 使用的串口下载电路由一片 MAX232 电平转换电路组成。MAX232 为单一 +5V 供电，一个芯片就能完成发送转换和接收转换的双重功能，MAX232 引脚及连接图如图 2-8 所示。

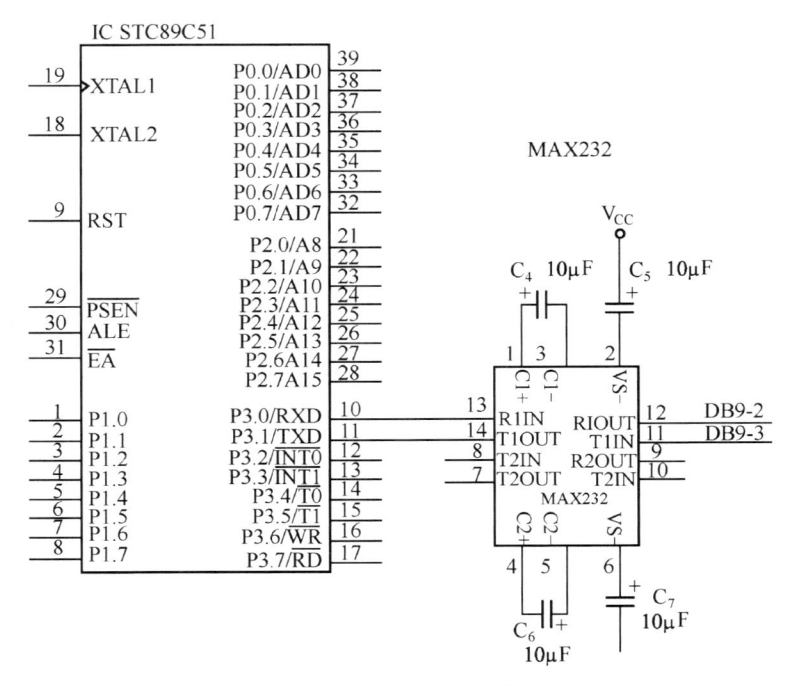

图 2-8 MAX232 引脚及连接图

2）USB 接口下载

一些单片机，如 PL2303、CH341 等，可以把 PC 的一个 USB 接口模拟成一个串口，这样就可以很方便地实现单片机程序的 USB 接口下载。图 2-9 所示为 PL2303HX 连接的 USB 接口下载电路，图中 USB 接口接 PC，R、T 分别接单片机的 RXD、TXD 引脚。

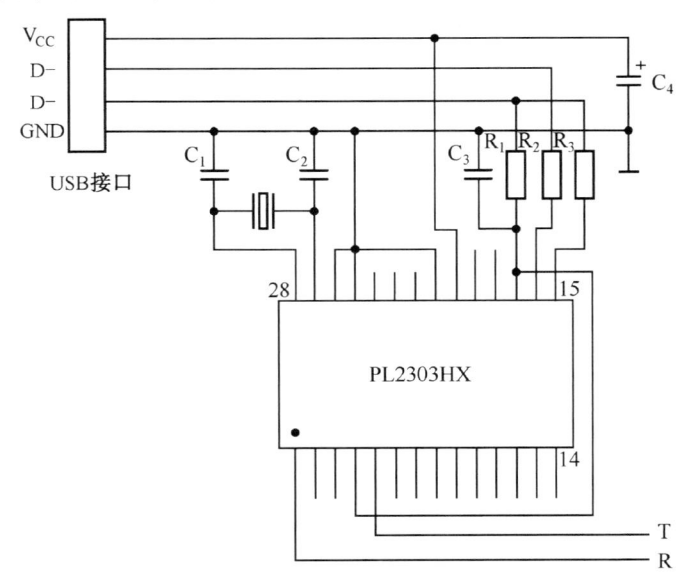

图 2-9 PL2303HX 连接的 USB 接口下载电路

PL2303HX 支持 USB 1.1 协议，但需要先在 PC 上安装 PL2303HX 的驱动程序。在接口电路第一次接入 PC 时，会弹出"发现新硬件并安装驱动"对话框，同时会在 PC 的硬件设备管理器界面中增加一个串口。此后就可以通过专用的下载软件利用此模拟串口下载单片机程序了。

单片机程序下载接口实际是单片机与 PC 之间的通信接口，在学习单片机与 PC 的通信过程中，还需要利用这些接口。

2．下载软件

常用的下载软件为 STC-ISP，启动该软件即出现图 2-10 所示的界面。

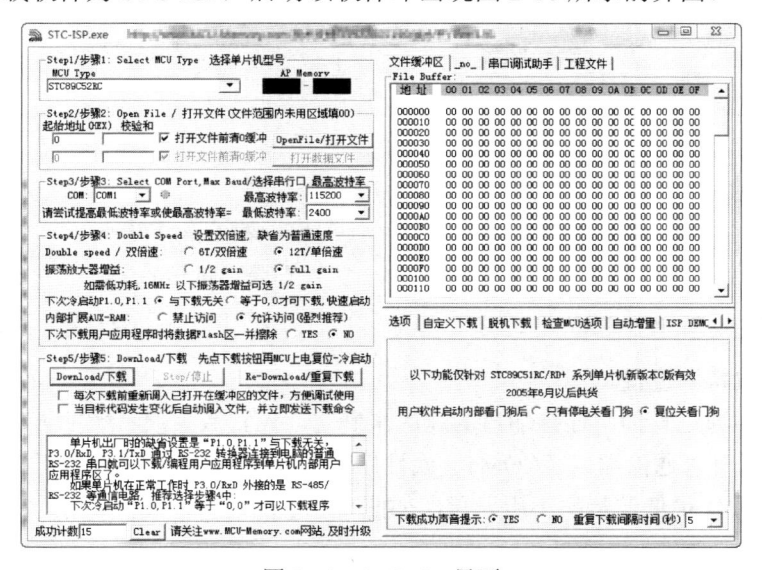

图 2-10　STC-ISP 界面

STC-ISP 界面主要分为两个部分：左面的部分为软件的烧录部分；右面的部分为一些常用的工具及软件的设置部分。

3．下载过程

若采用 USB 接口下载，则需要先在 PC 上安装 PL2303 芯片的驱动程序。在加电情况下，当接口电路与 PC 通过 USB 接口连接时，PC 会自动识别新硬件并加载驱动程序，且在 PC 硬件的端口中会增加一个端口，如 COM3，可以在"我的电脑"中的设备管理器中查看。USB 接口实际是通过一个端口交换数据的。若知道 USB 接口占用 PC 的哪一个端口，就可以通过下载软件下载程序了。

1）下载软件设置

运行 STC-ISP，首先在界面左上方的"MCU Type"下拉列表中选择使用的单片机的型号，如 STC89C51RC；然后单击"OpenFile/打开文件"按钮，在弹出的对话框中寻找要下载的 HEX 文件；最后设置下载端口为 COM3。

(1) 基本设置。

在"MCU Type"下拉列表中有 5 个系列单片机的型号，分别为 89C5xRC/RD+系列、12C2052 系列、12C5410 系列、89C16RD 系列和 89LE516AD 系列。单击"+"按钮展开列表后选择目标机器上使用的单片机的具体型号，如图 2-11 所示。"AP Memory"下显示的是所选型号的内存范围。

"COM"下拉列表中有 16 个 COM 口，旁边的绿色灯指示端口的开关情况。当端口打开时，绿色灯点亮。选择与单片机连接的 COM 口，设置烧录端口，如图 2-12 所示。若不清楚使用的串口号码，则可以在设备管理器中查看"端口"选项，防止端口冲突。

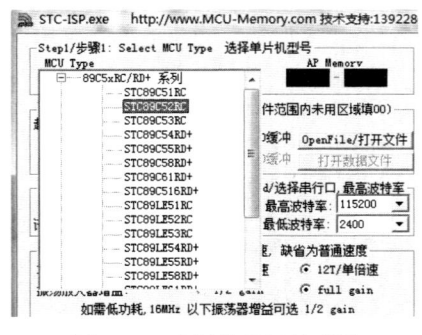

图 2-11　选择单片机的型号　　　　图 2-12　设置烧录端口

(2) 数据波特率设置。

最高波特率通过查询所连接端口的速率来确定。设置数据波特率的方法：双击单片机连接的端口，打开"通信端口（COM1）属性"对话框，单击"端口设置"选项卡。最高波特率设置为 9600，最低波特率不用设置，如图 2-13 所示。

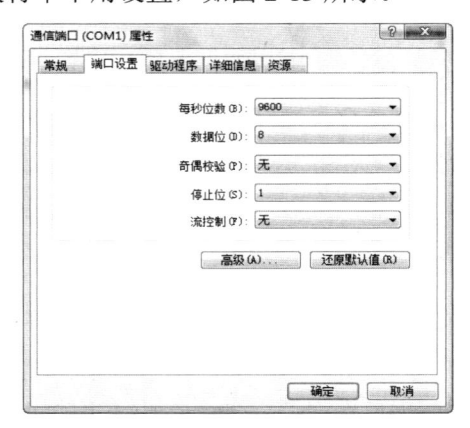

图 2-13　数据波特率设置

(3) 倍速设置。

可以设置单倍速或双倍速、振荡放大器增益等项目。对于"下次冷启动 P1.0, P1.1"，在下部的状态框中有明确的说明，这里不再赘述，一般使用默认选项"与下载无关"，如图 2-14 所示。

图 2-14　倍速设置

2）程序下载

STC-ISP 下载区域如图 2-15 所示，这里需要注意，先单击"Download/下载"按钮，再打开单片机电源，进行冷启动。一般情况下，每次需要写入时都需要遵守"先下载后上电"的顺序操作。在操作时信息框中会反映工作情况，如图 2-15 所示。

复选项"当目标代码发生变化后自动调入文件，并立即发送下载命令"的含义：对之前选定的 HEX 文件进行检测，当发现 HEX 文件被重新生成时就开始下载，此时需要重新冷启动单片机，新的程序就会被烧录入单片机。下载设置如图 2-16 所示。

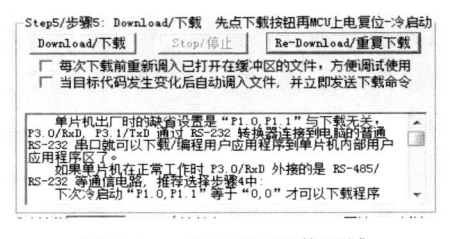

图 2-15　STC-ISP 下载区域　　　　　　图 2-16　下载设置

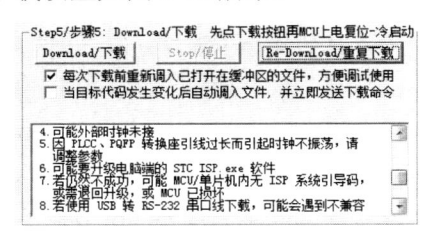

STC-ISP 界面的右上部分还提供了几个常用的工具，如"文件缓冲区""串口调试助手""工程文件"等实用工具，如图 2-17 所示。在程序烧录完成后，就可在目标板上看到设计的流水灯效果。

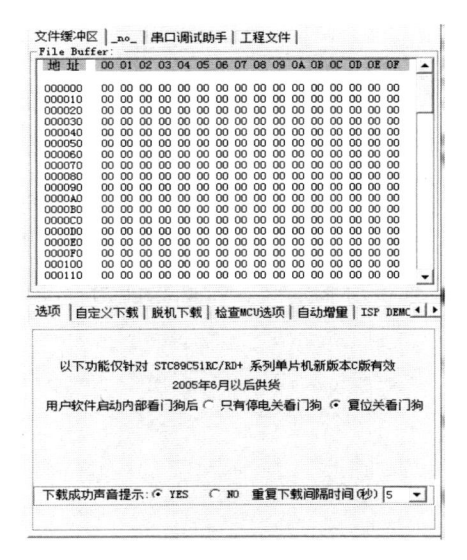

图 2-17　实用工具

2.3.6 项目拓展

1）设计 8 个 LED 的流水灯电路（一）

利用 C 语言编写程序，实现 8 个 LED 先从上到下逐个点亮，再从下到上逐个点亮，然后依次循环。

2）设计 8 个 LED 的流水灯电路（二）

利用 C 语言编写程序，实现 8 个 LED 先从中间向两头点亮，再从两头向中间点亮，然后依次循环。

3）设计开关控制 8 个 LED 的流水灯电路

利用 C 语言编写程序，实现当按下 K1 时，8 个 LED 从上到下逐个点亮；当断开 K1 时，8 个 LED 从下到上逐个点亮。

▶▶ 项目总结

- 单片机的 4 个 I/O 口，即 P0 口、P1 口、P2 口、P3 口，可以实现单片机与外部电路的通信。每个 I/O 口都可以并行输入或输出 8bit 数据，也可以按位使用。每个 I/O 口都可以作为通用的 I/O 口，P0 口、P2 口、P3 口还有其他功能。P0 口在作为通用的 I/O 口使用时，要外接上拉电阻。
- 在使用单片机的 4 个 I/O 口时，要考虑各个 I/O 口的驱动能力。一般来讲，P1~P3 口在输出高电平时，拉电流很小（为 30~60μA），属于"弱上拉"，要谨慎使用；在输出低电平时，灌电流为 1.6~15mA，带负载能力较强，可以直接驱动 LED 点亮，所以较常使用。
- 对于单片机的存储器空间，重点是掌握其结构及片内、片外存储器的容量和分布。

思考与练习

1. AT89C51 的 4 个 I/O 口有哪些分工和特点？试进行比较。
2. AT89C51 的 4 个 I/O 口作为输入口使用时，为什么要先写入"1"？
3. 在 C 语言中，包含单片机引脚定义、特殊功能寄存器定义的头文件是哪些？

项目 3

手动计数器的设计与实现

▶▶ 项目引入

在运动场上，需要记录运动员的分数；在仓库或码头中，需要记录过往车辆或行人等的数量。在这些场景中，可以使用手动计数器来协助人们完成工作。手动计数器如图 3-1 所示。本项目的任务就是设计一种简单的手动计数器，并利用数码管显示其计数值。

图 3-1 手动计数器

▶▶ 知识目标

- 掌握数码管的动态、静态电路连接及其显示的不同之处。
- 掌握单片机的外部中断。
- 掌握中断程序的编写。
- 理解中断过程。

▶▶ 技能目标

- 掌握 Proteus 中数码管的共阴极、共阳极的不同之处。
- 掌握数码管和单片机的动态连接方法。

3.1 任务描述

利用单片机制作一个显示范围为 0~99 的手动计数器，要求实时统计按键次数，利用数码管实时显示其计数值。

3.2 准备知识

3.2.1 数码管静态显示

数码管是单片机常用的数字或字符显示部件。

1．数码管的显示原理

1）数码管的结构

数码管是由 LED 组合显示字符的显示器件。它使用 8 个 LED，其中 7 个 LED 用于显示字符，1 个 LED 用于显示小数点，故通常称为 7 段（或 8 段）LED 数码显示器。

单片机系统常用的数码管有共阳极和共阴极两种类型，这两种数码管的外形和结构类似，只是数码管内部组成数码段和点的 LED 接法有区别。在共阳极数码管的内部，所有 LED 的正极接在一起，称为公共极引脚，即 COM 端；负极分别引出，依次命名为 a、b、c、d、e、f、g、dp，即段值端，如图 3-2 所示。图 3-3 所示为共阴极数码管。

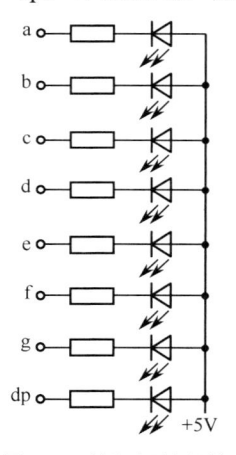

图 3-2 共阳极数码管

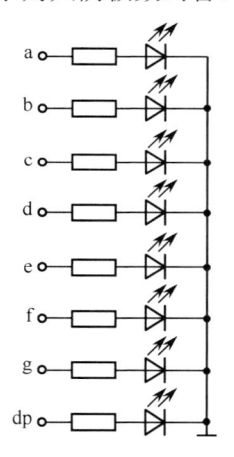

图 3-3 共阴极数码管

2）数码管的工作原理

在使用时，共阳极数码管的 COM 端接正极，其他引脚分别接驱动电路，数码管显示时低电平有效。而共阴极数码管内部所有 LED 的负极接在一起，所以数码管显示时高电平有效。数码管可以显示 0～9 共 10 个数字，若加上小数点的显示，则驱动一位数码管显示至少需要 8bit 有效数据。数码管段码如表 3-1 所示。

表 3-1 数码管段码

字　　符	共阳极段码	共阴极段码	字　　符	共阳极段码	共阴极段码
0	C0H	3FH	9	90H	6FH
1	F9H	06H	A	88H	77H

续表

字　符	共阳极段码	共阴极段码	字　符	共阳极段码	共阴极段码
2	A4H	5BH	B	83H	7CH
3	B0H	4FH	C	C6H	39H
4	99H	66H	D	A1H	5EH
5	92H	6DH	E	86H	79H
6	82H	7DH	F	84H	71H
7	F8H	07H	消隐	FFH	00H
8	80H	7FH	P	8CH	73H

2．数码管的驱动电路

根据数码管和单片机的连接方式，数码管的显示方式分为静态显示和动态显示。本节主要讲静态显示。

1）静态显示原理

数码管静态显示电路图如图 3-4 所示，图中有 4 位数码管，数码管的 COM 端接固定的高/低电平，每位数码管的 a～g 和 dp 端与一个 8bit 的 I/O 口相连。当要在某位数码管上静态显示字符时，只要从对应的 I/O 口输出其显示编码即可。

静态显示的特点是数码管保持点亮状态，亮度较高，会持续显示某个字符，直到字符的段码改变为止。因为这种显示方式会占据 I/O 线，所以多用于 1 位或较少位数码管显示的场合。

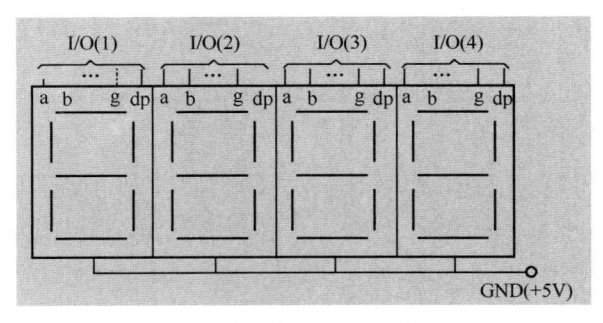

图 3-4　数码管静态显示电路图

2）举例

例 1：设计电路，使 1 位数码管（共阳极）依次循环显示 0～F。

根据题意，本例所设计的电路只需要在单片机的最小系统基础上增加 1 位数码管即可，将数码管通过限流电阻接到单片机的 P2 口，如图 3-5 所示。电路中需要用排阻来限制数码管每一段电流，以防止驱动电流过大而烧毁元器件。

P2.0～P2.7 引脚分别接数码管的 a～g 端，数码管的 COM 端接高电平，P2 口的每个引脚只要有低电平输出，对应的数码管段值就可以显示。要使数码管显示某个数值，只要从 P2 口输出对应的共阳极段码即可。例如，要使数码管显示 1，数码管 b、c 段亮，则令程序控制 P2 口输出 0xbe 十六进制编码即可。因此，数码管要显示 0～F，只需要按顺序把 0～F 的共阳极段码依次从 P2 口输出即可。

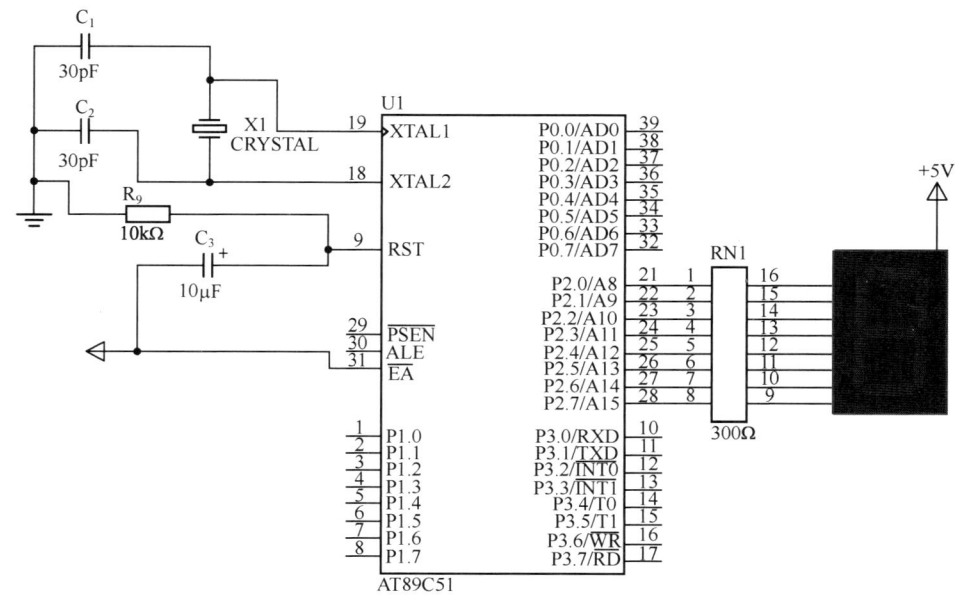

图 3-5 1 位数码管显示电路图

由于 0～F 的共阳极段码毫无规律，因此本程序考虑运用数组，把 0～F 的共阳极段码放在一个数组里面，要使 P2 口依次输出 0～F，只需要使 P2 口的内容依次在数组中取值即可。程序如下：

```
/*****************************************************************/
#include<reg51.h>
unsigned char code sz1[ ]={0xc0,0xf9,0xa4,0xb0,0x99,0x92,0x82,0xf8,0x80,
0x90,0x88,0x83,0xc6,0xa1,0x86,0x8e};         //0～F 的共阳极段码数组
void delay(unsigned int a)                    //延时函数 delay()
{
  unsigned char j;
  while(a--)
   {
    for(j=0;j<120;j++);
   }
}
 void main (void)
{
    unsigned char i;                          //变量 i 为数组中的 0～9
    while (1)
    {
    for(i=0;i<16;i++)
      {
```

```
        P2=sz1[i];                          //输出 0~F 到数码管
        delay(1000);                        //调用延时函数 delay()
        }
    }
}
/**************************************************************/
```

程序说明：

- 由于在数码管显示 0~F 的过程中，数字的变化需要有一定的时间间隔，因此程序需要用到 delay()函数。
- 若程序中使用常量数据，如共阳极数码管数字编码、液晶显示器的汉字编码等，则当程序下载到单片机时，一般希望这些数据存放在单片机的 ROM 区，此类数据前面需要加上关键字 code 或 const，定义为 ROM 存储类型。
- 为了处理方便，C 语言用一个带下标的数组定义具有相同类型的若干变量或常量。对各个变量的相同操作可以利用循环改变下标来进行重复处理，使程序变得简明清晰。带下标的变量由数组名称和用中括号括起来的下标共同表示，称为数组元素。通过数组名和下标可直接访问数组中的每个元素，下标必须从 0 开始。在 C 语言中，使用数组必须先进行定义或声明，一维数组的定义格式如下：

数据类型 数组名[常量表达式]

在程序中，一维数组元素可以直接作为变量或常量引用，其引用格式如下：

数组名[下标]

例 2：设计电路，使 2 位数码管显示 0~99。

本例所设计的电路只需要在例 1 的基础上增加 1 位数码管即可。电路中有 2 位数码管，高位数码管接单片机的 P2 口，低位数码管接单片机的 P3 口，如图 3-6 所示。

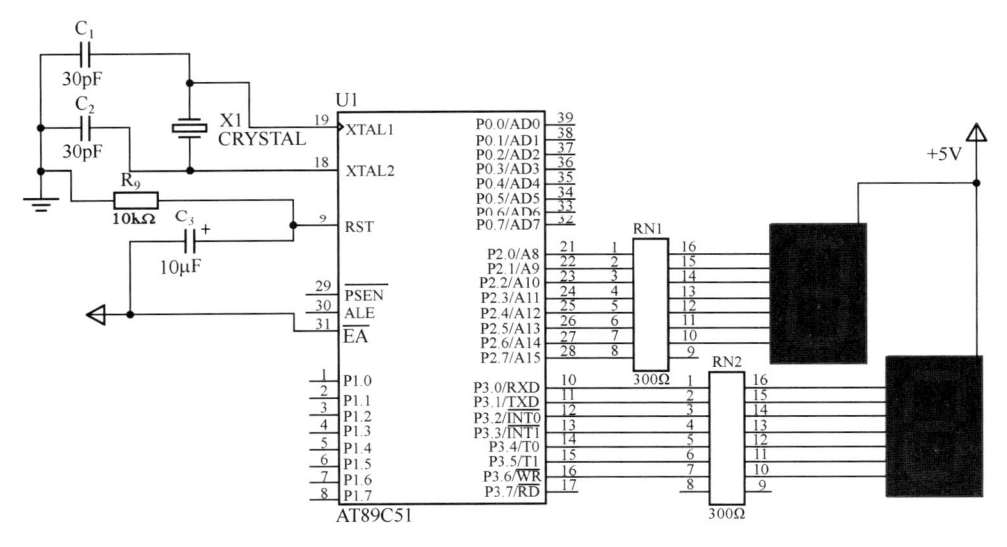

图 3-6 2 位数码管显示电路图

本例与例 1 类似，不同的是本例为 2 位数码管显示，显示范围为 0~99，以十进制数的形式显示，分为十位、个位。为了方便，把和 P2 口相连的数码管定为十位，把和 P3 口相连的数码管定为个位。

程序如下：

```c
/*****************************************************************/
    #include <reg51.h>
    unsigned  char  code  sz1[]={0xc0,0xf9,0xa4,0xb0,0x99,0x92,0x82,0xf8,0x80,0x90};
    void delay(unsigned int a)
    {
    unsigned char t;
    while(a--)
    {
     for(t=0;t<120;t++);
    }
    }
    void main()
    {
      unsigned char m,i,j;
        while(1)
        {
        for(m=0;m<100;m++)
          {
              i=m/10;              //分离出 m 的十位
              j=m%10;              //分离出 m 的个位
              P2=sz1[i];           //把十位转换为段码，发送到 P2 口
              P3=sz1[j];           //把个位转换为段码，发送到 P3 口
              delay(1000);
          }
        }
    }
/*****************************************************************/
```

程序说明：

因为此例中的数字要求以十进制数的形式显示，所以在程序设计中要把以十六进制数加 1 的变量 m 转换为十进制数的十位、个位，然后分别进行显示。

3.2.2　数码管动态显示

1．动态显示原理

数码管动态显示电路图如图 3-7 所示，图中有 4 位数码管，每位数码管的 COM 端（位选端）和不同的 I/O 口相连，每位数码管的 a~g 和 dp 端（段值端）接在一起，与一个 8bit

的 I/O 口相连。当要在某位数码管上显示字符时，先使与该数码管 COM 端相连的 I/O 口有效，然后从对应的 I/O 口输出其段码即可。动态显示的特点为数码管轮流点亮，显示亮度较低，所以通常加驱动电路。由于此种显示方式可以节省 I/O 线，因此常用于多位数码管显示的场合。

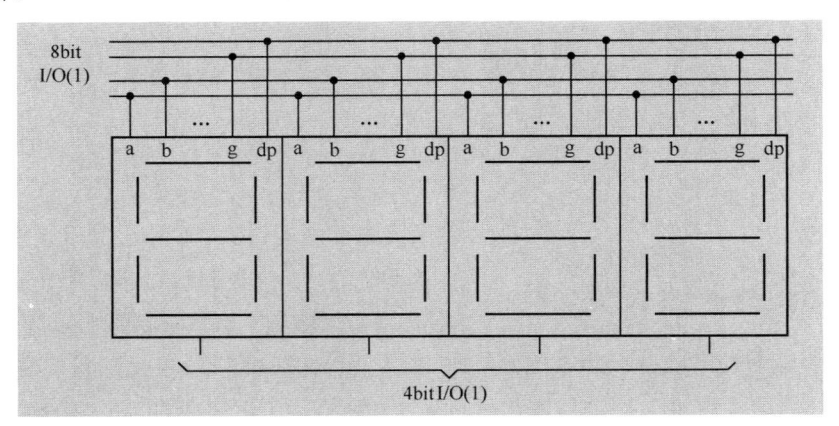

图 3-7 数码管动态显示电路图

由于段值端是共用的，因此要想使每位数码管显示不同的数值，就必须用动态扫描方式进行显示。先从与段值端相连的 I/O 口发送要显示字符的段码；然后让要显示字符的数码管的位选端有效，其他数码管的位选端无效；再延时一段时间（几毫秒）；最后关闭所有显示。这样就完成了一位数码管的显示，其他数码管也按照此方法轮流显示。但因为人眼有视觉暂留效应，捕捉不到这么快的变化，所以当延时设置合理时，人眼看到的效果是几位数码管在稳定地一起显示。

延时的长短对数码管的显示效果有很大影响。因为人眼有视觉暂留效应，所以只要图像变化不小于 24 帧/s，看起来就是连续的，电影就应用了这个原理。数码管也一样，只要频率大于 24Hz 就可以达到良好的显示效果，即一次扫描时间小于 40ms。若有多个 LED 显示，则每个 LED 的扫描时间应小于 40ms。若扫描时间太长（扫描太慢），则显示效果看起来会有闪烁，或者不能形成有效字符的显示；若扫描时间太短（扫描太快），则会造成显示效果为全亮（亮度不是很高），但是有个别 LED 亮度会大一些，一般扫描时间最小为 1ms。

2．数码管驱动电路

在数码管动态显示电路中，由于几位数码管的同一个段值端连接在一个 I/O 口上，而 1 个 I/O 口的驱动能力大概只有 10mA，无法驱动多个段值端，因此往往要加入驱动电路，增加 I/O 口的驱动能力，增大电流；否则在数码管较多时，会出现字符颜色太暗，甚至缺少笔画的情况。

在单片机的控制电路中，可以用三极管（8550PNP 或 8050NPN）、反相器（74LS04）、译码器（74HC138）、驱动器（74LS245）、锁存器（74HC573）等元器件增加 I/O 口的驱动能力。其中以三极管最为常见，共阳极数码管的三极管驱动电路图如图3-8所示，该电路利用PNP型三极管作为驱动电路。在设计电路时，要注意结合三极管电流的流向来连接共阳极或共阴极数码管。

3．举例

例3：利用数码管动态显示，设计2位数码管循环显示0～99。

按照前面的讲解，本例选用三极管增加I/O口的驱动能力，2位数码管动态显示电路图如图3-9所示。2位数码管的段值端通过限流电阻和P2口相连，位选端分别和P3.6、P3.7相连。当需要某位数码管显示字符时，只需要使与位选端相连的I/O口输出高电平，与段值端相连的P2口输出共阳极段码即可。程序如下：

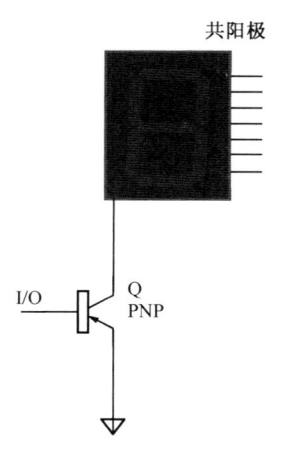

图3-8 共阳极数码管的三极管驱动电路图

```
/*****************************************************************/
    #include <reg51.h>
    unsigned  char  code  sz1[]={0xc0,0xf9,0xa4,0xb0,0x99,0x92,0x82,0xf8,
0x80,0x90};
    sbit seg1=P3^6;
    sbit seg2=P3^7;
    void delay(unsigned int a)
    {
     unsigned char b;
    while(a--)
    {
    for(b=0;b<120;b++);
     }
    }
    void main()
    {
     unsigned char m,i,j,t;
    P3=0xff;
    while(1)
    {
     for(m=0;m<100;m++)
      {
       for(t=0;t<80;t++)
        {
        i=m/10;
        j=m%10;
        P2=sz1[i];          //数码管动态显示第1步——发送段码
```

```
        seg1=0;                  //数码管动态显示第 2 步——使位选有效
        delay(10);               //数码管动态显示第 3 步——延时
        P3=0xff;                 //数码管动态显示第 4 步——关闭
        P2=sz1[j];
        seg2=0;
        delay(10);
        P3=0xff;
      }
    }
  }
}
/********************************************************************/
```

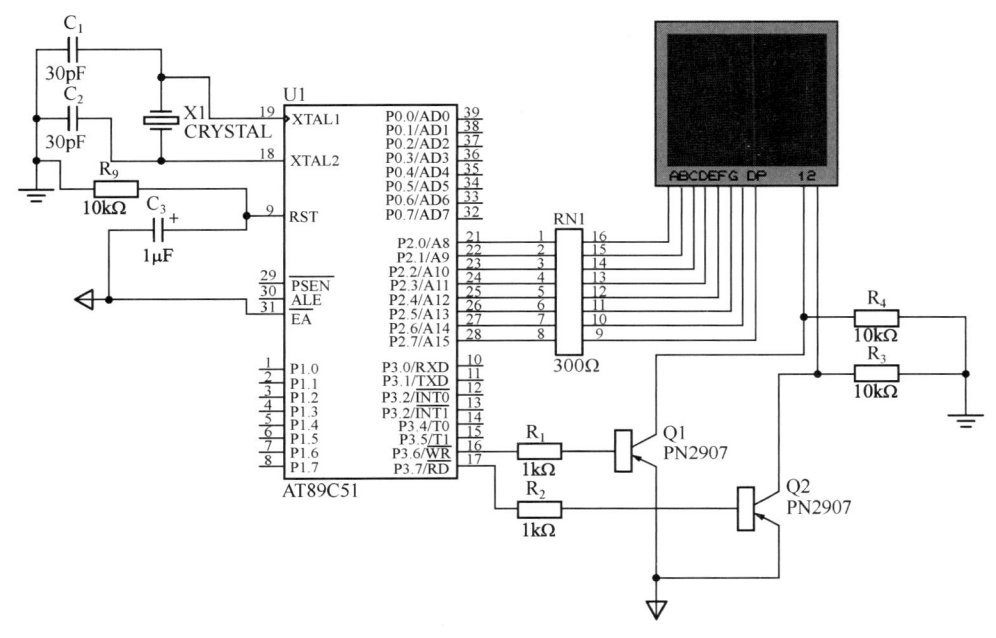

图 3-9　2 位数码管动态显示电路图

程序说明：

- 数码管动态显示编程可总结为 4 步：发送段码、使位选有效、延时、关闭。
- 此例中 P3.6、P3.7 经过三极管驱动接入数码管的位选端，以 P3.6 为例，P3.6 输出低电平，电流经过三极管放大，在反相后输出高电平发送到数码管的位选端 1，使位选有效，选中左边的数码管。在程序设计中，可以直接用置位/复位指令实现位选有效，在数码管较多的情况下，也可以使用移位指令实现由上一个位选信号得到下一个位选信号。
- 此例中的 delay()延时大概为 1ms，主程序中使用 delay(10)，所以数码管的动态扫描时间大概为 10ms。
- 程序中用到了 for(t=0;t<80;t++)循环，使用该循环的主要目的是控制数码管显示数值

的快慢。若去掉该循环，则每个数值显示时间太短。

4．锁存器驱动电路

很多单片机开发板采用锁存器驱动电路，也有单片机开发板采用译码器驱动电路。锁存器驱动电路主要采用锁存器芯片 74HC573。单片机开发板芯片内部包含 8 路三态输出的非反转透明锁存器，该锁存器是一种高性能硅栅 CMOS 器件。

74HC573 的引脚图如图 3-10 所示。其中 20 号引脚和 10 号引脚分别为芯片的电源端和接地端；2～9 号引脚为 8bit 数据输入端；12～19 号引脚为 8bit 数据输出端；1 号引脚为数据输出允许端，低电平有效；11 号引脚为数据锁存使能端。当数据锁存使能端为高电平时，输出数据 Q 随输入数据 D 的变化而变化；当数据锁存使能端为低电平时，当前输入数据被锁存，输出数据 Q 一直输出锁存的数据。

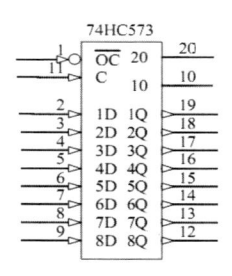

图 3-10　74HC573 的引脚图

锁存器驱动 6 位共阴数码管的电路图如图 3-11 所示。

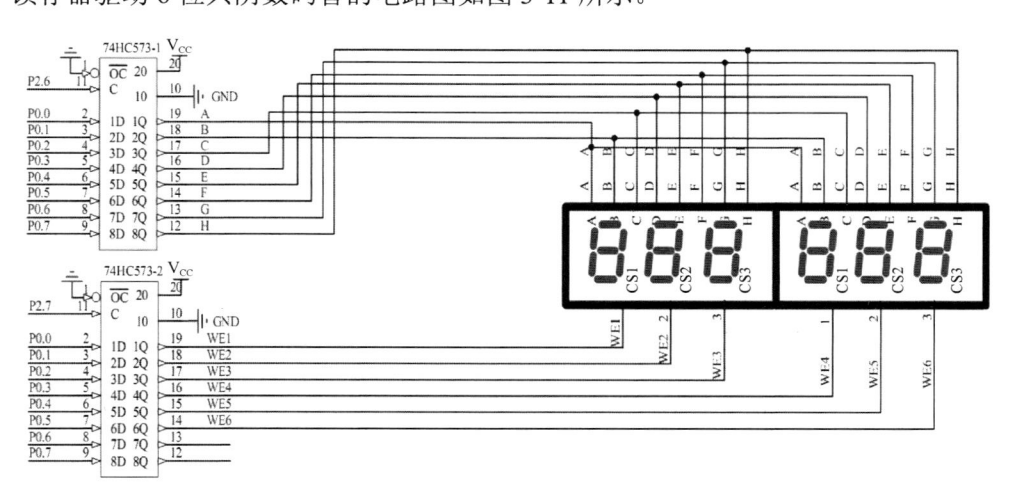

图 3-11　锁存器驱动 6 位共阴极数码管的电路图

利用此电路显示学生的两位学号，学号存储在变量 m 中，程序如下：

```
/******************************************************************/
#include <reg51.h>
sbit c1=P2^6;
```

```c
sbit c2=P2^7;
unsigned char code sz1[ ]={0x3F,0x06,0x5b,0x4F,0x66,0x6d,0X7d,0X07,0X7f,0X6f,0};
unsigned char buf[ ]={10,10,10,10,10,10};
unsigned char wx[ ]={0xFE,0xFD,0xFB,0xF7,0xEF,0xDF};
void delay(unsigned int a)
{
 unsigned char b;
 while(a--)
 {
    for(b=0;b<120;b++);
 }
}
void disp()
{
 unsigned char num;
 for(num=0;num<6;num++)
 {
    P0=sz1[buf[num]];
    c1=1;c1=0;
    P0=wx[num];
    c2=1;c2=0;
    delay (1);
    P0=0xff;
    c2=1;c2=0;
 }
}
void main()
{
 unsigned char m=12;
 while(1)
 {
    buf[0]=m/10;
    buf[1]=m%10;
    disp();
 }
}
/***************************************************************/
```

程序说明：

程序中定义了 3 个数组，sz1 数组为存放段码的数组；buf 数组为存放 6 位数码管要显示的数值的数组，要显示的数值就是其段码在 sz1 数组中的顺序号；wx 数组为存放 6 位数码管位选值的数组。当想用数码管显示其他字符时，可以先把要显示的字符的段码存入 sz1 数组，再把其顺序号作为要显示的数值即可。

3.2.3 外部中断

1．中断的基本概念

在单片机中，当 CPU 执行程序时，由单片机内部或外部的原因引起的随机事件要求 CPU 暂时中断正在执行的程序，而转向执行一个用于处理该随机事件的子程序，处理完后再返回被中断的程序断点处，这个过程就称为中断，中断的定义如图 3-12 所示。单片机处理中断的 4 个步骤：中断请求、中断响应、中断处理和中断返回。

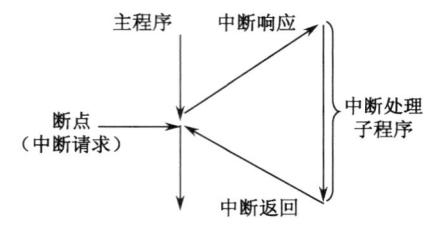

图 3-12 中断的定义

向 CPU 发出中断请求的来源或引起中断的原因称为中断源。中断源要求服务的请求称为中断请求。中断源可分为两大类：一类来自单片机内部，称为内部中断源；另一类来自单片机外部，称为外部中断源。

2．单片机中断系统

单片机中断系统的结构如图 3-13 所示，共有 5 个中断源，并提供两级优先级控制，能够实现两级中断服务程序的嵌套。单片机的中断系统是通过 4 个相关的特殊功能寄存器 TCON、SCON、IE 和 IP 来进行中断管理的。用户可以用软件对每个中断的开和关及优先级进行控制。

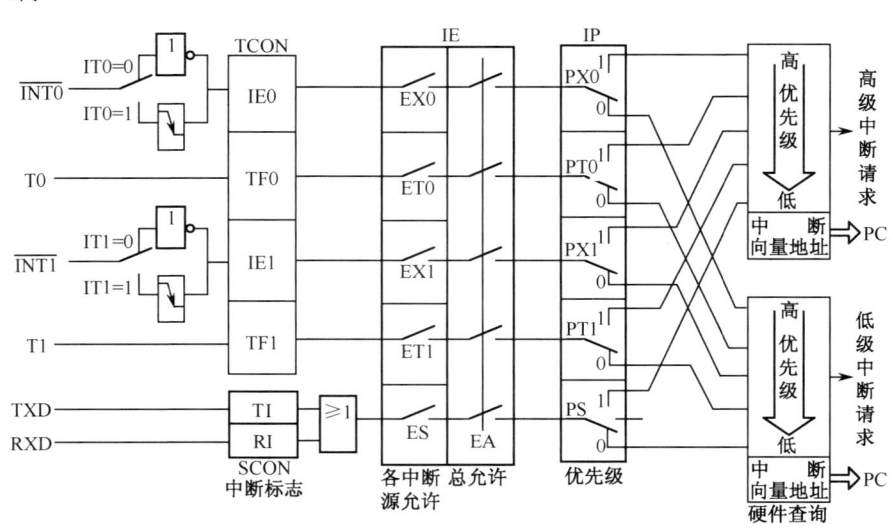

图 3-13 单片机中断系统的结构

3．单片机中断源（5个）

1）外部中断源

外部中断是由外部原因（如打印机、键盘、控制开关、外部故障等）引起的，可以通过两个固定引脚，即外部中断0（$\overline{INT0}$）和外部中断1（$\overline{INT1}$），把外部中断请求信号发送到单片机内。

外部中断0（$\overline{INT0}$）请求信号输入引脚为P3.2，当单片机检测到P3.2引脚上出现有效的中断信号时，向CPU发送中断请求。

外部中断1（$\overline{INT0}$）请求信号输入引脚为P3.3，当单片机检测到P3.3引脚上出现有效的中断信号时，向CPU发送中断请求。

2）内部中断源

（1）定时中断。

定时中断是由内部定时（或计数）溢出或外部计数溢出引起的，即定时器0（T0）溢出中断和定时器1（T1）溢出中断。

当定时器对单片机内部定时脉冲进行计数而发生计数溢出时，表明定时时间到，向CPU发送中断请求；或者当定时器对单片机外部计数脉冲进行计数而发生计数溢出时，表明计数次数到，向CPU发送中断请求。

片内定时/计数器T0溢出中断标志位为TF0，当定时/计数器T0发生溢出时，置位TF0，并向CPU发送中断请求。

片内定时/计数器T1溢出中断标志位为TF1，当定时/计数器T1发生溢出时，置位TF1，并向CPU发送中断请求。

（2）串口中断。

串口中断是为接收或发送串口数据而设置的。

串口中断标志位包括RI和TI，当发送或接收完一帧数据时，置位RI或TI，并向CPU发送中断请求。

4．中断优先级

单片机的中断系统提供两级优先级控制，系统在进行处理时遵循以下基本原则。

- 低优先级的中断源可被高优先级的中断源中断，而高优先级的中断源不能被低优先级的中断源中断。
- 一种中断源（无论高优先级还是低优先级）的中断请求一旦得到响应，就不会被同级的中断源中断。
- 低优先级的中断源和高优先级的中断源同时发送中断请求时，系统先响应高优先级的中断源的中断请求，后响应低优先级的中断源的中断请求。
- 当多个同优先级的中断源同时发送中断请求时，系统按照默认的顺序予以响应。中断源入口地址及优先级排序表如表3-2所示。

表 3-2 中断源入口地址及优先级排序表

中 断 源	入 口 地 址	中 断 级 别
外部中断 0	0003H	最高
T0 溢出中断	000BH	↓
外部中断 1	0013H	
T1 溢出中断	001BH	
串口中断	0023H	最低

5．中断系统使用的特殊功能寄存器

要使用单片机的中断功能，必须掌握几个相关的特殊功能寄存器（SFR）中特定位的定义及其使用方法。下面分别介绍这几个特殊功能寄存器对中断的具体管理方法。

1）中断允许控制寄存器 IE

单片机的 CPU 对中断源的开放或屏蔽（关闭）是由片内的中断允许控制寄存器 IE 控制的。中断允许控制寄存器 IE 的字节地址是 A8H，既支持字节操作，又支持位操作。位地址的范围是 A8H～AFH。8bit 中有 6bit 与中断有关，剩下的 2bit 没有定义。中断允许控制寄存器 IE 的定义如表 3-3 所示。

表 3-3 中断允许控制寄存器 IE 的定义

位 序 号	D7	D6	D5	D4	D3	D2	D1	D0
位 名 称	EA	—	—	ES	ET1	EX1	ET0	EX0

EA 为 CPU 的中断开放标志位。当 EA=0 时，CPU 屏蔽所有中断源，此时即使有中断请求，CPU 也不会去响应；当 EA=1 时，CPU 开放所有中断源，但每个中断源的中断请求是允许还是被禁止，还需要由各自的控制位确定。

ES 为串口的中断控制位。当 ES=1 时，允许串口中断；当 ES=0 时，禁止串口中断。

ET1 为定时/计数器 1 溢出中断控制位。当 ET1=1 时，允许 T1 溢出中断；当 ET1=0 时，禁止 T1 溢出中断。

EX1 为外部中断 1 的中断控制位。当 EX1=1 时，允许外部中断 1 的中断；当 EX1=0 时，禁止外部中断 1 的中断。

ET0 为定时/计数器 T0 溢出中断控制位。当 ET0=1 时，允许 T0 溢出中断；当 ET0=0 时，禁止 T0 溢出中断。

EX0 为外部中断 0 的中断控制位。当 EX0=1 时，允许外部中断 0 溢出的中断；当 EX0=0 时，禁止外部中断 0 的中断。

由此可见，当 EA=0 时，所有的中断源都被屏蔽，此时中断允许控制寄存器 IE 低 5bit 的状态没有任何作用；当 EA=1 时，可以通过对中断允许控制寄存器 IE 低 5bit 进行设置来开放或屏蔽相应的中断源。在单片机复位后，中断允许控制寄存器 IE 被清 0，所有的中断源都被屏蔽。实现相应的中断源允许或禁止，可以位寻址，用户根据要求用指令置位或复

位,当然也可以采用字节操作来实现。

外部中断电路如图 3-14 所示,两个外围设备的中断请求信号分别接在 P3.2 和 P3.3 上。

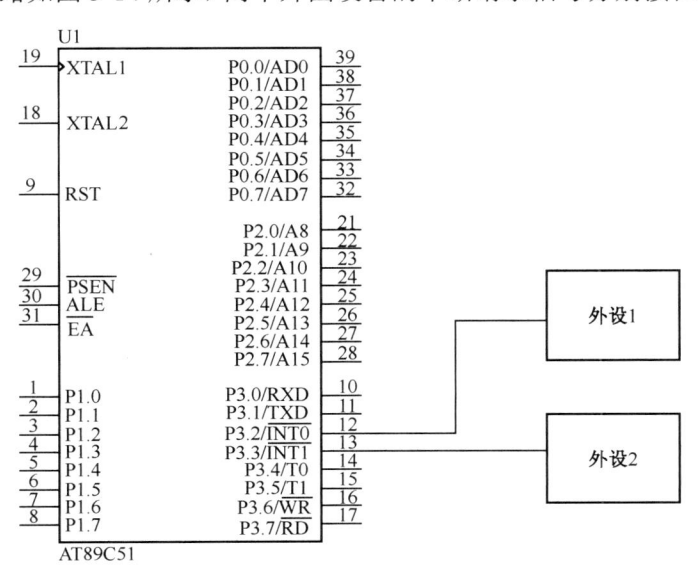

图 3-14 外部中断电路

若要求开放外部中断 0 和外部中断 1,关闭内部中断,则可以使用三条置位指令:EA=1;EX0=1;EX1=1。若使用字节操作方式,则一条指令就能实现,即 IE=0X85。

2)定时控制寄存器 TCON

定时控制寄存器 TCON 是定时/计数器 T0 和 T1 的控制寄存器,也用来锁存 T0 和 T1 的溢出中断请求标志位 TF0、TF1 及外部中断请求标志位 IE0、IE1。定时控制寄存器 TCON 的字节地址为 88H,既支持字节操作,又支持位操作。位地址的范围是 88H~8FH,每一个位单元都可以用位操作指令直接处理。定时控制寄存器 TCON 的定义如表 3-4 所示。

表 3-4 定时控制寄存器 TCON 的定义

位序号	D7	D6	D5	D4	D3	D2	D1	D0
位名称	TF1	TR1	TF0	TR0	IE1	IT1	IE0	IT0

IT0 为外部中断 0($\overline{INT0}$)的触发方式控制位,用于设定 $\overline{INT0}$ 中断请求信号的有效方式。若将 IT0 设定为 1,则外部中断 0 为边沿(脉冲)触发方式,CPU 在每个机器周期的 S5P2 内采样 $\overline{INT0}$ 端的输入信号(单片机的 P3.2)。若在一个机器周期内采样到高电平,在下一个机器周期内采样到低电平,则硬件自动将 IE0 置 1,向 CPU 请求中断。若 IT0 为 0,则外部中断 0 为电平触发方式。此时系统若检测到 $\overline{INT0}$ 端输入低电平,则置位 IE0。采用电平触发时,输入 $\overline{INT0}$ 端的外部中断信号必须保持低电平,直至该中断信号被检测到,同时,该信号在中断返回前必须变为高电平,否则会再次产生中断。概括地说,当 IT0=1 时,$\overline{INT0}$ 的中断请求信号是脉冲后沿(负脉冲)有效的,即 P3.2 从 1 变为 0 时系统认为 $\overline{INT0}$

有中断请求；当 IT0=0 时，$\overline{INT0}$ 的中断请求信号是低电平有效的，即 P3.2 保持为 0 时系统认为 $\overline{INT0}$ 有中断请求。

IE0 为外部中断 0 的中断请求标志位。若 IT0 置 1，则当 P3.2 上的电平由 1 变为 0 时，由硬件置位 IE0，向 CPU 发送中断请求。若 CPU 响应该中断请求，则在转向中断服务时，由硬件自动将 IE0 复位。

IT1 为外部中断 1（$\overline{INT1}$）的触发方式控制位，其作用和 IT0 相同。

IE1 为外部中断 1 的中断请求标志位，其作用和 IE0 相同。

TF0 为定时/计数器 T0 的溢出中断请求标志位。当 T0 开始计数后，从初值开始加 1 计数，在计满产生溢出时，由硬件使置位 TF0，向 CPU 发送中断请求，CPU 响应中断时，由硬件自动将 TF0 清 0。若采用软件查询方式，则需要由软件将 TF0 清 0。因此，系统是通过检查 TF0 的状态来确定 T0 是否有中断请求的。当 TF0=1 时表示 T0 有中断请求，当 TF0=0 时则表示没有中断请求。

TF1 为定时/计数器 T1 的溢出中断请求标志位，其作用和 TF0 相同。

TR0 和 TR1 分别是 T0 和 T1 的控制位，与中断无关。它们的作用将在定时/计数器应用内容中介绍。

在图 3-14 中，若两个外围设备的中断请求为下降沿触发有效，则可以使用两条置位指令 IT0=1；IT1=1。若使用字节操作方式，则一条指令就能实现，即 TCON=0x05。

3）中断优先级控制寄存器 IP

单片机的中断系统提供两级优先级控制。每个中断请求源都可编程为高优先级中断源或低优先级中断源，实现两级中断服务程序的嵌套。中断优先级是由中断优先级控制寄存器 IP 控制的。中断优先级控制寄存器 IP 的字节地址是 B8H，既支持字节操作，又支持位操作。位地址的范围是 B8H～BFH。8bit 中有 5bit 与中断有关，剩下的 3bit 没有定义。中断优先级控制寄存器 IP 的定义如表 3-5 所示。

表 3-5 中断优先级控制寄存器 IP 的定义

位 序 号	D7	D6	D5	D4	D3	D2	D1	D0
位 名 称	—	—	—	PS	PT1	PX1	PT0	PX0

PS 为串口的中断优先级控制位。当 PS=1 时，串口被定义为高优先级中断源；当 PS=0 时，串口被定义为低优先级中断源。

PT1 为定时/计数器 T1 的中断优先级控制位。当 PT1=1 时，T1 被定义为高优先级中断源；当 PT1=0 时，T1 被定义为低优先级中断源。

PX1 为外部中断 1（$\overline{INT1}$）的优先级控制位。当 PX1=1 时，外部中断 1 被定义为高优先级中断源；当 PX1=0 时，外部中断 1 被定义为低优先级中断源。

PT0 为定时/计数器 T0 的中断优先级控制位，其功能与 PT1 相同。

PX0 为外部中断 0（$\overline{INT0}$）的优先级控制位，其功能与 PX1 相同。

中断优先级控制寄存器 IP 的各位都由用户置位或复位，可用位操作指令或字节操作指令更新中断优先级控制寄存器 IP 的内容，以改变各中断源的中断优先级，单片机复位后中断优先级控制寄存器 IP 全部为 0，各个中断源均为低优先级。

在图 3-14 中，若两个外围设备分别接在两个外部中断上，还有 1 个定时器 T0 中断源，要求设定 3 个中断源的优先级顺序为 T0>外部中断 1>外部中断 0，则 3 个中断源需要 2 个优先级顺序，在同一个优先级中，对 5 个中断源的优先次序按照其默认优先级顺序排列，如表 3-2 所示。从而得知，因为本来优先级顺序为 T0>外部中断 1，所以把这 2 个中断源设为同一个级别，即高优先级，外部中断 0 默认为低优先级。字节操作指令为 IP=0x06。另外也可进行位操作，即 PT0=1，PX1=1。

4）串口控制寄存器 SCON

SCON 为进行串行通信时用到的串口控制寄存器，字节地址为 98H，与外部中断无关，将在串行通信的相关内容中介绍。

6．中断过程

单片机的完整中断过程包括中断请求、中断响应、中断处理和中断返回 4 个步骤。下面简单介绍单片机的中断过程。

1）中断请求

单片机有 5 个中断源，其中 2 个是外部中断源，另外 3 个是固定的内部中断源。外部中断源是通过 P3.2 和 P3.3 输入中断请求的，有效信号可以是低电平或下降沿信号，从而置位 IE0、IE1。定时器中断请求是当定时/计数器发生溢出时，向单片机发出的中断请求，该中断请求可置位 IF0、IF1。串口中断请求是一次串行通信发送或接收数据结束时向单片机发出的中断请求，该中断请求可置位 TI、RI。

2）中断响应

（1）中断的响应条件。

在每个机器周期的 S5P2 内，单片机依次采样每一个中断请求标志位，而在下一个机器周期内对采样到的中断请求标志位进行查询。如果在前一个机器周期的 S5P2 内有中断请求标志位，那么在下一个机器周期内便会查询到该中断请求并按优先级高低进行中断处理，中断系统将控制程序转入相应的中断服务程序。

CPU 响应中断请求应满足的条件如下。

- 中断源发出中断请求。
- CPU 中断允许位 EA 为 1，即 CPU 开放中断源。
- 发送中断请求的中断源的中断允许位为 1，即允许相应的中断源中断。

满足以上条件时，CPU 一般会响应中断请求。但若存在以下几种情况，CPU 的中断响应会被屏蔽，使本次中断请求得不到响应：①CPU 正在执行同级或更高级的中断服务程序；②当前机器周期不是所执行指令的最后一个机器周期，即正在执行的指令还没有结束；③当前正在执行的指令是返回指令（RETI）或是对 IE 或 IP 进行读/写的指令，CPU 在执行完这些指令后，至少还要再执行一条其他指令才会响应中断。

CPU 在响应中断请求时，会根据中断源的类别，在硬件的控制下，转向相应的中断服务程序入口单元，执行中断服务程序。

（2）中断的响应过程。

51 系列单片机的中断系统中有两个中断优先级。每个中断源均可通过对 IP 的编程分为高优先级中断源或低优先级中断源，并可实现多级中断服务程序的嵌套。一个正在执行的低优先级中断服务程序能被高优先级中断源中断，但不能被另一个同级或低级的中断源中断。因此，若 CPU 正在执行高优先级的中断服务程序，则不能被任何中断源中断，必须等到当前的中断服务程序执行结束，遇到返回指令（RETI）返回主程序后，至少再执行一条其他指令才能响应新的中断请求。为了实现上述功能，51 系列单片机的中断系统中有两个不可寻址的优先级状态触发器。一个触发器指出某高优先级的中断源正在得到服务，所有后来的中断源被阻断；另一个触发器指出某低优先级的中断源正在得到服务，所有同级的中断源都被阻断，但不能阻断高优先级的中断源。

如果 51 系列单片机满足中断响应的条件，并且不存在中断源被屏蔽的情况，那么 CPU 就可以响应相应的中断请求。在实际的响应过程中，CPU 首先置位被响应中断请求的优先级状态触发器，以屏蔽（关闭）同级和低级的中断源，然后根据中断源的类别，在硬件的控制下，内部自动执行一条子程序调用指令，将程序转移至相应的中断服务程序入口处，开始执行中断服务程序。在转入中断服务程序时，子程序调用指令自动把断点地址（程序计数器的当前值）压入堆栈，但不会自动保存状态寄存器（PSW）等寄存器中的内容。

当满足中断条件时，CPU 响应中断，停止执行当前程序，转去执行中断服务程序。整个响应过程中 CPU 会完成以下内容。

- 关闭中断。CPU 在响应中断请求时便向外围设备发出中断响应信号，同时自动关闭中断源，以防止在处理一个中断请求过程中接收另一个新的中断请求，出现误响应。
- 保护断点。为了保证 CPU 在执行完中断服务程序后，准确地返回断点，CPU 将断点处的程序计数器的当前值推入堆栈保护。待中断服务程序执行完后，由返回指令 RETI 将其从堆栈中弹回程序计数器，从而实现程序的返回。
- 执行中断服务程序。找出中断服务程序入口地址，执行中断服务程序。

因为系统保留的各中断服务程序入口地址间空间太小，所以通常在中断服务程序入口地址处安排一条相应的跳转指令，可跳转至用户设计的中断服务程序入口。

3）中断处理

CPU 响应中断请求后就转到中断服务程序入口处，执行中断服务程序。从中断服务程序的第一条指令开始，到中断返回指令为止，这个过程称为中断处理或中断服务。虽然不同的中断源所需要服务的要求及内容各不相同，其处理过程也有所不同，但是在一般情况下，在中断服务程序中一般应完成以下任务。

（1）保护现场。

由于 CPU 响应中断请求是随机的，而 CPU 中各寄存器的内容和状态标志位会因转至中断服务程序而受到破坏，因此要在中断服务程序的开始，把断点处有关的各个寄存器的内容和状态标志位用堆栈操作指令 PUSH 推入堆栈保护。

（2）中断服务。

中断源发送中断请求时应完成的任务。

（3）恢复现场。

在中断服务程序执行完成后，把保护在堆栈中的各寄存器内容和状态标志位用 POP 指令弹回 CPU。

（4）开放中断。

CPU 在响应中断请求时自动关闭中断源，为了使 CPU 能响应新的中断请求，在中断服务程序末尾处应安排开放中断指令。

（5）返回主程序。

由于当中断服务程序执行完毕返回主程序时，必须将断点地址弹回程序计数器，因此在中断服务程序的最后，需要用一条返回指令 RETI 使程序计数器返回断点。

4）中断返回

中断服务程序的最后一条指令是返回指令 RETI。它的功能是将断点地址从堆栈中弹出，送回程序计数器，使程序能返回到原来被中断的地方继续执行。

单片机的 RETI 指令除了负责弹出断点，还负责通知中断系统已完成中断处理，并将优先级状态触发器清除（复位），使 CPU 能响应新的中断请求。

5）中断请求的撤销

CPU 完成中断请求的处理以后，在中断返回之前，应将该中断请求撤销，否则会引起第二次响应中断。在 51 系列单片机中，各个中断源撤销中断请求的方法各不相同。

- 定时/计数器的溢出中断：在 CPU 响应中断后，由硬件自动清除相应的中断请求标志位，使中断请求自动撤销，不用采取其他措施。
- 外部中断请求：中断请求的撤销与触发方式和控制位的设置有关。采用边沿触发的外部中断源在 CPU 响应中断请求后由硬件自动清除相应的标志位，使中断请求自动撤销；采用电平触发的外部中断源采用电路和程序相结合的方式，撤销外部中断请求。
- 串口的中断请求：由于 RI 和 TI 都会引起串口的中断，在 CPU 响应中断请求后，无法自动区分由 RI 和 TI 引起的中断，硬件不能清除标志位，因此需要采用软件的方法在中断服务程序中清除相应的标志位，以撤销中断请求。

7．中断程序编写

1）中断初始化

在用到外部中断之前，要先用指令来设置相关寄存器的初始值，设定外部中断的初始条件，即外部中断的初始化，包括以下内容。
- 开放 CPU 中断和有关中断源的中断允许，设置 IE 中相应的位。
- 根据需要确定各中断源的优先级别，设置 IP 中相应的位。
- 根据需要确定外部中断源的触发方式，设置 TCON 中相应的位。

2）程序结构

根据中断的定义，整个程序应包括两个程序：主程序、中断服务程序。

（1）主程序。

主程序要做的事情包括单片机在响应外部中断之前和之后所做的事情，其格式如下：

```
void main()
{
    ...
}
```

（2）中断服务程序。

中断服务程序要做的事情包括外围设备要求单片机响应中断时所做的事情。当中断发生并被接受后，单片机就跳到相应的中断服务程序，即中断函数处执行，以处理中断请求。中断服务程序有一定的编写格式，C51 的中断服务程序的格式如下：

```
void 中断服务程序的名称(void) interrupt 中断编号[using 寄存器组号码]
{
    中断服务程序的主体
}
```

对于 C51 而言，其中断源编号可以是 0～4 的数字，C51 中断源编号如表 3-6 所示。

表 3-6　C51 中断源编号

中 断 源	入 口 地 址	中断源编号
外部中断 0	0003H	0
T0 溢出中断	000BH	1
外部中断 1	0013H	2
T1 溢出中断	001BH	3
串口中断	0023H	4

为了方便，包含文件 reg51.h 定义了以下常量。

```
#define IE0_VECTOR  0    /* 0x03 External interrupt 0 */
#define TF0_VECTOR  1    /* 0x0B Timer 0*/
#define IE1_VECTOR  2    /* 0x03 External interrupt 1 */
#define TF1_VECTOR  3    /* 0x1B Timer 1*/
#define SI0_VECTOR  4    /* 0x23 Serial port */
```

用户只要使用以上所定义的常量即可。using 寄存器组号码是指使用的第几组工作寄存器，通常可省略，默认工作寄存器为第 0 组。

中断函数的名称同普通函数的名称一样，只要符合标识符的书写规则即可。那么如何区分中断函数和普通函数呢？它们主要是通过关键字"interrupt"及中断源编号来区分的，不同的单片机中断源对应不同的中断号。中断函数不能有形参和返回值,也不能被其他函数调用。中断函数可以调用其他函数,但在使用时要十分小心,尽可能不在中断函数里调用其他函数。中断函数应尽量简短,以保证主函数的执行流畅。

3)举例

例 4:中断流水灯电路图如图 3-15 所示,单片机 P1.0~P1.7 接有 8 个 LED,P3.2 接有 1 个按键开关 K1,试设计程序实现:当不按下 K1 时,8 个 LED 循环点亮;当按下 K1 时,8 个 LED 全部点亮然后全部熄灭,如此循环 8 次后,又返回不按下 K1 时的状态。

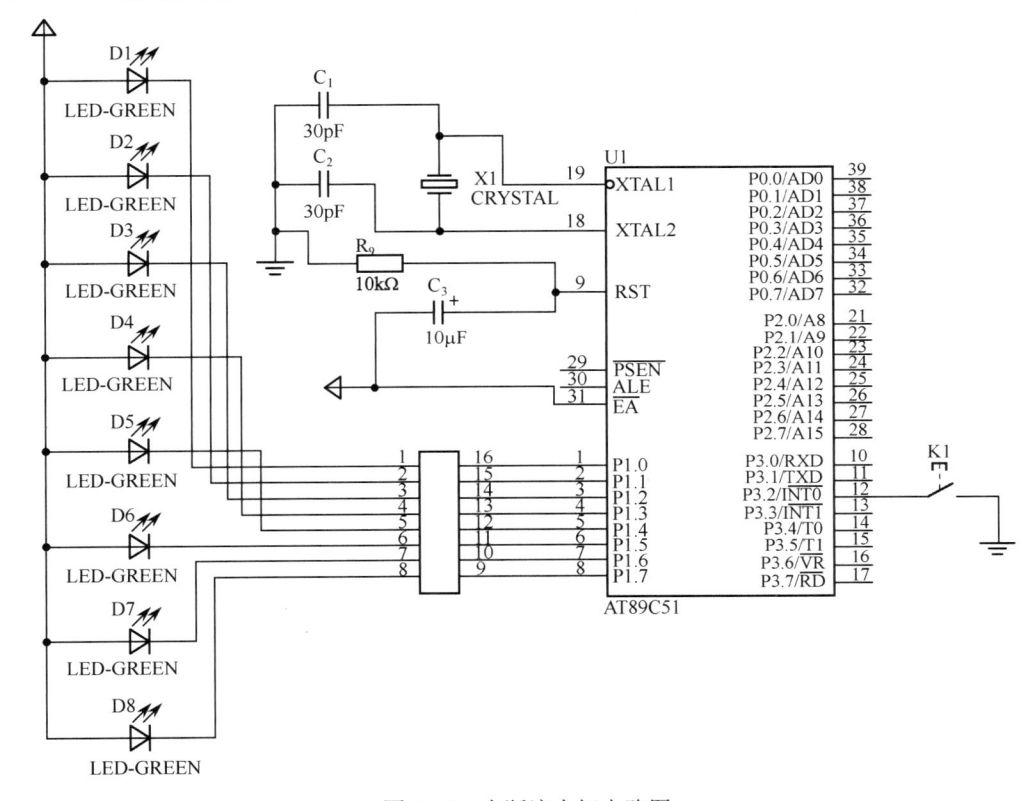

图 3-15 中断流水灯电路图

本例中的电路比前面讲过的流水灯电路多了一个 K1,功能比流水灯多了一个按下 K1 时对应的功能。当不按下 K1 时,CPU 执行流水灯程序;当按下 K1 时,CPU 执行另一个程序,执行完后,返回原状态。这很明显是一个外部中断程序,外部中断源为 K1,其正好接在 P3.2 上,可以产生外部中断 0 中断请求。

把外部中断请求信号设为下降沿有效,如果按下 K1,则对 P3.2 输入一个下降沿信号,向 CPU 发出一个外部中断 0 中断请求。

当不按下 K1 时,8 个 LED 循环点亮,该过程放在主程序中;当用到中断时,需要进行中断初始化,设置外部中断的初始条件,设置寄存器的值,该过程放在主程序中;当按下 K1 时,有中断请求,8 个 LED 全部点亮然后全部熄灭,如此循环 8 次后,返回原状态,该过程放在中断服务程序中。本例程序格式如下:

```c
void main()
{
  中断初始化;
  8 个 LED 循环点亮;
}
void 名字() interrupt 中断号
{
  8 个 LED 全部点亮然后全部熄灭,如此循环 8 次;
}
```

程序如下:

```c
/*********************************************************************/
#include <reg51.h>
unsigned char code sz1[ ]={0xfe,0xfd,0xfb,0xf7,0xef,0xdf,0xbf,0x7f};
void delay(unsigned int a)
{   unsigned char i;
    while(a--)
     {
      for(i=0;i<125;i++);
     }
}
void main()
{
 unsigned char i, m;
 EA=1;
 EX0=1;
 IT0=1;
 while (1)
{
for(m=0;m<8;m++)
  {
    P1=sz1[m];
    delay(1000);
   }
  }
}
void lsd() interrupt 0
{
  unsigned char j;
  for(j=0;j<8;j++)
   {
```

```
        P1=0x00;
        delay(1000);
        P1=0xff;
        delay(1000);
    }
}
/*****************************************************************/
```

程序说明：
- 本例程序的编写采用的是数组的方法，可以通过改变数组元素实现花样流水灯效果。
- 在编写中断初始化程序时应注意字母的大写，把外部中断请求信号设为边沿触发。在中断响应后，边沿触发信号会自动撤销，比电平触发方便。
- 在编写含有中断的程序时，一定要弄清楚程序结构，分清主程序做什么，中断服务程序做什么。另外要弄清楚整个工作流程，这对深刻理解中断的含义非常重要。

8．多个外部中断源的扩展

当有多个外部中断源时，采用中断和查询相结合的方法响应中断请求。多个外部中断源的扩展电路如图 3-16 所示。

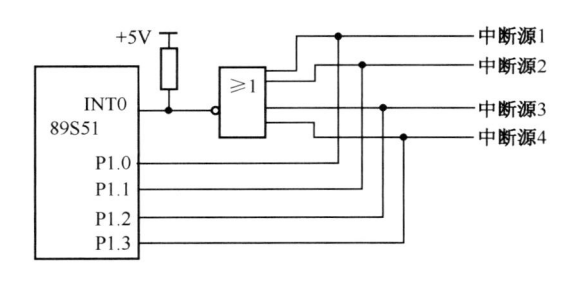

图 3-16　多个外部中断源的扩展电路

中断和查询相结合的方法是指利用中断配合查询的方法响应中断请求，以图 3-16 为例加以说明。

中断：4 个外部中断源（有中断请求，输出高电平）通过或非门后产生 0，与 P3.2（P3.3）相连，向 CPU 发出中断请求。

查询：每个外部中断源和 1 个并行 I/O 口相连，通过逐个查询的方式，来识别哪根线上有中断请求。

在多个外部中断源中，若有一个或几个为高电平，则通过或非门输出 0，P3.2（P3.3）为低电平，向 CPU 发出中断请求；CPU 在执行中断服务程序时，先依次查询 P1 口的中断源输入状态，再转入相应的中断服务程序。

3.3 项目实现

3.3.1 设计思路

本项目要求设计手动计数器，可以通过加入一个按键开关，借助外部中断实现加 1 计数；要求用 2 位数码管实时显示计数结果，考虑到实用性，选择采用数码管动态显示方式来实时显示 0~99。

3.3.2 硬件电路设计

手动计数器电路图如图 3-17 所示。按键开关 K1 接在 P3.2 上，单片机的 P2 口接 2 位动态数码管的段值端，单片机的 P3.6、P3.7 经过三极管驱动接数码管的位选端，靠按键开关 K1 实现手动计数。

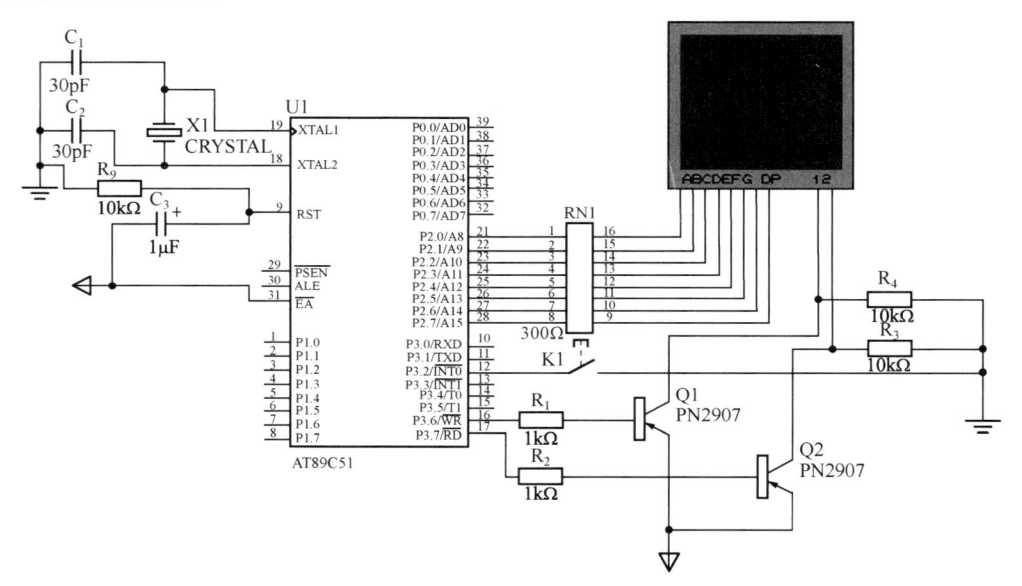

图 3-17 手动计数器电路图

3.3.3 软件编程

手动计数器的整个工作流程可概括如下：数码管平时显示当前的计数值，当按下按键开关 K1 时，向单片机发出中断请求，请求单片机把当前的计数值加 1，然后返回平时的状态，继续显示。在设计程序时，主程序所做的工作是令数码管动态显示当前计数值及中断初始化，中断服务程序所做的工作是把计数值加 1。程序如下：

```c
/*****************************************************************/
#include <reg51.h>
unsigned char code sz1[ ]={0xc0,0xf9,0xa4,0xb0,0x99,0x92,0x82,0xf8,0x80,0x90};
sbit seg1=P3^6;
sbit seg2=P3^7;
unsigned char m=0;               //定义m为公共变量
void delay(unsigned int a)
{
  unsigned char b;
  while(a--)
  {
     for(i=0;b<125;b++);
     }
  }
void disp(unsigned char t)
{
  unsigned char i,j;
  i=t/10;
  j=t%10;
  P2=sz1[i];
  seg1=0;
  delay(20);
  P3=0xff;
  P2=sz1[j];
  seg2=0;
  delay(20);
  P3=0xff;
}
void main()
{
  P3=0xff;
  EA=1;
  EX0=1;
     IT0=1;
     while(1)
     {
        disp(m);
     }
   }
   void lsd() interrupt 0
   {
    if(m<99)
     m++;
     else
```

```
        m=0;
    }
/*******************************************************************/
```

程序说明：

- 程序中的 m 用来存放当前计数值，定义为全局变量，在中断服务程序、主程序中都会使用到 m。

变量分为局部变量和全局变量。

局部变量是指在函数体内定义的变量，其定义必须放在函数体的最前面。局部变量只能在定义在函数内部使用，在函数外部不能使用。

全局变量是指在所有函数体之外定义的变量。只有在全局变量定义位置之后书写的函数才能使用这些全局变量。若把全局变量写在程序的最前面，则所有函数都能使用它们。

全局变量可以在多处被使用和修改，但必须在程序的全局范围内考虑其值的变化，控制难度很高，容易出错。全局变量的作用相当大，尤其是在处理中断函数时。因为中断函数不允许有形参和返回值，所以只有通过全局变量才能建立主函数同中断函数的联系。

尽量避免定义同名的全局变量和局部变量。

- 为了使程序模块化，把动态显示程序编写为子程序 disp(unsigned char t)，主程序可以随时调用。t 为形参，主程序调用 disp(m)时 m 为实参。
- 要弄懂整个程序的流程。主程序中加入了无限循环 while(1)语句，平时 CPU 一直执行循环体的内容，即动态显示当前计数值，其实它是一边显示，一边等待外部中断的。当按下按键开关时，外部中断到达，CPU 停止执行主程序，转而去执行中断服务程序 lsd()，把当前计数值加 1，然后返回主程序的循环体，继续显示计数值，此时显示的就是加 1 后的下一个计数值。

在该程序基础上完成 3.3.5 节中的题目。

3.3.4 仿真调试

在 PC 上运行 Keil，先新建一个工程项目，使用的单片机为 AT89C51，该工程项目暂且命名为 jsq；然后新建一个文件，保存为 jsq.c，并将其添加到工程项目中。可以直接在 Keil 的程序编辑窗口中编写程序，也可以先把程序清单生成一个 TXT 文件，然后复制到 Keil 的程序编辑窗口中。当程序设计完成后，通过 Keil 编译并生成 HEX 目标文件。在应用 Keil 时，由于编译过程中会生成很多文件，因此新建的工程项目需要在同一个目录中。

在已安装 Proteus 的 PC 上运行 ISIS 文件，即可进入 Proteus 电路原理仿真界面。利用该软件进行仿真时操作比较简单，其过程是首先构造电路，然后双击单片机加载 HEX 文件，最后进行仿真。手动加 1 计数器仿真电路如图 3-18 所示。在仿真过程中，单片机加载程序模拟运行实际状态。电路中单片机采用 AT89C51，单片机默认为最小系统，可以不再外接晶体振荡电路和复位电路。

在刚进入仿真状态时，数码管显示"00"，在第一次按下按键开关 K1 后，数码管显示"01"；多次按下按键开关 K1，数码管实时显示按下按键开关的次数，如图 3-18 所示。

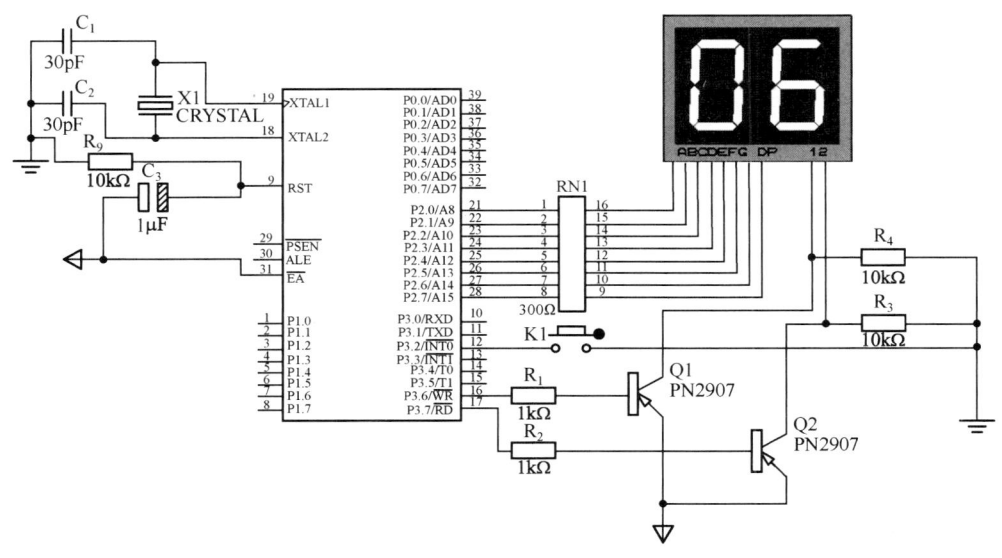

图 3-18　手动加 1 计数器仿真电路

3.3.5　项目拓展

1) 设计 6 位数码管显示的手动计数器

利用锁存器驱动数码管，编写程序，实现能够记录按键的次数，从 0 开始统计按键次数，记到 99 再循环，6 位数码管显示格式为 nu--次数。

2) 设计 6 位数码管显示的自动计数器

编写程序，实现能够自动记录进入教室的人数，使用红外传感器模块代替计数按键。6 位数码管显示格式为 nu--人数。如果人数超过 40 个，则 LED 全部点亮，蜂鸣器响，数码管显示格式为 -FULL-。

▶▶ **项目总结**

- 数码管按内部结构可分为共阴极和共阳极两种类型，数码管内部没有限流电阻，在使用时需要外接限流电阻。在使用数码管显示某个字符时，需要注意这两种结构的数码管所对应的字符段码不同。
- 数码管的显示方式可分为静态显示和动态显示。静态显示比较稳定，电路简单，但占据 I/O 线较多，适用于一位或两位数码管的显示；动态显示可以逐个点亮 LED，轮番扫描，占据 I/O 线少，但编程复杂，适用于两位以上数码管的显示。

- 掌握单片机外部中断的关键是理解中断的整个过程。另外要掌握程序结构，即主程序和中断服务程序。主程序要做的事情包括中断初始化、CPU 平时做的事情；中断服务程序要做的事情包括外围设备要求 CPU 响应中断后做的事情。

思考与练习

1. 在使用共阳极数码管显示的电路中，若把共阳极数码管改为共阴极数码管，能否正常显示？为什么？电路和程序应做何修改才能使其正常显示？
2. 中断处理过程包括哪 4 个步骤？简述中断处理过程。
3. 简要说明数码管静态显示和动态显示的特点，以及在实际设计时应如何选择。
4. 当 AT89C51 外部中断采用电平触发方式时，如何防止 CPU 重复响应外部中断？
5. 已知有 5 台外围设备，分别为 EX1～EX5，均需要中断。现要求 EX1～EX3 合用 INT0，EX4 和 EX5 合用 INT1，且用 P1.0～P1.4 查询，试画出连接电路，并编写程序，使当 5 台外围设备请求中断（中断信号为低电平）时，分别执行相应的中断服务子程序 SEVER1～SEVER5。
6. 如何设计显示范围为 0～999 的手动计数器？

项目 4

倒计时的设计与实现

▶▶ 项目引入

倒计时在日常生活中随处可见，如红绿灯的倒计时、重要日子的倒计时等。2008 年，北京举办奥运会期间，大家对北京奥运会开幕式倒计时牌印象深刻，如图 4-1 所示。倒计时电路是一个很经典的单片机控制电路，本项目就要利用单片机设计一个 0~99s 的倒计时电路。

图 4-1　北京奥运会开幕式倒计时牌

▶▶ 知识目标

- 掌握单片机定时/计数器的使用。
- 掌握独立按键的使用。
- 掌握矩阵键盘的使用。

▶▶ 技能目标

- 编写定时/计数中断程序。
- 能够用 Keil 对程序进行编译、调试。
- 能够用 Proteus 绘制含有键盘、数码管的倒计时电路，并能对倒计时电路进行仿真。

4.1　任务描述

利用单片机设计一个 0~99s 的倒计时电路，用 2 位数码管显示，另外围设备置 K1（加 1）、K2（减 1）、K3（暂停）、K4（开始）共 4 个按键，在计数的过程中可以随时暂停，然后开始。当倒计时到 0 时，发出报警信号。

4.2 准备知识

4.2.1 单片机定时/计数器

很多单片机控制电路都有定时/计数功能，如打铃器、空调的定时开关，啤酒自动生产线上对酒瓶的计数装置等。实现定时/计数的方式有：①利用延时程序进行软件定时，但由于一直占用 CPU 时间，因此该方式效率较低；②不可编程硬件定时，如 555 定时电路，但由于不可编程，因此该方式使用起来不太方便；③可编程定时器件，如 8253 芯片、单片机内部的定时/计数器等，该方式电路简单，编程方便。

定时/计数器是单片机内部的一个重要部件，本节主要介绍单片机内部的定时/计数器的基本工作原理及其相关特殊功能寄存器，学习定时/计数器的初始化及定时中断的设置与应用技巧等。

1. 定时/计数器的基本工作原理

AT89S51 内部含有 2 个定时/计数器，分别是 T0 和 T1，在增强 51 系列单片机内部，除了含有 T0 和 T1，还含有 T2 定时/计数器。定时/计数器主要用于精确的定时，也可用于对外部脉冲进行计数及作为串行通信的波特率发生器。定时/计数器的不同的功能是通过对相关特殊功能寄存器的设置和程序设计来实现的。

1）定时/计数器概述

大部分单片机内部含有 2 个定时/计数器，分别是 T0 和 T1。T0 由 2 个 8bit 寄存器 TH0、TL0 组成，其中 TH0 是 T0 的高 8bit，TL0 是 T0 的低 8bit。T1 的结构与 T0 一样，只是组成它的 2 个 8bit 寄存器分别为 TH1、TL1。T0 与 T1 都是二进制加 1 计数器，即每收到一个脉冲都能使计数器的当前值加 1，可以实现最大为 16bit 的二进制加 1 计数。单片机内部的定时/计数器的核心部件是 16bit 二进制加 1 计数器（TH0、TL0 或 TH1、TL1），如图 4-2 所示。

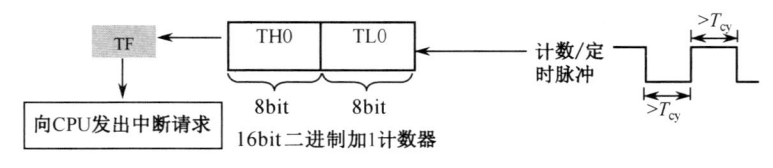

图 4-2 单片机内部的定时/计数器

它的工作过程如下：①每收到一个计数/定时脉冲信号，T0 或 T1 的计数器会在原来计数值（或初值）的基础上加 1；②当计数值计到最大值 FFFFH 时，计数器计满，这时再收到一个计数/定时脉冲信号，计数器就会产生溢出中断，TF 置位的同时计数器清 0；③计数器发生溢出后，向 CPU 发送中断请求，告诉 CPU 这次计数/定时结束，让 CPU 写入初值，开始下一轮计数/定时。

2）定时/计数器的定时/计数脉冲信号

单片机的脉冲信号有两种：一种是利用外部在单片机 P3.4、P3.5 输入的脉冲信号；另一种是单片机晶体振荡频率的 12 分频产生的信号。单片机内定时/计数器结构图如图 4-3 所示。

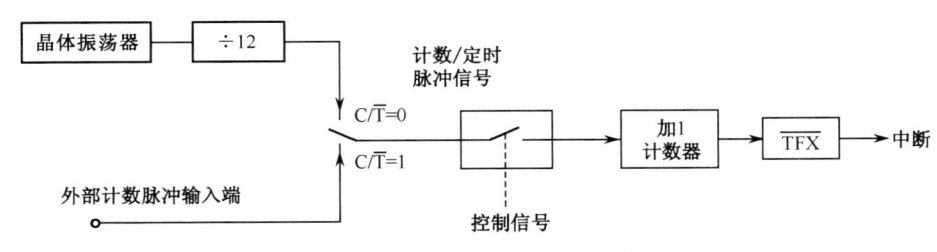

图 4-3　单片机内定时/计数器结构图

（1）计数器。

当需要对外部信号计数时，开关接在下面，外部计数脉冲从单片机的 P3.4（T0）和 P3.5（T1）输入，每收到一个脉冲，计数器将加 1，直到计数器计满产生溢出中断。

（2）定时器。

当需要定时时，开关接在上面，计数或定时脉冲来自晶体振荡器经过 12 分频后的信号。每收到一个脉冲，计数器将加 1，直到计数器计满产生溢出中断。

若晶体振荡频率为 12MHz，则晶体振荡器经过 12 分频后的信号，即定时脉冲信号 $T=12\times1/12M=1\mu s$（机器周期），也就是说，定时每过一个机器周期（1μs），计数器加 1，直至计数器计满产生溢出中断，定时结束。

定时器也是一种计数器，而且定时器的定时时间与晶体振荡频率和计数次数、初值等有关。若计数器对此信号计数 100 次，则定时时间为 100×1μs=100μs。

2．定时/计数器的相关特殊功能寄存器

单片机的 2 个定时/计数器部件主要由 16bit 加 1 计数器 T0 与 T1、工作方式控制寄存器 TMOD、定时/计数器的控制寄存器 TCON 组成。

1）16bit 加 1 计数器 T0 与 T1

16bit 加 1 计数器 T0 与 T1 在前面已介绍过。

2）工作方式控制寄存器 TMOD

TMOD 为定时/计数器的工作方式控制寄存器，共 8bit，分为高 4bit 和低 4bit，其中高 4bit 控制 T1，低 4bit 控制 T0，分别用于设定 T1 和 T0 的工作方式。工作方式控制寄存器 TMOD 的字节地址为 89H，不支持位操作，其定义如表 4-1 所示。

表 4-1 工作方式控制寄存器 TMOD 的定义

位 序 号	D7	D6	D5	D4	D3	D2	D1	D0
位 名 称	GATE	C/$\overline{\text{T}}$	M1	M0	GATE	C/$\overline{\text{T}}$	M1	M0

GATE 为门控位,控制定时器启停操作方式,即定时器的启停是否受外部中断信号控制。当 GATE=1 时,计数器的启停受 TRx(x 为 0 或 1,下同)和外部引脚 $\overline{\text{INT}x}$ 外部中断的双重控制,只有两者都是 1 时,定时器才能启停;当 GATE=0 时,计数器的启停只受 TRx 控制,不受外部中断输入信号的控制。

C/$\overline{\text{T}}$ 为定时/计数器的工作模式选择位。当 C/$\overline{\text{T}}$=1 时,定时/计数器为计数器模式;当 C/$\overline{\text{T}}$=0 时,定时/计数器为定时器模式。

M1、M0 为定时/计数器 T0 和 T1 的工作方式控制位,M1、M0 控制定时/计数器的工作方式如表 4-2 所示。

表 4-2 M1、M0 控制定时器/计数器的工作方式

M1	M0	方 式	说 明
0	0	0	13bit 定时器(TH 的高 8bit 和 TL 的低 5bit)
0	1	1	16bit 定时器/计数器
1	0	2	自动重装入初值的 8bit 计数器
1	1	3	T0 分成 2 个独立的 8bit 计数器,T1 在方式 3 时停止工作

3)定时/计数器的控制寄存器 TCON

TCON 是定时/计数器的控制寄存器,也是 8bit 寄存器,其中高 4bit 用于定时/计数器,低 4bit 用于单片机的外部中断,低 4bit 在外部中断相关内容中已介绍过。定时/计数器的控制寄存器 TCON 的字节地址为 88H,支持位操作,其定义如表 4-3 所示。

表 4-3 定时/计数器的控制寄存器 TCON 的定义

位 序 号	D7	D6	D5	D4	D3	D2	D1	D0
位 名 称	TF1	TR1	TF0	TR0	IE1	IT1	IE0	IT0

TR1 为定时器 T1 的启停控制位。TR1 由指令置位和复位,以启停定时/计数器的定时或计数。定时器的启停与 TMOD 中的门控位 GATE 也有关系。当 GATE=0,TR1=1 时,启停计数;当 GATE=1 时,还需要 TR1=1 且外部中断引脚 $\overline{\text{INT1}}$=1 才能启停定时器。

TF1 为定时器 T1 的溢出中断标志位。在 T1 计数溢出时,由硬件自动将 TF1 置 1,向 CPU 请求中断。当 CPU 响应时,由硬件自动将 TF1 清 0。TF1 的结果可用来程序查询,但在查询方式中,由于 T1 不产生中断,因此 TF1 置 1 后需要在程序中用指令将其清 0。

TR0 为 T0 的计数启停控制位,功能同 TR1。当 GATE=1 时,T0 受 TR0 和外部中断引脚 $\overline{\text{INT0}}$ 的双重控制。

TF0 为 T0 的溢出中断标志位,功能同 TF1。

3. 定时器的工作方式

51 系列单片机的定时/计数器 T0、T1 有 4 种工作方式，分别由工作方式控制寄存器 TMOD 中的 M1、M0 的二进制编码所决定。下面分别介绍这 4 种工作方式。

1）方式 0

当 M1、M0 为 0、0 时，定时/计数器工作 T0、T1 以方式 0 工作。方式 0 为 13bit 的定时/计数器，由 TLx 的低 5bit 和 THx 的高 8bit 构成。在计数的过程中，TLx 的低 5bit 溢出时向 THx 进位，THx 溢出时置位对应中断标志位 TFx，并向 CPU 申请中断，T0、T1 以方式 0 工作时的情况一样，下面以 T0 为例说明方式 0 的具体控制。定时/计数器以方式 0 工作时的逻辑结构如图 4-4 所示。

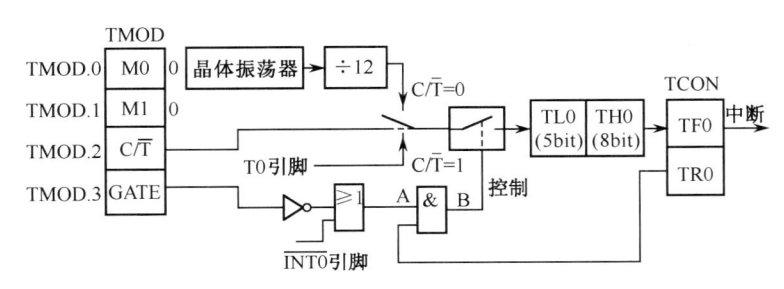

图 4-4 定时/计数器以方式 0 工作时的逻辑结构

当 C/$\overline{\text{T}}$=0 时，开关接到上面，T0 的输入脉冲信号由晶体振荡器的 12 分频得到，即每一个机器周期使 T0 的数值加 1，这时 T0 作为定时器用。

当 C/$\overline{\text{T}}$=1 时，开关接到下面，计数脉冲是来自 T0 的外部脉冲输入单片机 P3.4 的输入信号，P3.4 上每出现一个脉冲，都使 T0 的数值加 1，这时 T0 作为计数器用。

当 GATE=0 时，若 A 点为 1，则 B 点电位取决于 TR0 状态。当 TR0 为 1 时，B 点为高电平，电子开关闭合，计数脉冲就能输入 T0，允许计数；当 TR0 为 0 时，B 点为低电平，电子开关断开，禁止 T0 计数。也就是说，当 GATE=0 时，T0 或 T1 的启动与停止仅受 TR0 或 TR1 控制。

当 GATE=1 时，A 点受 $\overline{\text{INT0}}$（P3.4）和 TR0 的双重控制。只有当 $\overline{\text{INT0}}$=1，且 TR0 为 1 时，B 点才是高电平，开关闭合，允许 T0 计数。也就是说，当 GATE=1 时，必须满足 INT0 和 TR0 同时为 1 的条件，T0 才能开始定时或计数。

在方式 0 中，计数脉冲加到 13bit 的低 5bit TL0 上。当 TL0 加 1 计数溢出时，向 TH0 进位。当 13bit 计数器计满溢出时，溢出中断标志 TF0=1，向 CPU 请求中断，表示定时器计数已溢出，一次定时结束，CPU 进入中断服务程序入口时，由内部硬件将 TF0 清 0。

方式 0 的计数值范围为 0～1111111111111B（8191），最大计数容量为 2^{13}=8192。

2）方式 1

当 M1、M0 为 0、1 时，定时/计数器以方式 1 工作。方式 1 与方式 0 差不多，不同的是方式 1 的计数器为 16bit，由高 8bit THx 和低 8bit TLx 构成。定时器以方式 1 工作时的逻辑结构如图 4-5 所示。方式 1 的具体工作过程和工作控制方式与方式 0 类似，这里不再重复说明。

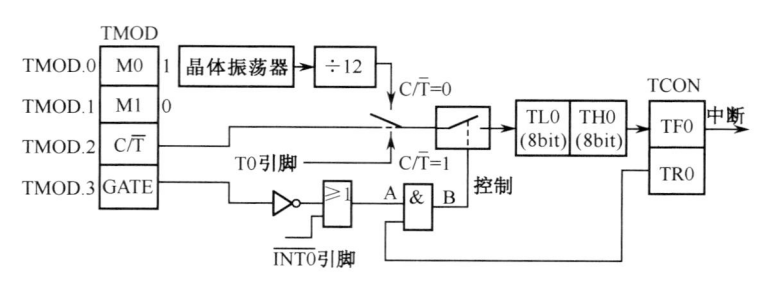

图 4-5　定时器以方式 1 工作时的逻辑结构

方式 1 的计数值范围为 0～1111111111111111B（65535），最大计数容量为 2^{16}=65536。

3）方式 2

当 M1、M0 为 1、0 时，定时/计数器以方式 2 工作。方式 2 为 8bit 定时/计数器工作状态。TLx 计满溢出后，会自动预置或重新装入 THx 寄存的数据。TLx 为 8bit 计数器，THx 为常数缓冲器。当 TLx 计满溢出时，溢出标志 TFx 置 1，同时将 THx 中的 8bit 数据常数自动重新装入 TLx，使 TLx 从初值开始重新计数。定时/计数器以方式 2 工作时的逻辑结构如图 4-6 所示。

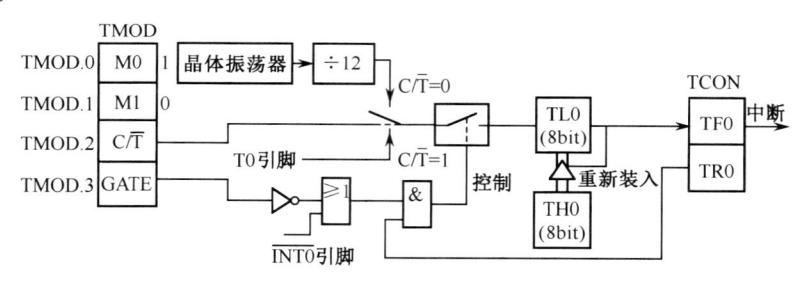

图 4-6　定时/计数器以方式 2 工作时的逻辑结构

这种工作方式可以省去用户重装软件常数的程序，简化定时常数的计算方法，可以实现相对比较精确的定时控制。方式 2 常用于定时控制。例如，若希望得到 1s 的延时，采用 12MHz 的晶体振荡器，则计数脉冲周期即机器周期为 1μs。如果设定 TL0=06H，TH0=06H，C/T=0，TLx 计满时刚好为 200μs，那么中断 5000 次就能实现。另外，方式 2 还可用作串口的波特率发生器。

方式 2 的计数值范围为 0～11111111B（255），最大计数容量为 2^8=256。

4）方式 3

当 M1、M0 为 1、1 时，定时器以方式 3 工作。方式 3 只适用于 T0。当 T0 以方式 3 工作时，TH0 和 TL0 分为 2 个独立的 8bit 定时器，可使 51 系列单片机具有 3 个定时/计数器。定时/计数器以方式 3 工作时的逻辑结构如图 4-7 所示。

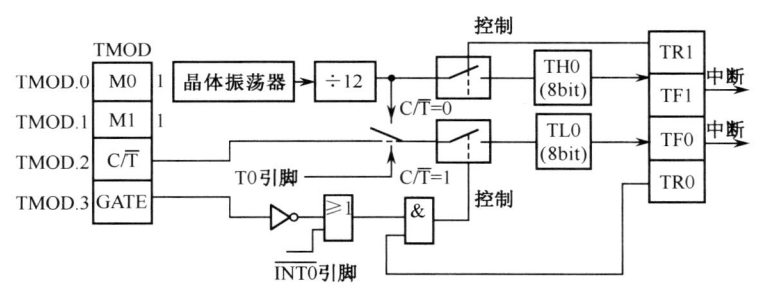

图 4-7 定时/计数器以方式 3 工作时的逻辑结构

此时，TL0 可以作为定时/计数器用。在使用 T0 本身的状态控制位 C/T、GATE、TR0、$\overline{INT0}$、TF0 时，操作与方式 0 和方式 1 类似。但 TH0 只能作为 8bit 定时器用，不能作为计数器方式，TH0 占用 T1 的中断资源 TR1 和 TF1。在这种情况下，T1 可以设置为方式 0～2。比时定时/计数器 T1 只有两个控制条件，即 C/T 和 M1、M0，只要设置好初值，T1 就能自动启动。在 T1 的控制字 M1、M0 定义为 1、1 时，它就停止工作。通常，只有当 T1 用作串口波特率发生器或用于不需要中断控制的场合时，T0 才定义为方式 3，目的是让单片机内部多出一个 8bit 的定时/计数器。

4．定时/计数器的计数容量及初值

1) 最大计数容量

定时/计数器的最大计数容量是指最大能够计数的总量，与定时/计数器的二进制位数 N 有关，即最大计数容量为 2^N。例如，若计数器为 2bit，则计数状态为 00、01、10、11，共 4 个状态，最大计数值为 $2^N=4$。

2) 计数初值

定时/计数器的计数不一定是从 0 开始的，一般根据需要来设定计数的初始值。这个预先设定的计数起点值称为计数初值。用一个杯子举例，定时/计数器工作示意图如图 4-8 所示，一个杯子的总容量为最大计数容量，已经装了的水量为计数初值，还能装的水量为计数值。所以计数值+计数初值=最大计数容量，即计数初值=最大计数容量-计数值。

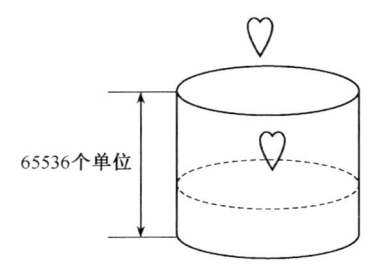

图 4-8 定时/计数器工作示意图

3) 定时/计数初值计算

定时和计数的不同只是计数脉冲不同，定时的计数脉冲信号是单片机晶体振荡频率经

12分频后产生的信号,即机器周期。所以定时时间= 计数值×机器周期=(最大计数容量-定时初值)×机器周期,定时初值=最大计数容量-定时时间/机器周期=2^N-定时时间/机器周期。

定时/计数初值的计算方法如表 4-4 所示。

表 4-4 定时/计数初值的计算方法

工 作 方 式	计 数 位 数	最大计数容量	最大定时时间	定时初值计算公式	计数初值计算公式
方式 0	13	$2^{13}=8192$	$2^{13} \times T_{机}$	$2^{13}-T/T_{机}$	$2^{13}-$计数值
方式 1	16	$2^{16}=65536$	$2^{16} \times T_{机}$	$2^{16}-T/T_{机}$	$2^{16}-$计数值
方式 2	8	$2^{8}=256$	$2^{8} \times T_{机}$	$2^{8}-T/T_{机}$	$2^{8}-$计数值

5.定时/计数程序的编写

1)定时/计数初始化

在用到单片机的定时/计数器之前,要先用指令来设置相关寄存器的初始值,设定定时/计数的初始条件,即定时/计数的初始化,包括以下内容。

- 确定定时/计数器的工作方式和方式控制字,并写入 TMOD。
- 预置定时/计数初值,根据定时时间或计数次数,计算定时/计数初值,并写入 TH0、TL0 或 TH1、TL1。
- 根据需要,开放定时/计数器的中断,并对 IE 中的相关位赋值。
- 启动定时器/计数器,将 TCON 中的 TR1 或 TR0 置 1。

2)程序结构

单片机实现定时/计数是通过单片机的中断功能,而且是内部中断,所以定时/计数的程序结构就是中断的程序结构,在前面已介绍过。整个程序应包括两个程序:主程序、中断服务程序。

(1)主程序。

主程序是指单片机在响应定时/计数中断之前和之后所做的事情,其格式如下:

```
void main()
{
    ...
}
```

(2)中断服务程序。

中断服务程序是当 1 次定时/计数结束后,外围设备要求单片机响应中断所做的事情。当中断发生并被接受后,单片机就跳到相对应的中断服务程序即中断函数执行,以处理中断请求。中断服务程序的格式如下:

```
void 中断服务程序的名称(void)  interrupt 中断类型号 [using 寄存器组号码]
{
    中断服务程序的主体
}
```

此处是单片机的定时/计数的溢出中断,所以中断类型号是 1 和 3,1 表示 T0 溢出中断,3 表示 T1 溢出中断。

3)举例

例 1:图 1-24 所示为单片机驱动 LED 电路,要求 LED 每隔 1s 闪烁 1 次,晶体振荡频率为 12MHz,用中断方法设计实现 1s 的闪烁。

在此例中,要求 LED 每隔 1s 闪烁 1 次,即 LED 亮 1s、灭 1s,问题的关键是如何产生 1s 的定时信号。

若选用单片机的定时计数器 T0,晶体振荡频率为 12MHz,则 1 个机器周期为 1μs。以方式 1 工作的 16bit 定时计数器 1 次定时的最大时间为 $2^{16}×1s=65.536ms$。显然 1 次定时达不到 1s,所以要采用多次定时来实现 1s。采用 1 次定时 50ms,循环 20 次,即可达到 1s。

确定了工作方式 1 和定时时间 50ms 后,接下来计算定时初值。根据公式可计算定时初值=2^N−定时时间/机器周期=2^{16}−50ms/1μs=60 536,即 3cb0H。

整个工作过程:CPU 执行主程序,完成定时的初始化,启动 50ms 的定时,等待 1 次 50ms 定时结束。如果 1 次 50ms 定时结束,定时器产生溢出中断,那么 CPU 执行中断服务程序,判断是否达到 20 次。若达到 20 次,则说明 1s 时间到了,LED 闪烁;若未达到 20 次,则返回主程序,继续下一次 50ms 定时。

按照上面的分析,把工作流程分配到主程序、中断服务程序中。定时中断初始化,启动 50ms 的定时,然后等待 1 次 50ms 定时结束,放入主程序。当 1 次 50ms 定时结束后,判断是否达到 20 次,若达到 20 次,则 LED 闪烁;若未达到 20 次,则返回主程序,继续下一次 50ms 定时。本例程序结构如下:

```
void main()
{
   定时中断初始化;
   等待 1 次 50ms 定时结束
}
void 名字()interrupt 中断号
{
   判断是否达到 20 次;
   若达到 20 次,则 LED 闪烁;
   若未达到 20 次,则返回主程序,继续下一次 50ms 定时
}
```

本例程序如下:
```
/*************************************************************/
#include <reg51.h>
sbit led=P1^0;
unsigned char m=0;
void time0_init()
{
  EA=1;                    //中断初始化
```

```
    ET0=1;
    TMOD=0x01;
    TH0=0x3c;
    TL0=0xb0;
    TR0=1;
}
void main()
{
    P1=0xff;
    time0_init();
    while(1);                      //等待中断（一次50ms）
}
void lsd()   interrupt   1
{
    TH0=0x3c;                      //重新赋初值
    TL0=0xb0;
    m++;
    if(m==20)                      //判断是否达到1s
    {
        led=~led;
        m=0;
    }
}
/*********************************************************************/
```

程序说明：

- 定时/计数也是一种中断，属于单片机的内部中断，弄清整个工作流程很重要，这有助于很好地理解中断。
- 为了使程序模块化，通常把中断初始化程序也编写为子程序，方便调用和修改。
- 在主程序中，利用"while(1);"死循环等待一次50ms定时结束。若定时结束，则从循环体中出来，执行中断服务程序，中断返回后，再进入循环体等待。
- 在中断服务程序中，为了下一次50ms定时，要重新赋初值。
- 当程序中只有一个中断时，可以不对中断的优先级进行设置，对其进行省略。当程序中有多个中断但没有进行优先级设定时，单片机遵循其默认的自然优先级顺序。
- 利用定时/计数器进行中断时，在程序中要先设置工作模式，并计算它的定时/计数初值，定时/计数初值不易于计算，常利用表达式来代替。此例中赋初值部分也可以写为以下形式：

```
/**************************************/
TL0 = (65536-5000)% 256;        //取低8bit
TH0 = (65536-5000)/ 256;        //取高8bit
/**************************************/
```

例2：设晶体振荡频率 f_{osc}=12MHz，单片机的定时/计数器1以方式2工作，产生周期为 400μs 的方波脉冲，并由 P1.0 输出。

要产生 400μs 的方波脉冲（见图 4-9），只需要在 P1.0 端以 200μs 为间隔，交替输出高低电平即可实现。为此，可以定时 200μs，定时时间一到，对 P1.0 端进行取反操作即可。

根据题意要求选用定时/计数器 1，工作方式为方式 2，定时时间为 200μs，为了方便编程和计算，定时初值为 TH0=（256-200）/256；TL0=（256-200）%256。

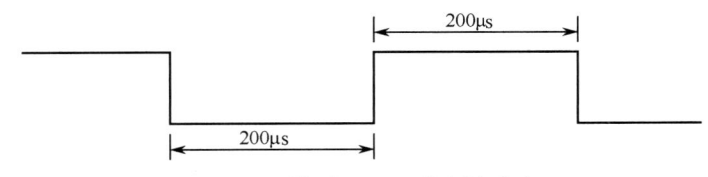

图 4-9 周期为 400μs 的方波脉冲

整个程序流程：CPU 完成定时的初始化，启动 200μs 的定时，然后等待 1 次 200μs 定时结束。若 1 次 200μs 定时结束，定时/计数器产生溢出中断，则要求单片机 P1.0 端进行取反操作（高低电平交替），然后返回进行下一个 200μs 定时。

本例程序如下：

```c
/**********************************************************/
#include <reg51.h>
sbit led=P1^0;
void time0_init()
{
  EA=1;
  ET0=1;
  TMOD=0x02;              //T1 工作方式为方式 2
  TH0=(256-200)/256;      //定时初值
  TL0=(256-200)%256;
  TR0=1;
}
void main()
{
  P1=0xff;
  time0_init();           //启动定时
  while(1);               //等待中断
}
void fb() interrupt 1
{
  led=~led;               //输出取反
}
/**********************************************************/
```

程序说明：

- 因为在此例中定时/计数器工作方式为方式 2（自动赋初值 8bit 定时/计数器），所以在中断服务程序中不需重新赋初值，方式 2 常用于需要连续产生信号的情况。

- 为了便于看到结果，可以利用 Proteus 对此例进行仿真，方波脉冲仿真图如图 4-10 所示。从仿真图的虚拟示波器中可以看到产生的方波脉冲信号符合题意。

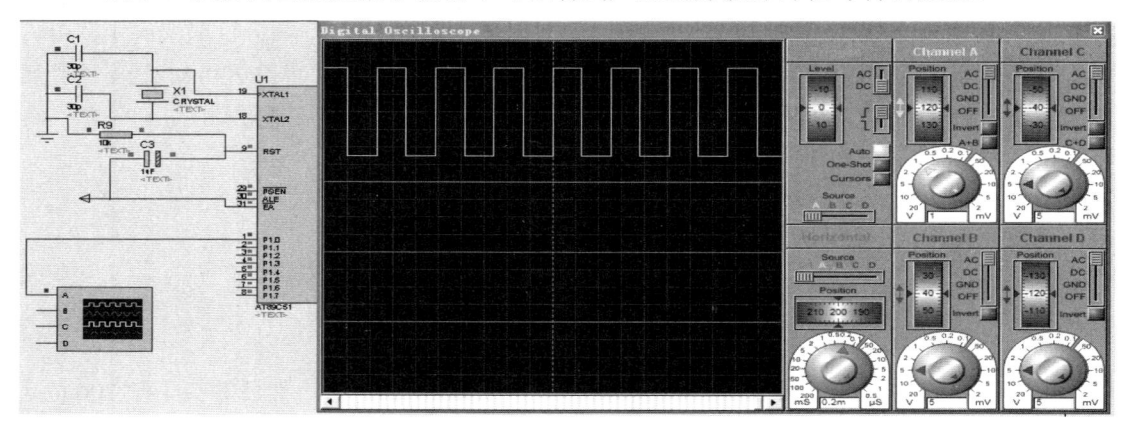

图 4-10 方波脉冲仿真图

例 3：设晶体振荡频率 f_{OSC}=12MHz，使用单片机的定时/计数器 1 实现两位秒表的设计。采用锁存器驱动 6 位数码管显示电路，显示格式为 S - - - 秒数。

秒表对秒信号计数，每到达 1s，秒变量加 1。首先需要秒信号，设计方法和例 1 相同，这里不再赘述，两个程序主要做的工作分别如下。

主程序：
```
void main()
{
定时中断初始化；
一边显示当前秒变量，一边等50ms定时结束
}
```

中断服务子程序：
```
void time0_init()
{
重新赋初值；
判断50ms定时是否达到20次
若达到20次，则秒变量加1；
否则，中断返回，继续下一次50ms定时
}
```

程序如下（部分程序语句省略）：
```c
unsigned char m,sec;
void main()
{
    EA=1;
    ET0=1;
    TMOD=0x01;
    TH0=(65536-50000)/256;
```

```
    TL0=(65536-50000)%256;
    TR0=1;
    while(1)
    {
buf[0]=12;                              //12是S的段值在段值数组中的顺序号
buf[1]=11;buf[2]=11;buf[3]=11;          //11是-的段值在段值数组中的顺序号
    buf[4]=sec/10;   buf[5]=sec%10;
    disp( );
    }
}
void time0() interrupt 1
{
 TH0=(65536-50000)/256;
 TL0=(65536-50000)%256;
 m++;
 if(m==20)                              //判断是否达到1s
 {
 sec++;
    m=0;
    }
}
```

根据以上程序，完成4.3.5节中1)的第（1）问和2)的第（1）问。

4.2.2 键盘应用

复杂的单片机系统都有按键，它是人对单片机进行干预的一个重要器件。按键是单片机系统的输入部件，利用单片机的I/O功能可以实现按键的状态检测，以实现按键对单片机运行状态的调整。本节主要介绍按键的工作原理和按键输入的单片机检测原理，以及利用扫描原理实现的4×4键盘矩阵。

1. 键盘概述

1) 基础知识

键盘是单片机应用系统中人机交流不可缺少的输入设备。键盘由一组规则排列的按键组成，一个按键实际上就是一个开关元件。键盘通常使用机械触点式按键开关，其主要功能是把机械上的通断转换为电气上的逻辑关系（1和0）。对于机械触点式按键开关，在使用时轻轻点按开关按钮就可使开关闭合，在松开手后开关断开，恢复为原来的电平。键盘在使用时常分为矩阵键盘和独立按键，如图4-11所示。

2) 按键的抖动

由于机械触点式按键开关的弹性作用，在开关闭合及断开的瞬间均有抖动过程，出现一系列电脉冲，然后按键才稳定下来，其抖动示意图如图4-12所示。如果不对按键的抖动进行处理，那么会对系统电路或程序产生意外的干扰，影响检测按键是否按下。抖动时间的长短与开关的机械特性有关，一般为 5～10ms。

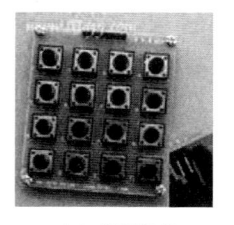

(a) 矩阵键盘　　(b) 独立按键

图 4-11　键盘

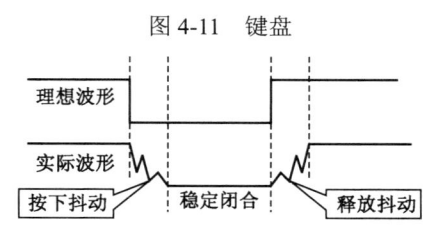

图 4-12　按键抖动示意图

为了克服机械触点式按键开关抖动所致的检测误判，必须采取去抖措施，可从硬件、软件两方面予以考虑。当键数较少时，可采用硬件去抖；当键数较多时，可采用软件去抖。

在硬件方面，可采用在按键输出端加 RS 触发器（双稳态触发器）或单稳态触发器构成去抖电路，图 4-13 所示为由 RS 触发器构成的去抖电路，当触发器翻转时，按键抖动不会对其产生任何影响。按键输出经去掉电路之后变为规范的矩形方波。

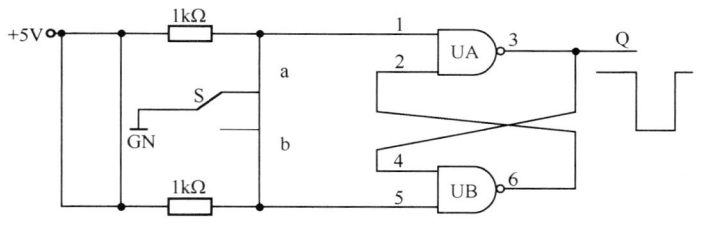

图 4-13　由 RS 触发器构成的去抖电路

在软件方面可以采取的措施是在检测到有按键按下时，执行一个 5ms 左右（具体时间应视所使用的按键进行调整）的延时程序，再确认该键电平是否仍保持低电平。若该按键仍保持低电平，则确认该按键处于闭合状态；同理，在检测到该按键释放后，也应采用相同的步骤进行确认，从而消除抖动的影响。

2．独立按键

1）结构

独立按键的使用较为简单，其特点是每个按键单独占用一根 I/O 口线，每个按键工作时不会影响其他 I/O 口线的状态。

图 4-14 所示的独立按键电路图使用了 8 个独立按键，P0 口使用的上拉电阻保证了 P0 口有确定的高电平，外接上拉电阻为 4.7kΩ 左右。当按键未按下时，对应的引脚输入高电平；当按键按下时，对应的引脚输入低电平。使用前应先把对应的输入 I/O 引脚置 1，设置为输入口。

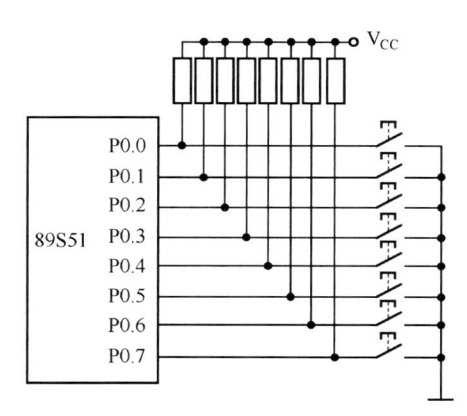

图 4-14 独立按键电路图

2）应用

根据独立按键原理，采用软件去抖的方法，判断独立按键是否按下的操作流程：先检测相应的引脚是否为低电平，当其为低电平时，需要加入延时去抖，再检测是否仍为低电平。比时，若相应的引脚为高电平，则说明有一个抖动；若相应的引脚为低电平，则说明按键按下，等待按键释放后再执行相关操作，防止多次操作。假设图 4-14 中任意一个按键为 S1，根据分析，独立按键的程序如下：

```
if(S1==0)                        //若按键按下
{
delay(5);                        //延时消抖，delay(5)为5ms左右的延时程序
 if(S1==0)                       //确定按键按下
 {
    while(S1==0);                //则等待按键释放后再执行相关操作
    ……
 }
}
```

3）举例

例 4：一键多功能电路图如图 4-15 所示，一旦上电，4 个 LED 全灭；按下按键 K1，D1 闪烁；再次按下按键 K1，D2 闪烁；再次按下按键 K1，D3 闪烁；再次按下按键 K1，D4 闪烁；再次按下按键 K1，LED 全灭，如此循环。

此题只有一个独立按键，但是一个按键 K1 对应 5 个功能，定义功能号 ID 为 0、1、2、3、4。当 ID=0 时，LED 全灭；当 ID=1 时，D1 闪烁；当 ID=2 时，D2 闪烁；当 ID=3 时，D3 闪烁；当 ID=4 时，D4 闪烁。功能号 ID 和按下按键的次数有关，按下按键次数=4n+功

能号 ID，*n* 为任意整数。

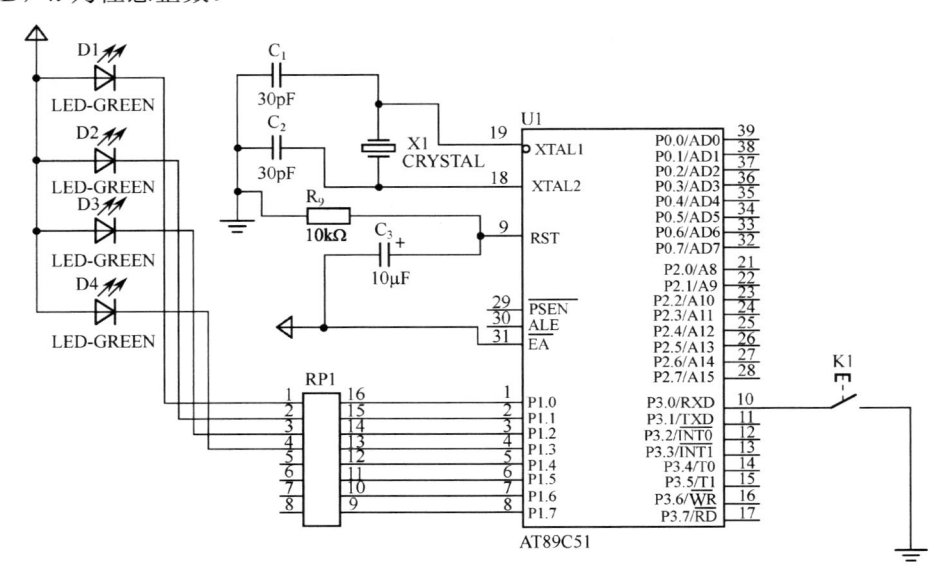

图 4-15　一键多功能电路图

本例程序如下：
```
/****************************************************************/
#include <reg51.h>                    //包含 reg51.h 头文件
sbit k1=P3^0;
sbit d0=P1^0;
sbit d1=P1^1;
sbit d2=P1^2;
sbit d3=P1^3;
void delay(unsigned int a)
{
  unsigned char i;
  while(a--)
  {
   for(i=0;i<125;i++);
  }
}
void main ()
{
 unsigned char id=0;
 while(1)
 {
  P1=0xff;
  delay(200);
  if(k1==0)
  {
```

```
   delay(10);
   if(k1==0)
   {
    while(k1==0);
    id++;
    if(id==5)
    {
     id=0;
    }
   }
  }
  switch(id)
  {
   case 0:P1=0xff;break;
   case 1:d0=~d0;delay(200);break;
   case 2:d1=~d1;delay(200);break;
   case 3:d2=~d2;delay(200);break;
   case 4:d3=~d3;delay(200);break;
  }
 }
}
/************************************************************************/
```

程序说明：

- 熟悉独立按键的编程模式：判断是否按下→去抖→按键释放→操作。若有多个按键，则只需要把语句并列即可。
- 程序中选用开关语句对功能号 ID 的各种取值情况进行分析，结构清晰。
- 可以思考，上例中如果增加要求：使用 6 位数码管实时显示功能号，显示格式为 node-功能号，如何修改程序。
- 根据以上程序，完成 4.3.5 节中 1）的第（2）问和 2）的第（2）问。

3．键盘

键盘由一组规则排列的按键组成。

1）键盘分类

键盘可以分为编码键盘和非编码键盘。

编码键盘，如计算机键盘，内部含编码芯片，每按下一个按键，由编码芯片产生键值，常见的有 ASCII 码键盘、BCD 码键盘等。

非编码键盘是靠软件编程来识别键值的键盘。在单片机的各种系统中，较常用的就是非编码键盘。非编码键盘又分为独立按键盘和矩阵键盘（如电话、取款机键盘），独立按键盘在前面已介绍过。

2）矩阵键盘结构

在单片机系统中，若使用按键较多，则通常采用矩阵键盘，采用行列式结构并按矩阵形式排列，可以节省 I/O 口线，如图 4-16 所示，其为 4×4 的矩阵键盘。16 个按键排列成 4×4 的矩阵行列结构，在行列的交点上都对应有一个单触点按键。当无按键按下时，各行线和列线彼此相交但不相连；当有按键被按下时，其交点的行线和列线接通。

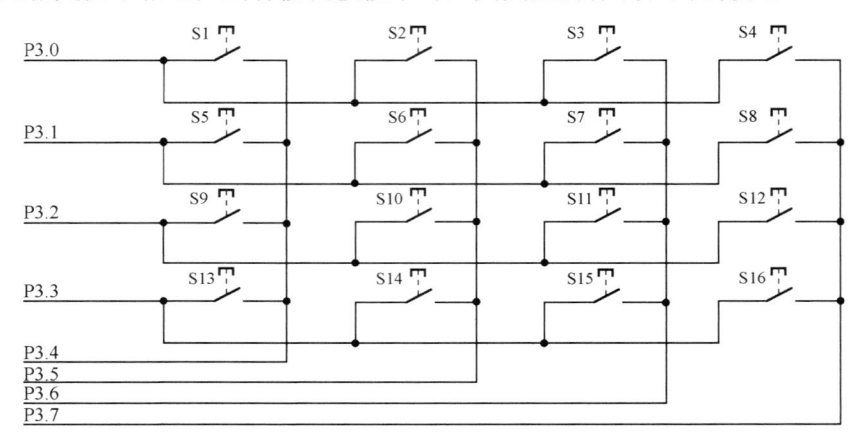

图 4-16 矩阵键盘结构图

3）矩阵键盘按键原理

对于矩阵键盘的识别按键，这里介绍一种常用的方法，即扫描法，分 4 步完成：①判断是否有按键按下，行线都输出低电平，然后读列线的值，若列线都为高电平，则说明无键按下，否则说明有按键按下；②若有按键按下，则进行延时去抖处理，再判断按键是否仍然闭合，确定有按键稳定按下；③利用扫描法逐行或逐列判断哪一按键按下，并得到按键值和键号；④等待按键释放，根据键号转向不同的功能程序。

以图 4-16 为例，矩阵键盘的 4 根行线接 P3.0～P3.3，4 根列线接 P3.4～P3.7，具体操作流程如下。

（1）首先判断是否有按键按下。

方法：让 P3.0～P3.3（行线）全输出 0，P3.4～P3.7（列线）作输入口。读 P3 口的值（列线值），若 P3.4～P3.7（列线）全为 1，则键盘上无按键按下；若 P3.4～P3.7 不全为 1，则键盘上有按键按下。

（2）然后去除按键的机械抖动。

方法：当识别到键盘上有按键按下后，延时一段时间再识别键盘的状态，若仍有按键按下，则认为键盘上有一个按键处于稳定的闭合状态，否则认为有按键抖动。

（3）再判别闭合按键的按键号（逐行扫描）。

方法：此处利用逐行扫描法，对键盘进行逐行扫描。为了方便描述，对矩阵键盘的每个按键进行编序，按行列顺序分别为 0～F。在扫描之前，要预先编写好一个数组——矩阵键盘键值数组，也就是当某个按键按下时对应的 P3 口的值的数组。先扫描第一行，4 根行线 P3.3～P3.0 输出 1110，然后读 P3 口的值。矩阵键盘行扫描键值表如表 4-5 所示。若第一行 0 号按键被按下，则此时读 P3 口的值为 eeH。同理，得到其他按键的键值。按顺序把 16 个按键按下时的键值组合成一个数组 jp[]={0xee,0xde,0xbe,0x7e,0xed,0xdd,0xbd,0x7d,0xeb, 0xdb,0xbb,0x7b,0xe7,0xd7,0xb7,0x77}。

表 4-5 矩阵键盘行扫描键值表

行 数	扫描值 P3.3～P3.0	P3 口的值（键号） P3.7～P3.0			
第一行	1110	ee（0）	de（1）	be（2）	7e（3）
第二行	1101	ed（4）	dd（5）	bd（6）	7d（7）
第三行	1011	eb（8）	db（9）	bb（A）	7b（B）
第四行	0111	e7（C）	d7（D）	b7（E）	77（F）

在判断哪个按键按下时，对每行进行逐个扫描，只需要把每次读出的 P3 口的值和数组中的值进行逐个比较，若没有相等的，则说明此行无按键按下；若有相等的，则说明此行有按键按下，而且数组的序号即为闭合按键的序号。

（4）最后使 CPU 对按键的一次闭合进行一次处理。

方法：等待闭合按键释放以后再进行处理。

4）举例

例 5：显示键号电路图如图 4-17 所示，用 1 位数码管显示按键的键号。

在此例中，4×4 矩阵键盘和 P2 口相连，1 位数码管和 P1 口相连。

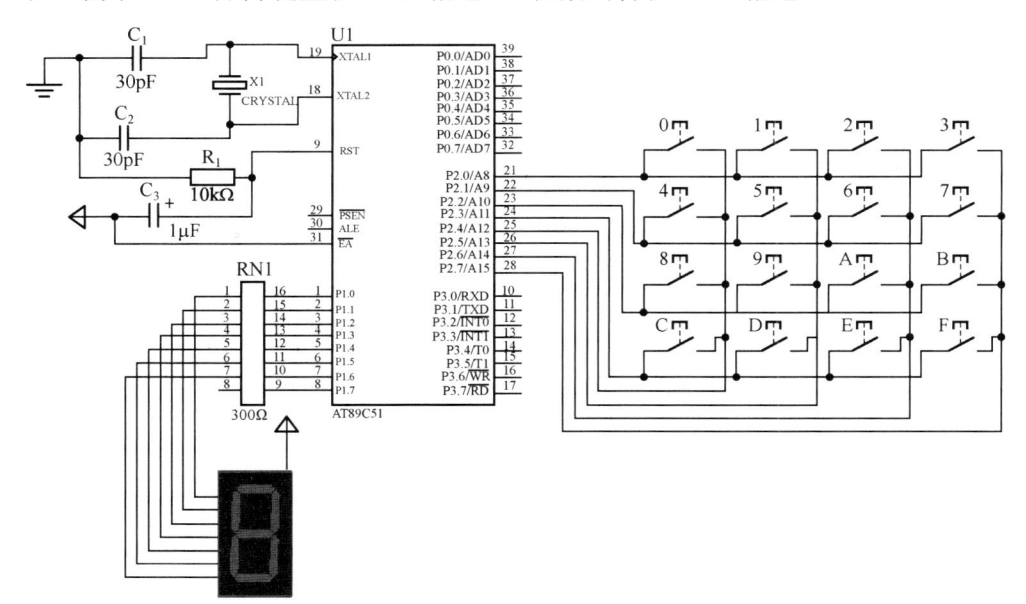

图 4-17 显示键号电路图

本例程序如下：
/**/
```c
#include <reg51.h>
#include <INTRINS.H>
unsigned char code sz1[]={0xc0,0xf9,0xa4,0xb0,0x99,0x92,0x82,0xf8,0x80,0x90,0x88,0x83,
0xc6,0xa1,0x86,0x8e};            //数码管段值数组
unsigned char code jp[]={0xee,0xde,0xbe,0x7e,0xed,0xdd,0xbd,0x7d,0xeb,0xdb,0xbb, 0x7b,
0xe7,0xd7,0xb7,0x77};             //矩阵键盘的键值数组
unsigned char c=0;                //定义变量c，用来存放键号
void delay(unsigned int t)
{
 unsigned char i;
 while(t--)
 {
  for(i=0;i<125;i++);
 }
}
void sm()                         //行扫描子程序
{
  unsigned char k,j,n,a,m=0xfe;
  P2=0xf0;                        //P2.0~P2.3（行线）全输出0，P2.4~P2.7（列线）作输入口
  k=P2;                           //读P2口
  k=k&0xf0;                       //得到列线值
  if(k!=0xf0)                     //若列值全为1（1111 即F），则有按键按下
  {
   delay(5);                      //延时消抖
   if(k!=0xf0)                    //再判断
   {
    for(j=0;j<4;j++)              //扫描4行
    {
    P2=m;                         //扫描值发送到P2
    n=P2;                         //读P2值（含有列值）发送到n
    for(a=0;a<16;a++)             //与数组中的16个值逐个进行比较
    {
      if(jp[a]==n)                //若有相等的值，则序号即为键号
      {
       c=a;
       while((P2&0xf0)!=0xF0);    //等待按键释放
      }
    }
    m=_crol_(m,1);                //扫描下1行
    }
```

```
    }
   }
  }
void main()
{
  while(1)
  {
    sm();                          //行扫描子程序
    P1=sz1[c];                     //显示键号
   }
  }
}
/******************************************************************/
```

程序说明：

- 程序中用到了变量 c，用来存放按键的键号，因为主程序、子程序都用到了该变量，所以将它定义为全局变量。
- 矩阵键盘程序较长，关键是理解行扫描的原理，这对于掌握该程序有很大帮助。
- 程序中用到了键值数组，如果矩阵键盘和单片机的连接改变，那么数组也会随之改变。
- 在行扫描子程序中，通过循环左移函数得到下 1 行的扫描值。
- 在单片机应用系统中，键盘扫描只是系统的部分程序。在进行软件系统编程时，其一般作为子程序调用或中断服务程序使用。尽管矩阵键盘比独立按键复杂，但有了上述子程序后，只要学会调用，甚至不需要知道键盘扫描程序是如何编写的，只需要复制即可，编程也就变得十分简单了。可以看出，平时要注意查阅资料，收集实用子程序，掌握子程序的调用，这对提高编程效率很重要。
- 可以思考，若修改题目为使用 6 位数码管显示矩阵键盘闭合按键的键号（十进制），显示格式为 JH- - 键号，如何修改程序。
- 根据以上程序，完成 4.3.5 节中的 1）的第（3）问。

4.3 项目实现

4.3.1 设计思路

本项目要求设计 0～99s 的倒计时电路，另外围设备置 K1（加 1）、K2（减 1）、K3（暂停）、K4（开始）4 个按键实现秒数的控制。可以利用单片机的定时/计数器来产生秒信号，利用 2 位数码管动态显示，通过独立按键实现秒数的控制。

4.3.2 硬件电路设计

倒计时电路图如图 4-18 所示。单片机的 P2 口连接 2 位数码管段值端，动态显示倒计时的秒数。4 个按键分别接在 P1.0~P1.3 上，用来实现倒计时的开始和暂停及倒计时初值的加 1 和减 1。D1 和 P1.7 相连，其作用是倒计时到 0 时发出报警信号，只要 P1.7 输出低电平就可以点亮 LED。

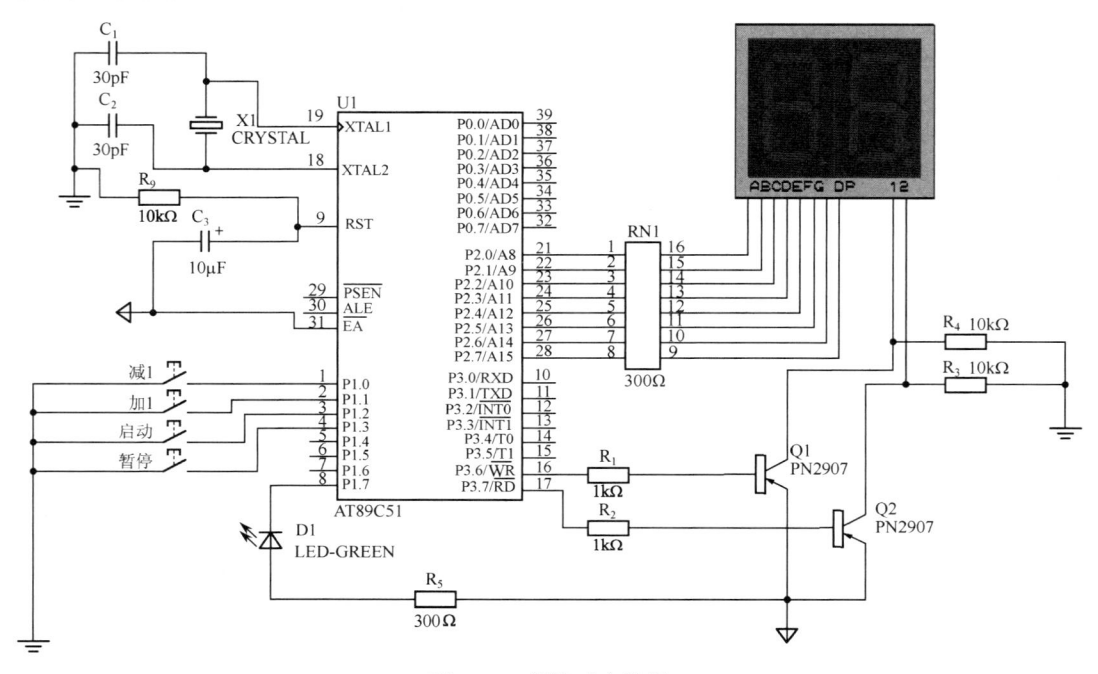

图 4-18 倒计时电路图

4.3.3 程序设计

首先利用单片机的 T0 产生 50ms 的定时，累计 20 次就可以产生 1s 的信号。1s 后，计数值自动减 1 实现倒计时。倒计时到 0 时，LED 点亮报警。计数值的显示采用动态显示，利用前面讲过的动态显示的 4 步完成。4 个按键的处理程序采用并列结构来判断哪个按键按下，然后执行相关的操作。程序如下：

```c
/*************************************************************/
#include <reg51.h>
unsigned char code sz1[]={0xc0,0xf9,0xa4,0xb0,0x99,0x92,0x82,0xf8,0x80,0x90};
sbit seg1=P3^6;
sbit seg2=P3^7;
sbit k1=P1^0;
sbit k2=P1^1;
```

```c
sbit k3=P1^2;
sbit k4=P1^3;
sbit LED=P1^7;
unsigned char m,n=10;
void delay(unsigned int a)              //1ms 延时
{
  unsigned char i;
  while(a--)
  {
    for(i=0;i<120;i++);
  }
}
void disp( unsigned char t)             //显示子程序
{
 unsigned char i,j;
 i=t/10;
 j=t%10;
 P2=sz1[i];
 seg1=0;
 delay(2);
 P3=0xff;
 P2=sz1[j];
 seg2=0;
 delay(2);
 P3=0xff;
}
void main()                             //主程序
{
P1=0XFF;
EA=1;
ET0=1;
TMOD=0x01;
TH0=(65536-50000)/256;
TL0=(65536-50000)%256;
while(1)
{
  disp(n);
  if(k1==0)
  {
    delay(5);
    if(k1==0)
    {
      while(k1==0);
      n--;
    }
  }
  if(k2==0)
```

```c
    {
      delay(5);
      if(k2==0)
      {
        while(k2==0);
        n++;
      }
    }
    if(k3==0)
    {
      delay(5);
      if(k3==0)
      {
        while(k3==0);
        TR0=1;
      }
    }
    if(k4==0)
    {
      delay(5);
      if(k4==0)
      {
        while(k4==0);
        TR0=0;
      }
    }
  }
}
void lsd() interrupt 1                    //定时器定时 50ms
{
  TH0=(65536-50000)/256;
  TL0=(65536-50000)%256;
  m++;
  if(m==20)
  {
    m=0;
    n=n-1;
    if(n==0)
    {
      LED=0;
      TR0=0;
    }
  }
}
/****************************************************************/
```

程序说明：
- 因为单片机在倒计时的时候是以二进制（十六进制）进行的，而要显示的倒计时的值是十进制的,所以显示程序中有二进制(十六进制)到十进制的转换,并且把显示程序编写成了子程序,以后在需要时可以随时调用。
- 4 个独立按键的处理程序采用并列结构,逐个判断。每个按键程序的结构也是固定的,处理流程:判断→延时消抖→再判断→释放按键→操作。
- 程序中用到 m 存放 50ms 的次数,n 存放倒计时值,因为它们在主程序、子程序都用得到,所以将其定义为全局变量。

4.3.4 仿真调试

在 PC 上运行 Keil,先新建一个工程项目,使用的单片机为 AT89C51,该工程项目暂且命名为 djs;然后新建一个文件,保存为 djs.c,并将其添加到工程项目中。可以直接在 Keil 的程序编辑窗口中编写程序,也可以先把程序清单生成一个 TXT 文件,然后复制到 Keil 的程序编辑窗口中。当程序设计完成后,通过 Keil 编译并生成 HEX 目标文件。在应用 Keil 时,由于编译过程中会生成很多文件,因此新建的工程项目需要在同一个目录中。

在已安装 Proteus 的 PC 上运行 ISIS 文件,即可进入 Proteus 电路原理仿真界面。利用该软件进行仿真时操作比较简单,其过程是首先构造电路,然后双击单片机加载 HEX 文件,最后进行仿真。倒计时仿真图如图 4-19 所示。在仿真过程中,单片机加载程序模拟运行实际状态。电路中单片机采用 AT89C51,单片机默认为最小系统,可以不再外接晶体振荡电路和复位电路。

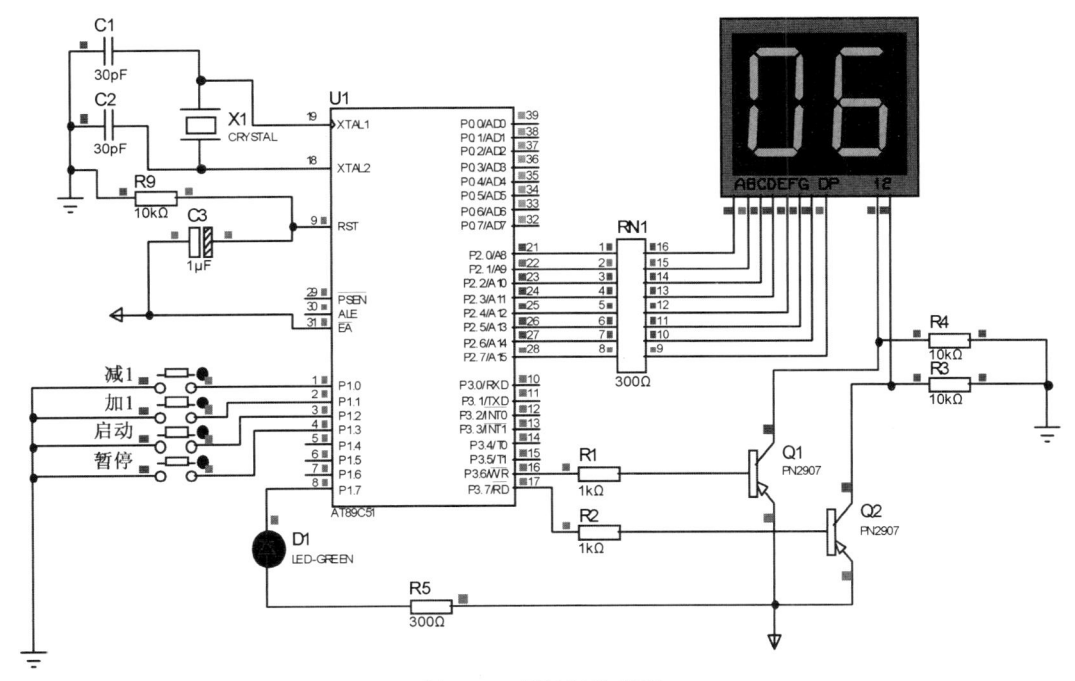

图 4-19 倒计时仿真图

按下"仿真"按钮，数码管显示计数初值，本例中为10。若想把计数初值改为15，则可通过加1和减1键修改，直到数码管显示15，然后按下"启动"按钮，系统从15开始倒计时。在倒计时的过程中，可以随时按下"暂停"键暂停计数，按下"启动"按键再开始计数。当倒计时到0时，数码管显示00，D1点亮报警，计时结束，如图4-20所示。

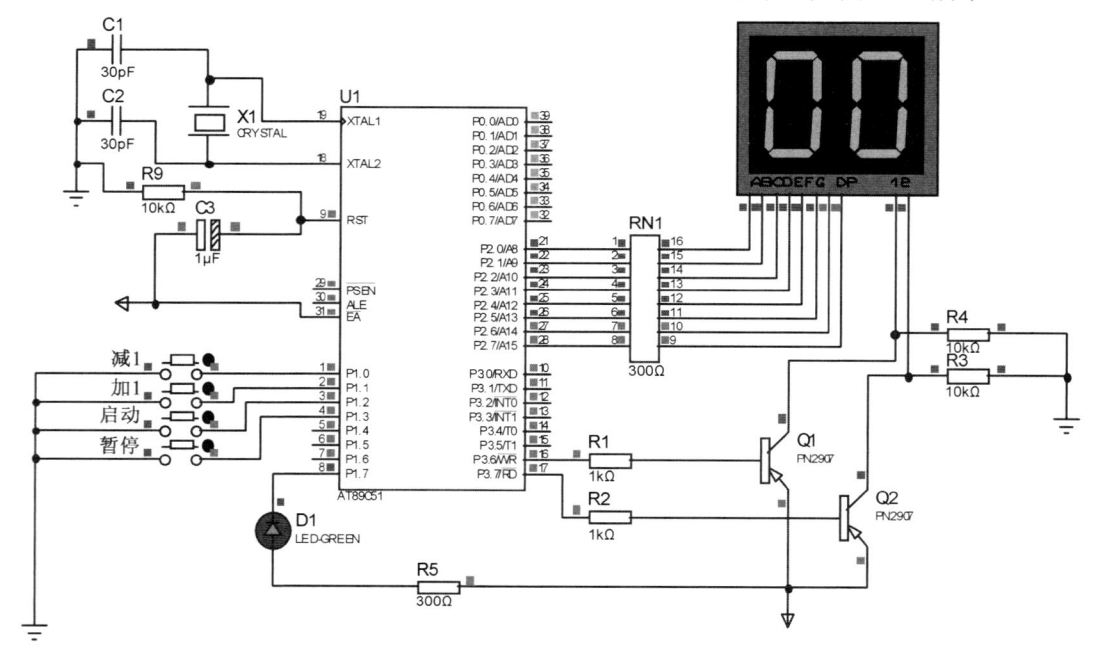

图4-20 倒计时到0时的仿真图

4.3.5 项目拓展

1）设计6位数码管显示的可调10s倒计时

利用锁存器驱动数码管，编写程序，实现：

（1）倒计时到10s时，数码管显示djs-秒数；倒计时到0时，蜂鸣器响，数码管显示d--End。

（2）有4个独立按键，K1：倒计时初值加1；K2：倒计时初值减1；K3：启动倒计时；K4：暂停倒计时。

（3）把4个独立按键改为矩阵键盘。倒计时的初值通过矩阵键盘数字键（0～9）输入，再增加4个功能键：倒计时初值加1键、倒计时初值减1键、倒计时启动/暂停键、10s键。

2）设计6位数码管显示的可调电子钟

编写程序，实现：

（1）显示时、分、秒的电子钟，采用6位数码管显示，初始时间为235955。

（2）有4个独立按键，K1：调时（时加1）；K2：调时（分加1）；K3：调时（秒加1）；

K4：暂停/开始。

▶ **项目总结**

- 在单片机驱动数码管动态显示的电路中，为了取得好的显示效果，由于单片机 I/O 口的驱动能力有限，因此要加驱动电路。加驱动电路可以有多种方法：加三极管、译码器、驱动器、缓冲器、锁存器等。
- 键盘分为独立按键和矩阵键盘。独立按键连接简单，编程简单，但占据 I/O 口线太多；矩阵键盘连接复杂，编程复杂，占据 I/O 口线少。重点是理解矩阵键盘的扫描过程。
- 掌握好单片机定时中断的关键是理解定时中断的整个过程。另外要掌握程序结构：主程序、中断服务程序。主程序包括中断初始化、CPU 平时做的事情、等待 1 次定时时间到；中断服务程序是定时时间到后外围设备要求 CPU 响应中断后做的事情。

思考与练习

1. 如何理解加法计数器和减法计数器？
2. 定时/计数器在什么情况下是定时器，在什么情况下是计数器？
3. 试归纳 AT89C51 单片机的定时/计数器 0、1、2 三种工作方式的特点、初始化设置及使用方法。
4. 定时/计数器的最大定时容量、定时容量、定时初值之间的关系如何？
5. 已知 f_{osc}=6MHz，试编写程序，使 P1.7 输出高电平宽 40μs，低电平宽 360μs 的连续矩形脉冲。
6. 试用单片机的片内定时/计数器编制可调电子钟程序，要求显示时、分、秒。
7. 在图 4-17 中，如果把 P2.0～P2.3 接矩阵键盘的列，把 P2.4～P2.7 接矩阵键盘的行，程序应如何修改？

项目 5

数字电压表的设计与实现

▶▶ 项目引入

数字电压表的应用非常广泛,在电力工业生产中经常要用电压表来检测电网电压,在仪器、仪表及家用电器的维修中也经常要用电压表来检测电压,数字电压表如图 5-1 所示。本项目为利用单片机技术设计一个数字电压表。

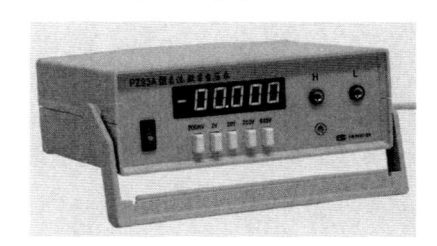

图 5-1 数字电压表

▶▶ 知识目标

- 掌握 A/D 转换原理。
- 进一步掌握数码管的动态显示知识。

▶▶ 技能目标

- 能够正确选用和使用 A/D 转换器。
- 能够用 Keil 对程序进行编译调试。
- 能够用 Proteus 绘制含有 A/D 转换器、数码管的电路,并能对电路进行仿真。

5.1 任务描述

利用单片机和 A/D 转换器设计一个测量系统,可以测量 0~5V 的模拟电压,并使结果在数码管上显示出来。

5.2 准备知识

在实施项目前先介绍一下 A/D 转换。

由于 PC 本身只能处理数字量（二进制代码），而在 PC 应用领域中，特别是在实时控制系统中，常需要把外界连续变化的物理量（如温度、压力、流量、速度），转换成数字量输入 PC 进行加工、处理，这称为前向通道（A/D）。

反之，也需要把 PC 加工、处理后的数字量转换成连续变化的模拟量输出，用以控制、调节执行机构，实现对被控对象的控制，这称为后向通道（D/A）。

这种把模拟量转换成数字量和把数字量转换成模拟量的过程，就称为模/数和数/模转换。实现这类转换的器件，就称为模/数（A/D）和数/模（D/A）转换器。

1．概述

1）分类

A/D 转换器用于实现从模拟量到数字量的转换，按转换原理可分为 4 种：计数式 A/D 转换器、双积分式 A/D 转换器、逐次逼近式 A/D 转换器和并行式 A/D 转换器。目前较常用的是逐次逼近式 A/D 转换器和双积分式 A/D 转换器。

逐次逼近式 A/D 转换器如图 5-2 所示，是一种转换速度较快、精度较高的转换器，其转换时间大约在几微秒到几百微秒之间，其转换公式为 $V_{ref}/V_{in}=2^n/D$，其中 V_{ref} 为参考电压；V_{in} 为输入电压；D 为输出数字量；n 为数字量的位数。ADC0801～ADC0805 型 8 位 MOS 型 A/D 转换器为美国国家半导体公司的产品，它是目前较流行的中速廉价型产品，片内有三态锁存器用于数据输出，单通道输入，转换时间为 100μs 左右。ADC0808/0809 型 8 位 MOS 型 A/D 转换器可实现 8 路模拟信号的分时采集，片内有 8 路模拟选通开关，以及相应的通道地址锁存用译码电路，其转换时间为 100μs 左右。关于 ADC0816/0817 型，这类产品除了将输入通道数增加至 16 路，其他性能与 ADC0808/0809 型基本相同。

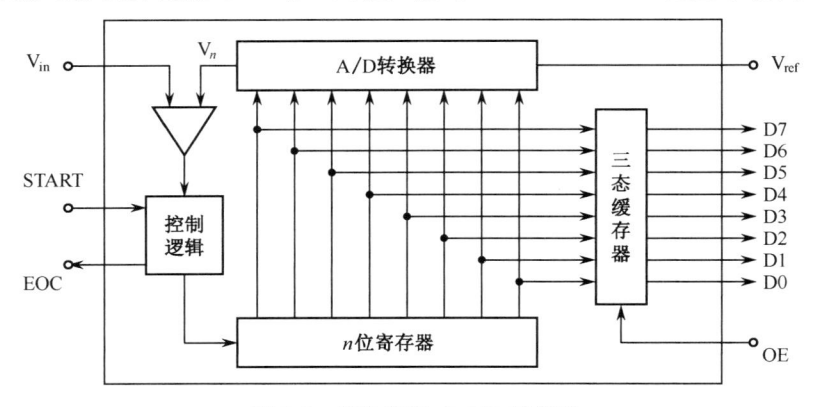

图 5-2 逐次逼近式 A/D 转换器

双积分式 A/D 转换器的主要优点是转换精度高，抗干扰性能好，价格便宜，但转换速度较慢，其转换公式为 $V_{ref}/V_{in}=T_2/T_1$，其中 V_{ref} 为参考电压，V_{in} 为输入电压，T_2、T_1 为积分器的两次积分时间。这种转换器主要用于对转换速度要求不高的场合。常用的双积分式 A/D 转换器有 ICL7106/ICL7107/ICL7126 系列、MC1443 及 ICL7135 等。

2）A/D 转换器的主要技术指标

（1）分辨率。

分辨率是指输出数字量变化一个数码所需要输入的模拟电压的变化量。常用输出二进制的位数表示分辨率。例如，12bit A/D 转换器的分辨率就是 12bit；或者说分辨率为满刻度的 $1/2^{12}$。若一个满刻度为 5V 的 A/D 转换器的分辨率是 12bit，则它能分辨输入电压变化的最小值是 $5×1/2^{12}=1.2mV$。

A/D 转换器的位数越多，分辨率越高，转换精度越高。

（2）量化误差。

A/D 转换器把模拟量转化为数字量，用数字量近似表示模拟量，这个过程称为量化。量化误差是 A/D 转换器的有限位数对模拟量进行量化而引起的误差。

实际上，若要准确表示模拟量，则 A/D 转换的位数需要很大甚至无穷大。一个具有有限分辨率的 A/D 转换特性曲线与具有无限分辨率的 A/D 转换特性曲线之间的最大偏差即为量化误差。

（3）转换速度。

转换速度是指 A/D 转换器每秒完成转换的次数，是完成一次转换所需的时间的倒数。转换时间是指由启动转换命令到转换结束信号开始有效的时间间隔。例如，ADC0809 的转换时间为 100μs。

2．ADC0809

1）简介

ADC0809 是典型的 8 位逐次逼近式并行 A/D 转换器，采用 CMOS 工艺，片内有 8 路通道，可对 8 路模拟电压量实现分时转换。ADC0809 的主要特性如下。

- 分辨率为 8bit。
- 精度：ADC0809 的精度小于±1LSB（ADC0808 的精度小于±1/2LSB）。
- 单电源+5V 供电，参考电压由外部提供，模拟输入电压范围为 0～+5V。
- 具有锁存控制的 8 路输入模拟选通开关。
- 具有可锁存的三态输出，输出电平与 TTL 电平兼容。
- 功耗为 15mW。
- 不必进行零点和满刻度调整。
- 转换速度取决于芯片外接的时钟频率。时钟频率范围为 10～1280kHz。典型时钟频率值为 640kHz，转换时间为 100μs。

2）内部逻辑结构

ADC0809 内部逻辑结构图如图 5-3 所示，由 8bit 模拟量开关及地址锁存与译码器、8bit A/D 转换器、三态缓冲器组成。8bit 模拟量开关根据地址锁存与译码器的输出选择模拟量分时输入，供 A/D 转换器进行转换。在转换结束后，数字量送到三态缓冲器锁存。当 OE 为高电平时，才可以从三态缓冲器中取走转换后的数字量。

3）ADC0809 引脚

ADC0809 有 28 个引脚，如图 5-4 所示，其引脚定义如下。

IN0～IN7：8 路模拟量输入通道，输入电压范围为 0～5V。

D0～D7：8bit 数字量的输出端。有时也标为 2^{-1}MSB～2^{-8}LSB，其中最高位是 MSB，最低位是 LSB。

A、B 和 C：通道号选择输入端。其中 A 是最低位，这三个引脚上所加电平的编码为 000～111，分别对应于选通通道 IN0～IN7。

ALE：通道号锁存控制端。当它为高电平时，将 A、B 和 C 三个输入引脚上的通道号选择码锁存，也就是使相应通道的模拟开关处于闭合状态。在实际使用时，常把 ALE 和 START 连在一起，在 START 端加上高电平启动信号的同时，将通道号锁存起来。

START：启动转换信号输入端。当给 START 一个正脉冲时，启动转换。

CLK：外部时钟输入。输入范围为 500kHz～1MHz，典型值为 640kHz，转换时间为 100μs。时钟信号有时可由单片机 ALE 分频得到。

$V_{ref(+)}$、$V_{ref(-)}$：两个参考电压输入端。在一般情况下，$V_{ref(+)}$ 与 V_{CC} 相连接，$V_{ref(-)}$ 与 GND 相连接。

EOC：转换结束指示端。平时它为高电平，在转换开始后及转换过程中为低电平，转换结束后它又变为高电平。此端可进行查询或取反后作为中断请求信号。

OE：输出使能端。此端为高电平时，即打开三态缓冲器，可以读出转换后的数字量数据。

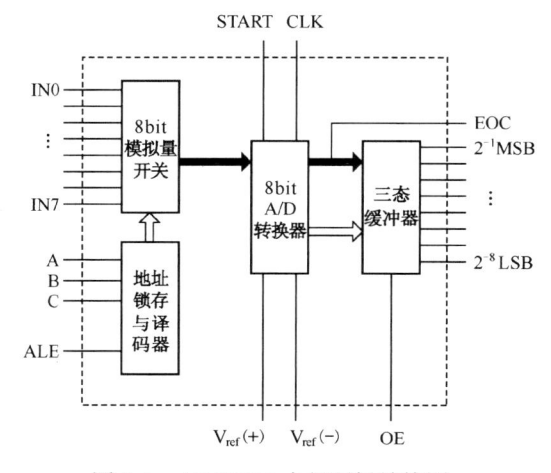

图 5-3　ADC0809 内部逻辑结构图　　　　图 5-4　ADC0809 引脚图

4) ADC0809 的工作过程

ADC0809 的工作时序图如图 5-5 所示，其工作过程如下：①有 A、B、C 三位地址，选择模拟信号由哪一路输入；②ALE 端接收正脉冲信号，使选择的模拟信号 V_{in} 进入 A/D 转换器的输入端；③CLK 端接收 500kHz～1MHz 的脉冲信号，START 端接收正脉冲信号，START 的上升沿将逐次逼近寄存器复位，下降沿启动 A/D 转换；④EOC 输出信号变低，表示转换正在进行；⑤A/D 转换结束，EOC 变为高电平，表示 A/D 转换结束。此时，数据已保存到三态缓冲器中。CPU 可以通过使 OE 信号为高电平，打开 ADC0809 三态缓冲器，将转换后的数字量送至 CPU。

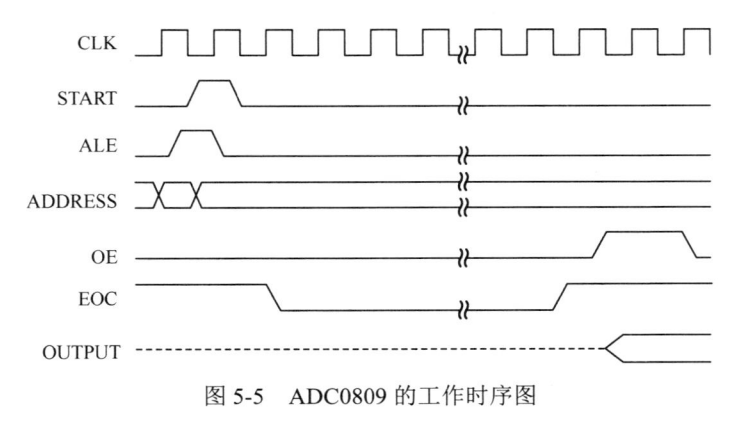

图 5-5 ADC0809 的工作时序图

5) ADC0809 与单片机的接口

A/D 转换后得到的是数字量的数据，这些数据应传送给单片机进行处理。数据传送的关键问题是如何确认 A/D 转换完成，因为只有在确认其转换完成后，才能进行数据传送。为此可采用以下三种接口方式。

（1）等待延时方式。

对于一种 A/D 转换器来说，转换时间作为一项技术指标是已知和固定的。

例如，若 ADC0809 的转换时间为 128μs，相当于 6MHz 的 51 系列单片机的 64 个机器周期。根据这个时间可设计一个延时子程序，在 A/D 转换启动后调用这个延时子程序，延时一到，转换就完成了，接着就可进行数据传送。

（2）查询方式。

由于 ADC0809 的 EOC 端的信号就是转换结束状态信号，因此可以用查询方式，用软件测试 EOC 的电平状态，即可确认转换是否完成，然后进行数据传送。

（3）中断方式。

若转换速度较慢，则单片机不必一直查询等待，可以把表明转换完成的状态信号（EOC）作为中断请求信号，以中断方式进行数据传送。什么时候转换结束，就通过 EOC 向单片机发出中断，告诉单片机转换结束，让单片机来取转换后的数字量。

5.3 项目实现

5.3.1 设计思路

本项目需要设计一个数字电压表，用来测量 0~5V 的电压，并且在数码管上显示出来。单片机只能处理数字量，0~5V 的电压是模拟量，所以要用到 A/D 转换器，根据项目需要，选择 ADC0809 即可。0~5V 的电压传送给 ADC0809 转换，转换后的数字量传送给单片机处理，利用数码管动态显示。

5.3.2 硬件电路设计

数字电压表电路图如图 5-6 所示。用滑动变阻器的调整端模拟 0~5V 的输入电压，ADC0809 的 A、B、C 都输入低电平，输入电压从 ADC0809 通道 0 输入。ADC0809 的 ALE 和 START 连接在一起，和单片机的 P2.1 相连，CLK 和单片机的 P2.2 相连，EOC 和单片机的 P2.0 相连，OE 和单片机的 P2.3 相连。经过 ADC0809 转换后的数字量和单片机的 P0 口相连，P0 口外接上拉电阻。2 位数码管的位选端和单片机的 P3.4、P3.5 相连，利用三极管作驱动，数码管的段值端和单片机 P1 口相连。

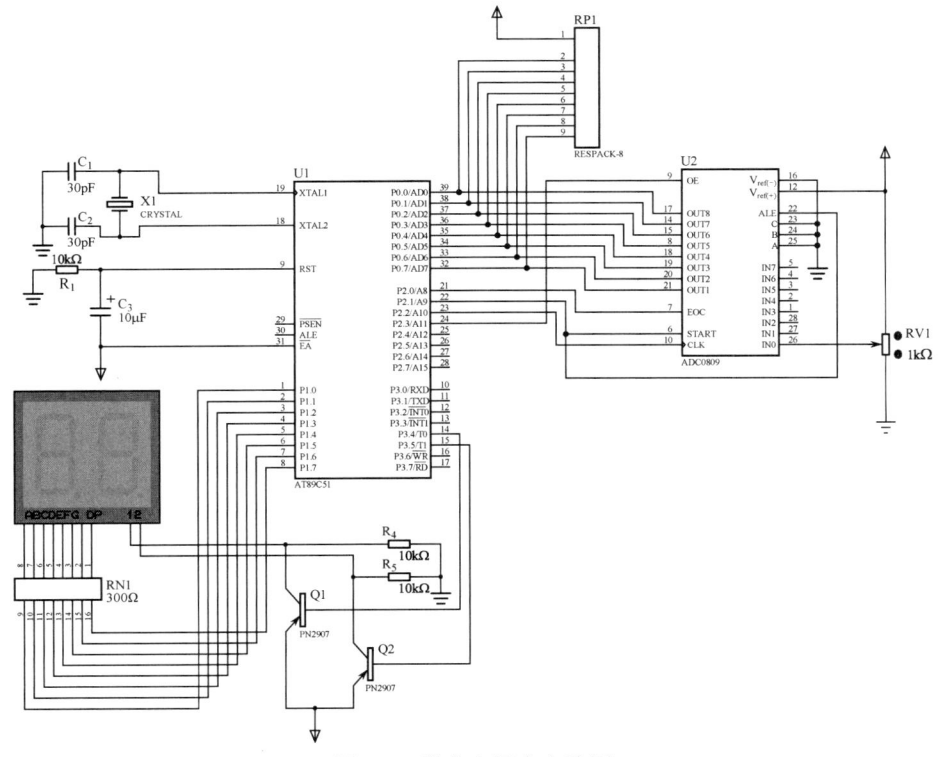

图 5-6 数字电压表电路图

5.3.3 程序设计

根据项目设计思路及 ADC0809 的工作过程，整个工作流程如下。

（1）给 ADC0809 提供 CLK 时钟信号：利用单片机的定时/计数器 0 产生周期为 2μs 的方波信号作为 CLK。

（2）给 ADC0809 提供有效的 START、ALE 信号，启动转换 V_{in}。START、ALE 需要正脉冲，单片机通过置 1 或 0 得到脉冲信号。

（3）在转换过程中，EOC=0；当转换结束后，EOC=1（转换时间为 100μs 左右）；单片机利用查询方式，检测 EOC 的电平信号。

（4）在转换结束后，设置 OE=1，单片机才可以读取转换后的数字量：OE=1；m=P0。

（5）数字量送数码管显示。

程序如下：

```c
/****************************************************************/
#include <reg51.h>
unsigned char code sz2[]={0xc0,0xf9,0xa4,0xb0,0x99,0x92,0x82,0xf8,0x80,0x90};
sbit eoc=P2^0;
sbit start=P2^1;
sbit clock=P2^2;
sbit oe=P2^3;
sbit seg1=P3^4;
sbit seg2=P3^5;
void delay(unsigned int a)
{
  unsigned char b;
  while(a--)
  {
    for(b=0;b<125;b++);
  }
}
void disp(unsigned char m)
{
    unsigned char i,j;
    i=m/51;
    j=m%51;
    j=j/5;
    P1=sz1[i] -0x80;
    seg1=0;
    delay(2);
    P3=0xff;
    P1=sz2[j];
    seg2=0;
    delay(2);
    P3=0xff;
}
```

```c
void main()
{
    unsigned char m;
    EA=1;
    ET0=1;
    TMOD=0x01;
    TH0=(65536-1)/256;
    TL0=(65536-1)%256;
    TR0=1;
    while(1)
    {
      start=0;
      delay(1);
      start=1;
      delay(1);
      start=0;
      delay(1);
      while(eoc==0);
       oe=1;
      m=P0;
      disp(m);
      oe=0;
    }
}
void lsd() interrupt 1
{
    TH0=(65536-1)/256;
    TL0=(65536-1)%256;
    clock=~clock;
}
/****************************************************************/
```

程序说明：

- 编程的要点是掌握 ADC0809 的工作过程，按照工作过程编程即可。
- ADC0809 的 CLK 引脚需要 500kHz～1MHz 的脉冲信号，可以把单片机的锁存地址允许信号作为 CLK 信号，也可用单片机来产生此脉冲信号，本项目采用后者。利用单片机的 T0 工作于定时状态，定时 1μs 后取反信号，产生周期为 2μs 的方波脉冲信号。
- ADC0809 的 START、ALE 引脚需要正脉冲信号，程序中采用置低延时后再置高纯软件的方法产生。
- 在程序中，ADC0809 与单片机采用查询方式来检测 A/D 转换是否结束，此方法简单方便。
- ADC0809 转换后的数字量是二进制数，要转换为对应的十进制数电压的 BCD 码显示出来。因为转换后的数字量是 8bit 的，所以转换的公式为 $V_{in}=5D/2^8=D/51$，其中 D 是转换后的 8bit 数字量；V_{in} 是输入电压。程序中转换后含有 1 位小数。

- 在 disp 子程序中，语句"P1=sz1[i] –0x80"是为了显示数字和小数点。

5.3.4 仿真调试

在 PC 上运行 Keil，先新建一个工程项目，使用的单片机为 AT89C51，该工程项目暂且命名为 dyb；然后新建一个文件，保存为 dyb.c，并将其添加到工程项目中。可以直接在 Keil 程序编辑窗口中编写程序，也可以先把程序清单生成一个 TXT 文件，然后复制到 Keil 程序编辑窗口中。当程序设计完成后，通过 Keil 编译并生成 HEX 目标文件。在 Keil 应用时，由于编译过程中会生成很多文件，因此新建的工程项目需要在同一个目录中。

在已安装 Proteus 软件的 PC 上运行 ISIS 文件，即可进入 Proteus 电路原理仿真界面。利用该软件进行仿真时操作比较简单，其过程是首先构造电路，然后双击单片机加载 HEX 文件，最后进行仿真。把滑动变阻器的中间抽头和 ADC0809 的输入端相连，模拟输入电压，数字电压表仿真图如图 5-7 所示。改变滑动变阻器抽头的位置，数码管显示的电压数值随之改变。滑动变阻器抽头滑到最上端，数码管显示 5.0；滑动变阻器抽头滑到最下端，数码管显示 0.0。

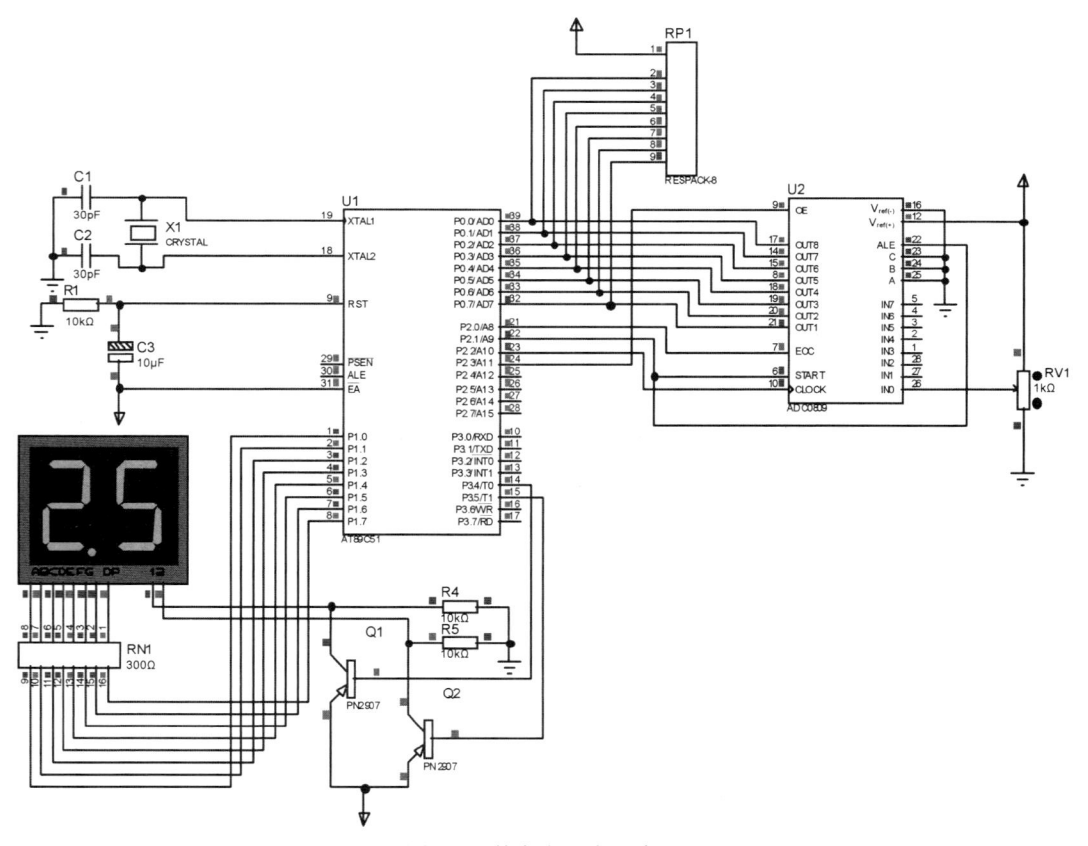

图 5-7　数字电压表仿真图

5.3.5 项目拓展

ADC0809 是并行 A/D 芯片，近几年串行 A/D 芯片的应用越来越多，PCF8591 就是一款 I²C 总线的串行 A/D 芯片。

PCF8591 是 8bit 逐次逼近式 I²C 串行 A/D 转换器，同时具有 A/D、D/A 转换功能。它具有体积小、引脚少、功耗低、工作电压范围宽等优点。PCF8591 有 4 个模拟输入，可编程为单端型或差分输入，输入模拟电压范围为 $0 \sim V_{ref}$，通过 3 个硬件地址引脚寻址，通过 1 路模拟输出实现转换，PCF8591 的采样率由 I²C 总线速率决定，其引脚图如图 5-8 所示。

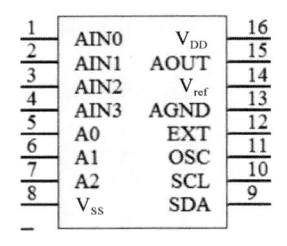

图 5-8 PCF8591 的引脚图

除了常规的电源和地引脚，AIN0~4 为 4 路模拟电压输入端，V_{ref} 为基准电压输入端，一般接+5V；A2、A1、A0 为器件地址输入端，AOUT 为 D/A 转换模拟量输出端。SDA 为 I²C 总线双向数据线，SCL 为 I²C 总线时钟线，一般和单片机的 I/O 口相连，使用时要接上拉电阻。

查看 PCF8591 的数据手册，I²C 总线的起始信号 start、终止信号 stop、应答信号 ack、读操作 read_byte、写操作 write_byte 等程序可在附录 D 中查看，这里不再赘述。

PCF8591 的器件地址如图 5-9 所示，R/$\overline{W}$ 为读写控制位，若 PCF8591 的 A2~A0 为 000，则读 PCF8591 的地址为 91H，写 PCF8591 的地址为 90H。

msb							lsb
1	0	0	1	A2	A1	A0	R/$\overline{W}$

图 5-9 PCF8591 的器件地址

PCF8591 的控制寄存器如图 5-10 所示，D1 和 D0 位用来选择模拟电压输入的通道号，00 表示通道 0，01 表示通道 1，10 表示通道 2，11 表示通道 3；D2 用来选择自动增量，当 D2=1 时，A/D 转换将按通道 0~3 依次自动转换；D5、D4 是模拟量输入方式选择位，一般选择 00，即输入方式 0（4 路单端输入）；D6 是模拟输出允许位，当 D6=1 时，模拟量输出有效。

0	D6	D5	D4	0	D2	D1	D0

图 5-10 PCF8591 的控制寄存器

PCF8591 的 A/D 时序图如图 5-11 所示。

| PROTOCOL | S | ADDRESS | 1 | A | DATA BYTE 0 | A | DATA BYTE 1 | A | DATA BYTE 2 | A |

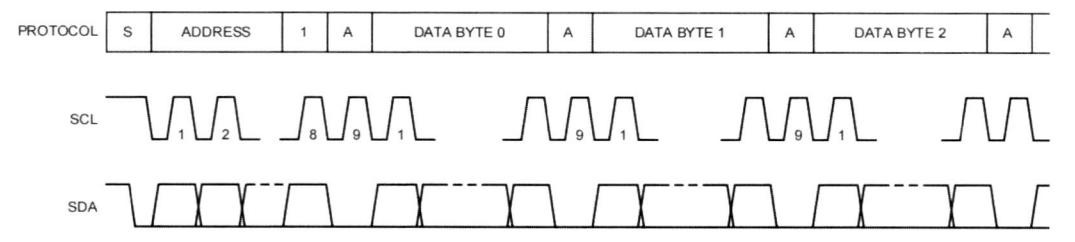

图 5-11　PCF8591 的 A/D 时序图

（图中，PROTOCOL 为控制字，S 为开始信号，A 为应答信号，DATA BYTE 为传送的数据）

例 1：设计能测量 0～5V 的数字电压表，利用 LCD1602 显示，试完成以下要求。

（1）LCD 第一行显示"The Voltag is："，第二行显示所测的电压值，保留 2 位小数。

假设 PCF8691 的 AIN2 通道接可调电阻 W2，调整电阻 W2 能实现输入电压在 0～5V 范围内可变，PCF8691 的 SCL 和 SDA 分别接单片机的 P2.1 和 P2.0，PCF8591 的 A2～A0 为 000，LCD1602 相关内容将在项目 6 中讲述，这里不再赘述。根据题意，本例的程序如下（部分程序语句省略）：

```
/*****************************************************************/
unsigned char hy[]={"The Voltag is: "};
unsigned char ADC( )
{
  unsigned char dat;
  start( );
  write_byte(0x90);
  ack();
  write_byte(0x42);
  ack( );
  start( );
  write_byte(0x91);
  ack();
  dat= read_byte( );
  ack( );
  stop( );
  return dat;
}
void main()
{
unsigned char m,j,u,v,w;
chsh();
while(1)
{
  wc(0x80);
```

```
    for(j=0;j<14;j++)
       {   wd(hy[j]);    }
    m=ADC();
    u=m*196/10000;
    v=m*196%10000/1000;
    w=m*196%10000%1000/100;
    wc(0xc0);
    wd(u+0X30);
    wd('.');
    wd(v+0X30);
    wd(w+0X30);
    wd('v');
  }
}
```

（2）若电压大于 3V 时蜂鸣器报警，LCD 第一行显示"Danger Voltag!!"，第二行显示不变。请同学们自主修改程序完成。

▶▶ **项目总结**

- A/D 转换就是把模拟量转化为数字量，实现 A/D 转换的芯片很多，有并行的、串行的，有 8bit 的、12bit 的，有积分式的、逐次逼近式的。
- ADC0809 是一种把输入的模拟电压（0~5V）转化为 8bit 数字量的转换器，转换公式为 $V_{in} = 5D/2^8$，其中 V_{in} 是输入的模拟电压；D 是输出的 8bit 字量。
- 单片机与 ADC0809 的接口方式有查询方式、中断方式、等待方式。

思考与练习

1. 试描述 ADC0809 的特性。
2. ADC0809 的时钟如何提供？通常采用的频率是多少？
3. 决定 ADC0809 模拟电压输入路数的引脚是哪几个？
4. 若输入电压较小，则数字电压表的电路和程序如何修改？

项目 6

数字温度计的设计与实现

▶▶ 项目引入

随着现代信息技术的发展，能够独立工作的温度检测和显示系统应用于诸多领域。传统的温度检测采用热敏电阻，可靠性相对较差。本项目要求设计一种数字温度计，如图 6-1 所示，采用液晶显示，直观准确。

图 6-1 数字温度计

▶▶ 知识目标
- 掌握 DS18B20 的应用方法。
- 掌握 LCD1602 的应用方法。

▶▶ 技能目标
- 会设计 DS18B20 和 LCD1602 的编程流程。
- 会应用 DS18B20 和 LCD1602 的引脚。

6.1 任务描述

利用单片机和其他外围器件设计一个数字温度计，其测量范围为 0~100℃，要求用 LCD1602 显示温度值。

6.2 准备知识

6.2.1 DS18B20

单片机系统除了可以对电信号进行测量，还可以通过外接传感器对温度信号进行测量。传统的温度检测大多以热敏电阻为传感器，但热敏电阻的可靠性较差且测量的温度不够准确，必须经过专门的接口电路将其转换成数字信号后才能被单片机处理。DS18B20 是一种集成数字温度传感器，将单总线与单片机连接即可实现温度的测量。本节主要介绍 DS18B20 的工作原理、工作时序、指令、编程流程、数据转换。

1. DS18B20 的工作原理

DS18B20 是美国 Dallas 公司推出的支持"一线总线"接口的温度传感器，它具有微型化、低功耗、高性能、抗干扰能力强、易配微处理器等优点，可直接将温度转化成串行数字信号供单片机处理，可实现温度的精度测量与控制。DS18B20 的性能指标如表 6-1 所示。

表 6-1 DS18B20 的性能指标

性 能	参 数	备 注
电源	电压范围为 3.0～5.5V，在寄生电源方式下可由数据线供电	
测温范围	−55～+125℃，在−10～+85℃时精度为±0.5℃	
分辨率	9～12bit，分别为 0.5℃、0.25℃、0.125℃、0.0625℃	编程控制
转换速度	分辨率为 9bit 时，小于 93.75ms；分辨率为 12bit 时，小于 750ms	
总线连接点	理论值为 2^{48}，实际受延时、距离和干扰限制，一般为几十个	

1）封装外形

根据应用领域不同，DS18B20 有 TO-92、SOP8 等封装外形，其封装外形及引脚排列如图 6-2 所示，其中 DQ 引脚是 TO-92 传感器的数据 I/O 引脚，该引脚为漏极开路输出，在常态下呈高电平。DQ 引脚是该器件与单片机连接进行数据传输的单总线，单总线技术是 DS18B20 的一个特点。

DS18B20 的引脚功能描述如表 6-2 所示。

表 6-2 DS18B20 的引脚功能描述

引脚序号	名 称	描 述
1	GND	地信号
2	DQ	数据 I/O 引脚
3	V_{DD}	电源输入引脚，当工作于寄生电源模式时，此引脚必须接地

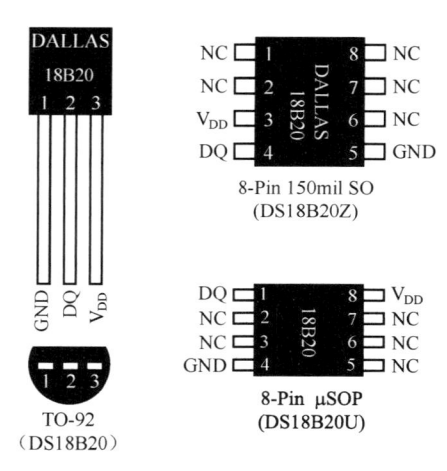

图 6-2 DS18B20 的封装外形及引脚排列

2）工作原理

DS18B20 的内部结构主要包括寄生电源、温度传感器、64bit ROM 和单点线接口、存放中间数据的高速寄存器 RAM、用于存储用户设定的温度上下限值（高温和低温）的触发器、配置寄存器、存储器与控制逻辑、8bit 循环冗余校验码（CRC）发生器等部分，如图 6-3 所示。

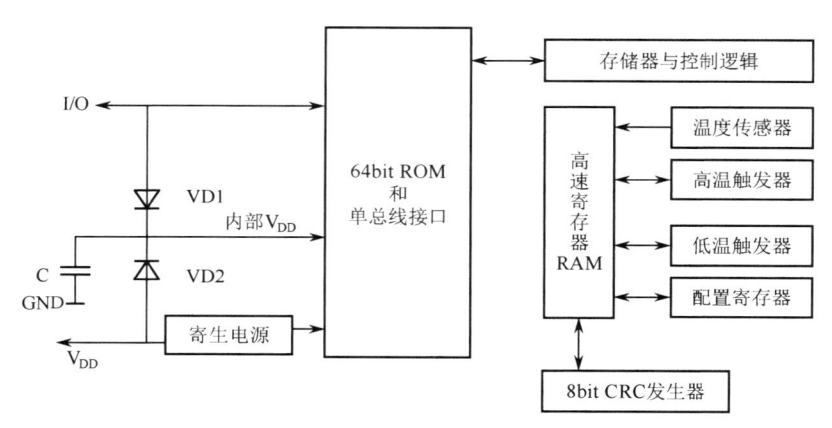

图 6-3 DS18B20 的内部结构图

64bit ROM 中存储的信息是出厂前被光刻好的，存储的主要内容是序列号。由于每个 DS18B20 的 ROM 数据都各不相同，因此单片机可以通过单总线对多个 DS18B20 进行寻址，从而实现一根总线上挂接多个 DS18B20 的目的。

DS18B20 中的温度传感器完成对温度的测量，用 16bit 符号扩展的二进制补码形式表示，如图 6-4 所示，数据格式以 0.0625℃/LSB 形式表达，其中 S 为符号位。以 12bit 为例，若测得的温度大于 0℃，这 5bit 为 0，则只要将测得的数字量数值乘以 0.0625 即可得到实际温度；若测得的温度小于 0℃，这 5bit 为 1，则测到的数字量数值需要取反后加 1 再乘以 0.0625 才可得到实际温度。例如，+125℃的数字输出为 07D0H，+25.0625℃的数字输出为

0191H，-25.0625℃的数字输出为FE6FH，-55℃的数字输出为FC90H。温度值与数字量的对应表如表6-3所示。

	bit7	bit6	bit5	bit4	bit3	bit2	bit1	bit0
LSB	2^3	2^2	2^1	2^0	2^{-1}	2^{-2}	2^{-3}	2^{-4}
	bit15	bit14	bit13	bit12	bit11	bit10	bit9	bit8
MSB	S	S	S	S	S	2^6	2^5	2^4

图 6-4　16bit 符号扩展的二进制补码形式

表 6-3　温度值与数字量的对应表

温度/℃	二进制数表示	十六进制数表示
+125	00000111 11010000	07D0H
+25.0625	00000001 10010001	0191H
+10.125	00000000 10100010	00A2H
+0.5	00000000 00001000	0008H
0	00000000 00000000	0000H
-0.5	11111111 11111000	FFF8H
-10.125	11111111 01011110	FF5EH
-25.0625	11111110 01101111	FE6FH
-55	11111100 10010000	FC90H

配置寄存器主要用来设置 DS18B20 为工作模式还是测试模式，温度计分辨率和最大转换时间一般在出厂时已设定好，出厂设定为工作模式；温度计分辨率为 12bit，最大转换时间为 750ms，用户可以不进行改动，直接使用。

高速寄存器 RAM 由 9B 的寄存器组成，如表 6-4 所示。其中，第 0、1B 是温度转换有效位，第 0B 的低 3bit 存放温度的高位，高 5bit 存放温度的正负值；第 1B 的高 4bit 存放温度的低位，低 4bit 存放温度小数部分；第 2、3B 是 DS18B20 中与内部 E²PROM 有关的 TH 和 TL，用来存储温度的上限和下限，可以通过程序设计把温度的上限和下限从单片机读到 TH 和 TL 中，并通过程序复制到 DS18B20 的内部 E²PROM 中，同时 TH 和 TL 在器件加电后复制 E²PROM 的内容；第 4B 是配置寄存器，其数字也可以更新；第 5～7B 是保留的；第 8B 为 CRC 校验值。

表 6-4　高速寄存器 RAM

字节地址编号	寄存器内容	功　　能
0	温度值低位（LSB）	高 5bit 存放温度的正负值，低 3bit 存放温度的高位
1	温度值高位（MSB）	高 4bit 存放温度的低位，低 4bit 存放温度的小数部分
2	高温度值（TH）	设置温度上限
3	低温度值（TL）	设置温度下限
4	配置寄存器	
5	保留	

续表

字节地址编号	寄存器内容	功　能
6	保留	
7	保留	
8	CRC 校验值	

3）硬件连接

DS18B20 是单片机外围设备，单片机为主器件，DS18B20 为从器件。图 6-5 所示为单片机与 DS18B20 进行通信，单片机只需要一个 I/O 口就可以控制 DS18B20。为了增加单片机 I/O 口驱动的可靠性，总线上接有上拉电阻。若要控制多个 DS18B20 进行温度采集，则只要将所有 DS18B20 的 DQ 全部连接到总线上就可以了，在操作时，通过读取每个 DS18B20 内部芯片的序列号来识别。

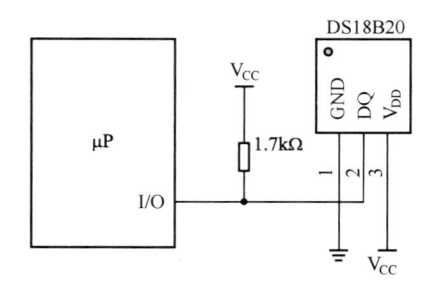

图 6-5　单片机与 DS18B20 进行通信

2．DS18B20 的工作时序

单总线协议规定一条数据线传输串行数据，时序有严格的控制。对于 DS18B20 的程序设计，必须遵守单总线协议。DS18B20 的操作主要分初始化、写数据、读数据 3 个步骤。下面分别介绍这些操作步骤。

1）初始化

初始化是单片机对 DS18B20 的基本操作，DS18B20 初始化时序如图 6-6 所示。初始化的主要目的是使单片机感知 DS18B20 的存在并为下一步操作做好准备，同时启动 DS18B20，程序设计根据时序进行。

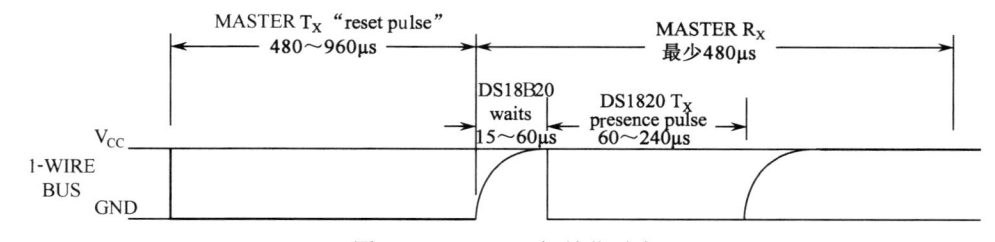

图 6-6　DS18B20 初始化时序

（图中，MASTER T_x 为主机发送，MASTER R_x 为主机接收）

DS18B20 初始化操作步骤如下。

（1）先将数据线置高电平 1，然后延时（可有可无）。

（2）数据线拉到低电平 0，然后延时 750μs（该时间范围为 480～960μs），使用调用延时函数方法。

（3）数据线拉到高电平 1。若单片机 P1.0 接 DS18B20 的 DQ 引脚，则此时 P1.0 设置为高电平 1，称为单片机对总线电平管理权释放。此时，P1.0 的电平高低由 DS18B20 的 DQ 输出决定。

（4）延时等待。若初始化成功，则在 15～60μs 时间总线上产生一个由 DS18B20 返回的低电平 0，该状态可以确定 DS18B20 的存在。但是应注意，不能无限地等待，不然会使程序进入死循环，所以要进行超时判断。

（5）若单片机读到数据线上的低电平 0，则说明 DS18B20 存在并对其进行延时，延时时间从发出高电平（此步骤时间）算起，最少要 480μs。

（6）将数据线再次拉到高电平 1，结束初始化步骤。

从单片机对 DS18B20 的初始化操作过程来看，单片机与 DS18B20 之间的关系如同人与人之间的对话，单片机要对 DS18B20 操作，必须先证实 DS18B20 的存在，当 DS18B2 响应后，单片机才能进行下面的操作。

假设 DS18B20 的 DQ 引脚和单片机的 P2.2 相连，要对引脚的连接进行位定义。根据图 6-6，编写 DS18B20 初始化程序如下：

```c
sbit DQ=P2^2;
unsigned char presence;
void delay_8us(unsigned int t)        //延时函数
{
  while(t--);
}
bit init_ds18b20(void)                //DS18B20 初始化
{
    DQ=1;
    delay_8us(3);                     //延时约 25μs
    DQ=0;
    delay_8us(80);                    //延时约 650μs
    DQ=1;
    delay_8us(2);
    presence = DQ;
    delay_8us(20);                    //延时约 170μs
    DQ = 1;
    return(presence);
}
```

2）写数据

（1）数据线先置低电平 0，数据发送起始信号，DS18B20 的写时序如图 6-7 所示。

（2）延时确定的时间为 15μs。

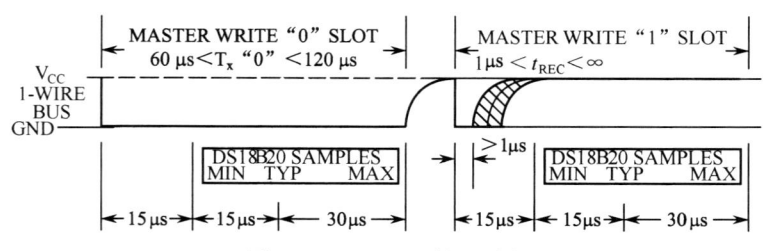

图 6-7 DS18B20 的写时序

（图中，MASTER WRITE "0" SLOT 为主机写 0 时序，MASTER WRITE "1" SLOT 为主机写 1 时序，DS18B20 SAMPLES 为 DS18B20 采样，读取数据）

（3）按低位到高位顺序发送数据（一次只发送 1bit）。
（4）延时时间为 45μs，等待 DS18B20 接收。
（5）将数据线拉到高电平 1，单片机释放总线。
（6）重复步骤（1）～（5），直到发送完 1B 数据。
（7）将数据线拉到高电平 1，单片机释放总线。

根据图 6-7，编写向 DS18B20 写入 1B 数据的程序如下：

```
void write_byte(unsigned char dat)
{
    unsigned char i;
    for(i=0;i<8;i++)
    {
        DQ=0;
        DQ=dat&0x01;
        delay_8us(4);          //延时约 52μs，给 DS18B20 采样
        DQ=1;
        dat>>=1;
    }
}
```

3）读数据

（1）将数据线拉到高电平 1，DS18B20 的读时序如图 6-8 所示。

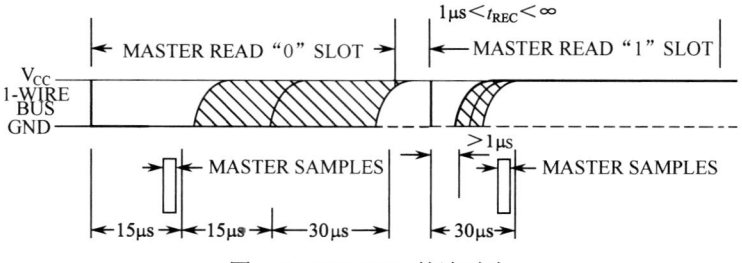

图 6-8 DS18B20 的读时序

（图中，MASTER READ "0" SLOT 为主机读 0 时序，MASTER READ "1" SLOT 为主机读 1 时序，MASTER SAMPLES 为主机采样，读取数据）

（2）延时 2μs。

（3）将数据线拉低到 0。

（4）延时 6μs，延时时间比写数据时间短。

（5）将数据线拉高到 1，释放总线。

（6）延时 4μs。

（7）读数据线的状态得到一个状态位，并进行数据处理。

（8）延时 30μs。

（9）重复步骤（1）～（8），直到读取完 1B 数据。

只有在熟悉了 DS18B20 操作时序后，才能对器件进行编程。由于 DS18B20 有器件编号，温度数据有低位和高位，另外还有温度的上限，读取的数据较多，因此 DS18B20 提供了自己的指令。

根据图 6-8，编写从 DS18B20 读出 1B 数据的程序如下：

```
unsigned char read_byte(void)
{
    unsigned char i,dat;
    for(i=0;i<8;i++)
    {
        DQ=0;
        dat>>=1;
        DQ=1;
        if(DQ)                    //采样
        dat|=0x80;
        delay_8us(4);
    }
    return dat;
}
```

3. DS18B20 的指令

DS18B20 的指令主要有 ROM 操作指令、RAM 操作指令两类。

1）ROM 操作指令

ROM 操作指令主要针对 DS18B20 的内部 ROM。每一个 DS18B20 都有自己独立的编号，存放在 DS18B20 内部 64bit ROM 中，64bit ROM 定义分别为 8bit CRC、48bit 序列号和 8bit 产品类型标号。64bit ROM 中的序列号是出厂前已经固定设置好的，它可以看作该 DS18B20 的地址序列码。64bit 中各位排列顺序：前面 8bit 为产品类型标号，中间 48bit 是该 DS18B20 自身的序列号，后面 8bit 是前面 56bit 的 CRC（CRC=X8+X5+X4+1）。ROM 的作用是使每一个 DS18B20 都各不相同，这样就可以实现一条总线上挂接多个 DS18B20 的目的。ROM 操作指令如表 6-5 所示。

表 6-5 ROM 操作指令

指 令 代 码	作 用
33H	读 ROM。读 DS18B20 温度传感器 ROM 中的编码（64bit 地址）
55H	匹配 ROM。发出此指令之后，接着发出 64bit ROM 编码，访问单总线上与该编码相对应的 DS18B20 并使之做出响应，为下一步对该 DS18B20 的读/写做好准备
F0H	搜索 ROM。用于确定挂接在同一总线上 DS18B20 的个数，识别 64bit ROM 地址，为操作各器件做好准备
CCH	跳过 ROM。忽略 64bit ROM 地址，直接向 DS18B20 发送温度变换命令，适用于一个从机工作
ECH	告警搜索命令。执行该指令后只有温度超过设定值上限或下限的芯片才做出响应

在实际应用中，当单片机需要总线上的多个 DS18B20 中的某一个进行操作时，事前应将每个 DS18B20 分别与总线连接，读出其序列号，然后将所有的 DS18B20 连接到总线上，当单片机发出匹配 ROM 命令（55H）后，主机提供的 64bit 序列找到对应的 DS18B20，之后的操作才是针对该器件的。

如果总线上只存在一个 DS18B20，就不需要读取及匹配 ROM 编码了，只要跳过 ROM（CCH）命令，就可进行温度转换和读取操作。

2）RAM 操作指令

RAM 操作指令如表 6-6 所示，DS18B20 在出厂时温度数值默认为 12bit，其中最高位为符号位，温度值共 11bit。单片机在读取数据时，依次从高速寄存器第 0、1 地址读 2B，即 16bit，读完后将低 11bit 的二进制数转换为实际温度值。0 地址对应的 1B 的前 5bit 为符号位，这 5bit 同时变化，前 5bit 为 1 时，读取的温度为负值；前 5bit 为 0 时，读取的温度为正值。若温度为正值，则只要将测得的数值乘以 0.0625 即可得到实际温度值。

表 6-6 RAM 操作指令

指 令 代 码	作 用
44H	启动 DS18B20 进行温度转换，12bit 转换时间最长为 750ms（9bit 为 93.75ms），结果存入 9B 的内部 RAM 中
BEH	读暂存器。读内部 RAM 中 9B 的温度数据
4EH	写暂存器。发出向内部 RAM 的第 2、3B 写上限和下限温度数据命令，紧跟该命令的是传送 2B 的数据
48H	复制暂存器。将 RAM 的第 2、3B 的内容复制到 E^2PROM 中
B8H	重调 E^2PROM。将 E^2PROM 中内容恢复到 RAM 的第 3、4B 中
B4H	读供电方式。读 DS18B20 的供电模式。在寄生供电时，DS18B20 发送 0；在外接电源供电时，DS18B20 发送 1

4．DS18B20 的编程流程

DS18B20 单线通信功能是分时完成的，它有严格的时隙概念。若出现序列混乱，则 1-WIRE 器件将不响应主机，因此读/写时序很重要。系统对 DS18B20 的各种操作必须按协议进行。根据 DS18B20 的通信协议，单片机每次访问 DS18B20 都必须遵循以下顺序。

（1）对 DS18B20 进行复位初始化。

（2）发送 ROM 操作指令。

（3）发送 RAM 操作指令。

（4）预定操作。

1）温度的转换流程

DS18B20 温度的转换流程时序如图 6-9 所示，具体的操作如下。

（1）对 DS18B20 进行复位操作。

（2）发送 ROM 操作指令：跳过 ROM 的操作（CCH）。

（3）发送 RAM 操作指令：转换温度的操作命令（44H），后面释放总线 1s，让 DS18B20 完成转换的操作。

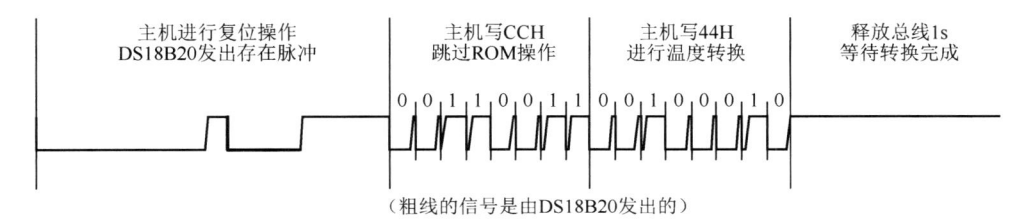

图 6-9　DS18B20 温度的转换流程时序

这里要注意的是，每个命令字节在写的时候都是低字节先写，如 CCH 的二进制数为 11001100，在写到总线上时要从低位开始写，写的顺序是"0、0、1、1、0、0、1、1"。

根据图 6-9，编写 DS18B20 温度的转换程序如下：

```
void wdstart()
{
init_ds18b20();
if(presence==1)
 {
 good=0;
 }                              //DS18B20 不正常，蜂鸣器报警
else
 {
 good=1;
 write_byte(0xcc);              //跳过 ROM
 write_byte(0x44);              //开始温度测量
}
```

2）读取 RAM 内的温度数据流程

读取 RAM 内的温度数据流程时序如图 6-10 所示，具体的操作如下。

（1）对 DS18B20 进行复位操作并接收 DS18B20 的应答（存在）脉冲。

（2）发送 ROM 操作指令：跳过 ROM 的操作（CCH）。

（3）发送 RAM 操作指令：读内部 RAM 中 9B 的温度数据（BEH），随后主机依次读取

DS18B20 发出的第 0~8B，共 9B 的数据。读取数据也是低位在前的。

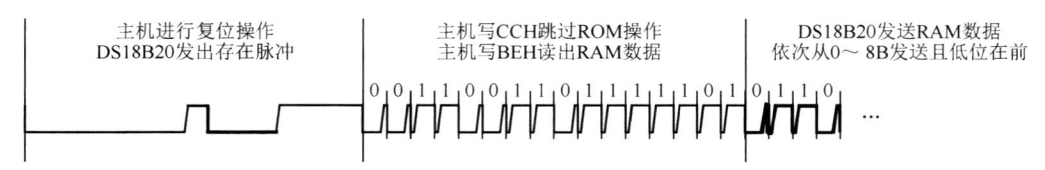

（细线的信号是由主机发出的，粗线的信号是由 DS18B20 发出的）

图 6-10 读取 RAM 内的温度数据流程时序

根据图 6-10，编写读取 RAM 内的温度数据程序如下（temp 数组为存放温度数字量的数组）：

```
void wdread()
{
  init_ds18b20();
  write_byte(0xcc);                //跳过 ROM
  write_byte(0xbe);                //跳过暂存
  temp[0]=read_byte();             //按顺序读取温度低 8bit
  temp[1]=read_byte();             //按顺序读取温度高 8bit
}
```

5．DS18B20 的数据转换

在 DS18B20 读取温度的数字量后，若要送给数码管显示，则还需要把数字量转换为温度的符号位、整数位、小数位。编写程序如下（wendu 数组为存放温度符号位、整数位、小数位值的数组）：

```
void wdget()
{
unsigned char zh,xsh;
  if((temp[1]&0xf8)==0xf8)
  {
    wendu[0]=11;                   //假设负号在段值数组中的顺序号为 11
    temp[1]=~temp[1];
    temp[0]=~temp[0]+1;
  }
  else
  wendu[0]=10;                     //正号，即消隐不显，假设其在段值数组中的顺序号为 10
  zh=((temp[0]&0xf0)>>4)|((temp[1]&0x0f)<<4);
  wendu[1]=zh/10;
  wendu[2]=zh%10;
xsh=temp[0]&0x0f;
  wendu[3]=xsh*625/1000;           //换算得到温度小数位
  wendu[4]=xsh*625%1000/100;
}
```

例 1：设计一款数字温度计。编程实现：
（1）利用数码管显示温度的符号位、2 位整数、1 位小数。
（2）若温度大于 20℃，蜂鸣器响，LED 全亮，数码管显示-FULL-。
假设蜂鸣器接单片机的 P2.3，8 个 LED 接单片机的 P1 口，程序如下（部分程序语句省略）：

```
void main()
{
while(1)
{
wdstart();
delay(4);
wdread();
wdget();
if(zh>19)
{
beep=~beep;P1=0;
buf[0]=11;              //11 是-的段值在段值数组中的顺序号
buf[1]=12;              //12 是 F 的段值在段值数组中的顺序号
buf[2]=13;              //11 是 U 的段值在段值数组中的顺序号
buf[3]=14;buf[4]=14;    //14 是 L 的段值在段值数组中的顺序号
buf[5]=11;
}
else
{
beep=1;P1=0xff;
buf[2]=wendu[0];
buf[3]=wendu[1];
buf[4]=wendu[2];
buf[5]=wendu[3];
}
disp();
}
}
```

6.2.2 LCD

液晶显示模块是一种将液晶显示器、连接件、集成电路、PCB、背光源、结构件装配在一起的组件，其英文名称为 LCD Module，简称 LCM。LCD（Liquid Crystal Display，液晶显示器）在便携式仪表中有着广泛的应用，如万用表、转速表等，也是单片机系统中常用的显示器件。

根据显示方式和内容的不同,液晶显示模块可以分为数显液晶模块、液晶点阵字符模块和点阵图形液晶模块 3 种。数显液晶模块是一种由段型液晶显示器件与专用的集成电路组装成一体的功能部分,只能显示数字和一些标识符号。液晶点阵字符模块是由点阵字符液晶显示器件和专用的行、列驱动器,控制器及必要的连接件、结构件装配而成的,可以显示数字和西文字符,但不能显示图形。点阵图形液晶模块的点阵像素连续排列,行和列在排布中均没有空隔,其不仅可以显示字符,而且可以显示连续、完整的图形。

本项目介绍的字符液晶显示器型号为 LCD1602,该器件是单片机常用的低成本字符型液晶显示器,通过学习该器件的工作原理和相关指令,要求掌握 LCD1602 的基本工作原理和程序设计方法。

1. LCD1602 简介

液晶点阵字符模块是一种专门用于显示字母、数字、符号等 ASCII 码符号的显示模块。目前其常用的器件有很多,LCD1602 是其中一种常用的 16×2 液晶点阵字符器件,其实物图如图 6-11 所示。该器件采用软封装,控制器大部分为 HD44780,接口为标准的 SIP16 引脚,分电源、通信数据和控制三部分。LCD1602 和背光电路工作电压与单片机兼容,可以很方便地与单片机进行连接,其引脚说明如表 6-7 所示。

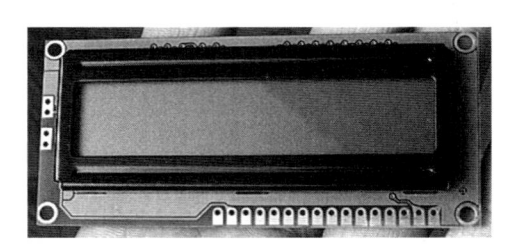

图 6-11 LCD1602 实物图

表 6-7 LCD1602 引脚说明

编 号	符 号	引脚说明	编 号	符 号	引脚说明
1	V_{SS}	电源地	9	D2	通信数据(I/O)
2	V_{DD}	电源正极	10	D3	通信数据(I/O)
3	V_{EE}	LCD 对比度调整引脚	11	D4	通信数据(I/O)
4	RS	数据命令选择引脚(H/L)	12	D5	通信数据(I/O)
5	R/W	读/写选择引脚(H/L)	13	D6	通信数据(I/O)
6	E	使能信号	14	D7	通信数据(I/O)
7	D0	通信数据(I/O)	15	BLA	背光源正极
8	D1	通信数据(I/O)	16	BLK	背光源负极

V_{SS}、V_{DD} 为电源引脚;BLA、BLK 为指光电源引脚;V_{EE} 为 LCD 对比度调整引脚,接电源正极时对比度最弱,接电源地时对比度最强,一般接 10kΩ 的可变电阻,可以调整对比

度;RS、R/W、E 为控制引脚;RS 为数据命令寄存器选择引脚,接高电平 1 时选择数据寄存器,接低电平 0 时选择指令寄存器;R/W 为读/写选择引脚,接高电平 1 时进行读操作,接低电平 0 时进行写操作;E 为使能信号,其为下降沿时,LCD 执行命令。D0~D7 为通信数据引脚。

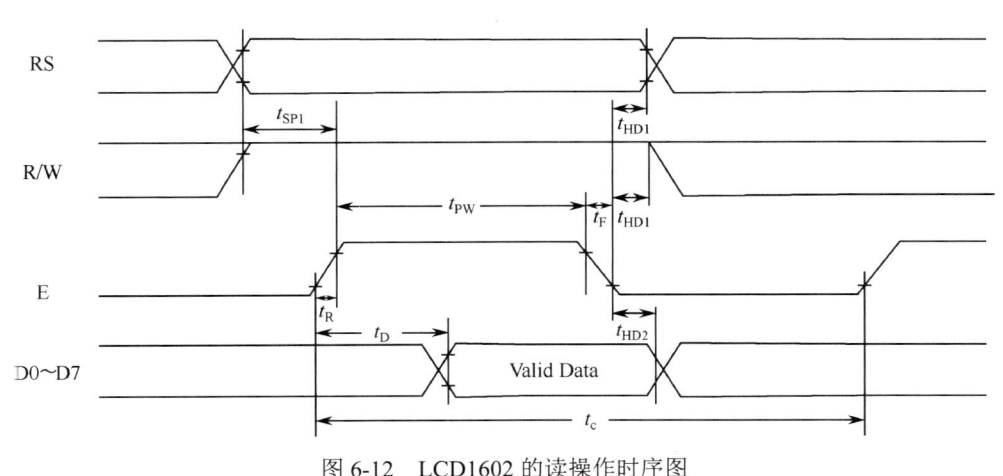

2. LCD1602 的指令

1)基本操作

LCD1602 是单片机外部器件,其基本操作以单片机为主器件进行。这些操作包括读状态、写指令、读数据、写数据等。数据的传输通过 LCD1602 的数据引脚 D0~D7 进行,操作类型由 3 个控制端电平组合控制。LCD1602 的基本读/写操作控制如表 6-8 所示。在数据或指令的读/写过程中,控制引脚外加电平有一定的时序要求,图 6-12 和图 6-13 所示分别为 LCD1602 的读/写操作时序图,时序图说明了 3 个控制引脚与数据之间的时间对应关系,这是基本操作的程序设计的基础。

表 6-8 LCD1602 的基本读/写操作控制

信号电平	操作
RS = 0,R/W = 1,E = 1	读忙碌标志 BF(读得到的数据的最高位 D7 即为忙碌标志)
RS = 0,R/W = 0,D0~D7 为指令,E 为下降沿脉冲	把指令写入指令寄存器(发命令)
RS = 1,R/W = 1,E = 1	从数据寄存器读取数据
RS = 1,R/W = 0,D0~D7 为数据,E 为下降沿脉冲	把数据写入数据寄存器 DR(写入要显示的数据)

图 6-12 LCD1602 的读操作时序图

(t_{SP1} 为 R/W 信号的生效时间,t_{HD2} 为数据的保持时间,t_{PW} 为 R/W 信号的保持时间,t_R 为 E 信号的上升时间,t_F 为 E 信号的下降时间)

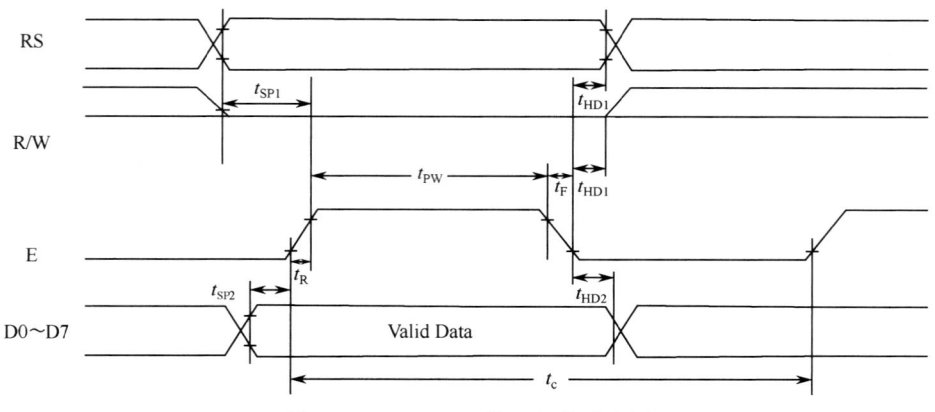

图 6-13　LCD1602 的写操作时序图

2）基本操作子程序

根据图 6-12 和图 6-13，忙检测、读、写操作的基本操作子程序如下：

```
sbit rs=P2^0;
sbit rw=P2^1;
sbit en=P2^2;
unsigned char busy1;
void busy()
{
 unsigned char f;
 rs=0;
 rw=1;
 en=1;
 delay(1);
 f=P0;
 en=0;
 busy1=f&0x80;
}
void wc(unsigned char a)
{
 while(busy1==0x80);
 rs=0;
 rw=0;
 P0=a;
 en=1;
 delay(1);
 en=0;
}
void wd(unsigned char b)
{
 while(busy1==0x80);
 rs=1;
```

```
rw=0;
P0=b;
en=1;
delay(1);
en=0;
}
```

3. LCD1602 的指令集

LCD1602 内部控制器的操作受控制指令指挥,各指令利用 1B 十六进制代码表示,在单片机向 LCD1602 写指令期间,要求 RS = 0,R/W = 0。

1) 初始化设置指令

初始化设置指令主要用于设置 LCD1602 的显示模式,如表 6-9 所示。例如,当指令代码为 0x38 时,设置 LCD1602 为 16×2 个字符,5×7 点阵,8bit 数据接口。

表 6-9 初始化设置指令

指令码格式	功 能
0　0　1　DL　N　F　×　×	当 DL = 0 时,数据总线为 4bit;当 DL = 1 时,数据总线为 8bit。 当 N = 0 时,显示 1 行;当 N = 1 时,显示 2 行。 当 F = 0 时,显示的字符为 5×7 点阵;当 F = 1 时,显示的字符为 5×10 点阵

2) 显示开/关及光标设置指令

显示开/关及光标设置指令有很多,如表 6-10 所示。例如,当指令码为 0x0C 时,设置 LCD1602 为显示功能开,无光标,光标不闪烁。

表 6-10 显示开/关及光标设置指令

指令码格式	功 能
0　0　0　0　0　0　0　1	清屏指令,单片机向 LCD1602 的数据端口写入 0x01 后,LCD1602 自动将本身 DDRAM 的内容全部填入空白的 ASCII 码 20H,并将地址计数器(AC)的值设为 0,同时光标归位,将光标撤回 LCD 的左上方。此时 LCD 无显示
0　0　0　0　1　D　C　B	当 D = 1 时,开显示;当 D = 0 时,关显示。 当 C = 1 时,显示光标;当 C = 0 时,不显示光标。 当 B = 1 时,光标闪烁;当 B = 0 时,光标不闪烁
0　0　0　0　0　1　N　S	当 N = 1 时,读或写 1 个字符后,地址指针加 1,且光标加 1。 当 N = 0 时,读或写 1 个字符后,地址指针减 1,且光标减 1。 当 S = 1 时,写 1 个字符后,整屏显示左移(N = 1),整屏显示右移(N = 0),以达到光标不移动,屏幕移动的效果。 当 S = 0 时,写 1 个字符后,整屏显示不移动

根据以上指令,LCD1602 的初始化子程序如下:
```
void chsh()
{
wc(0x38);
```

```
    delay(1);
    wc(0x01);
    delay(1);
    wc(0x0c);
    delay(1);
    wc(0x06);
    delay(1);
}
```

3）设定 CGRAM/DDRAM 地址指令

设定 CGRAM 地址指令为 0x40+地址，设定 DDRAM 地址指令为 0x80+地址。0x40 设定 CGRAM 地址命令，CGRAM 用以存放 LCD 内置的 100 个常用字符及用户自定义的字符，地址是指要设置 CGRAM 的地址；0x80 设定 DDRAM 地址命令，DDRAM 用以存放要显示的字符码（ASII 码），地址是指要写入的 DDRAM 地址。CGRAM/DDRAM 地址指令格式如表 6-11 所示。

表 6-11 CGRAM/DDRAM 地址指令格式

指令功能	指令编码									
	RS	R/W	DB7	DB6	DB5	DB4	DB3	DB2	DB1	DB0
设定 CGRAM	0	0	0	1	CGRAM 地址（6bit）					
设定 DDRAM	0	0	1	DDRAM 地址（7bit）						

通常，设定 LCD1602 两行显示字符地址的命令代码如下。

第一行：80H、81H、82H、83H……8FH（16 个字符）。

第二行：C0H、C1H、C2H、C3H……CFH（16 个字符）。

4）读取 BF 或 AC 指令

当 RS=0、R/W=1 时，单片机读取忙信号（BF）的内容；当 BF=1 时，表示 LCD 忙，暂时无法接收单片机送来的数据或指令；当 BF=0 时，表示 LCD 可以接收单片机送来的数据或指令，同时单片机读取地址计数器（AC）的内容。读取 BF 或 AC 指令格式如表 6-12 所示。

表 6-12 读取 BF 或 AC 指令格式

指令功能	指令编码									
	RS	R/W	DB7	DB6	DB5	DB4	DB3	DB2	DB1	DB0
读取 BF 或 AC	0	1	BF	AC 内容（7bit）						

5）写入 CGRAM/DDRAM 数据操作

当 RS=1、R/W=0 时，单片机可以将字符码写入 DDRAM，以使 LCD 显示出相对应的字符，也可以将用户自己设计的图形存入 CGRAM。写入 CGRAM/DDRAM 数据操作格式如表 6-13 所示。

表 6-13 写入 CGRAM/DDRAM 数据操作格式

指令功能	指令编码									
	RS	R/W	DB7	DB6	DB5	DB4	DB3	DB2	DB1	DB0
数据写入 CGRAM/DDRAM	1	0	写入的数据（7bit）							

6）从 CGRAM/DDRAM 读数据指令

当 RS=1、R/W=1 时，单片机读取 DDRAM 或 CGRAM 中的内容，其操作格式如表 6-14 所示。

表 6-14 从 CGRAM/DDRAM 读数据指令操作格式

指令功能	指令编码									
	RS	R/W	DB7	DB6	DB5	DB4	DB3	DB2	DB1	DB0
从 CGRAM/DDRAM 读数据	1	1	读出的数据（7bit）							

4．LCD1602 的标准字库表

因为 LCD 是一个慢显示器件，所以在执行每条指令之前一定要确认模块的忙标志为低电平（表示不忙），否则此指令失效。显示字符时要先输入显示字符地址，也就是告诉模块在哪里显示字符。

LCD1602 液晶模块内部的字符发生存储器（CGROM）已经存储了 192 个不同的点阵字符图形，如图 6-14 所示，这些字符有阿拉伯数字、大小写英文字母、常用的符号和日文假名等，每一个字符都有一个固定的代码，如大写的英文字母 A 的代码是 01000001B（41H），显示时模块把地址 41H 中的点阵字符图形显示出来，就能看到字母 A。

低 位	高 位											
	0000	0010	0011	0100	0101	0110	0111	1010	1011	1100	1101	1110	1111
×××0000	CGRAM(1)		0	@	P	`	p		—	タ	ミ	α	p
×××0001	(2)	!	1	A	Q	a	q	。	ア	チ	ム	ä	q
×××0010	(3)	"	2	B	R	b	r	「	イ	ツ	メ	β	θ
×××0011	(4)	#	3	C	S	c	s	」	ウ	テ	モ	ε	∞
×××0100	(5)	$	4	D	T	d	t	、	エ	ト	ヤ	μ	Ω
×××0101	(6)	%	5	E	U	e	u	・	オ	ナ	ユ	B	C
×××0110	(7)	&	6	F	V	f	v	ヲ	カ	ニ	ヨ	ρ	Σ
×××0111	(8)	>	7	G	W	g	w	ア	キ	ヌ	ラ	g	π
×××1000	(1)	(	8	H	X	h	x	イ	ク	ネ	リ	J	X
×××1001	(2)	)	9	I	Y	i	y	ウ	ケ	ノ	ル	−1	y
×××1010	(3)	.	:	J	Z	j	z	エ	コ	リ	レ	j	千
×××1011	(4)	+	;	K	[	k	(	オ	サ	ヒ	ロ	x	万
×××1100	(5)	フ	<	L	¥	l	1	ヤ	シ	フ	ワ	¢	A
×××1101	(6)	−	−	M	]	m	}	ユ	ス	ヘ	ン	も	÷
×××1110	(7)	.	>	N	^	n	→	ヨ	セ	ホ	ハ	n̄	
×××1111	(8)	/	?	O	_	o	←	ツ	ソ	マ	ロ	Ö	▓

图 6-14 CGROM 和 CGRAM 中字符代码与字符图形对应关系

5. LCD1602 编程流程

根据 LCD1602 的工作原理及指令，用 LCD1602 显示两行的编程流程如下。

（1）发命令，设定 LCD1602 的各种工作显示方式，即初始化。

（2）发命令，设定第一行显示起始地址。

（3）发送数据到数据端口，显示数据。

（4）发命令，设定第二行显示起始地址。

（5）发送数据到数据端口，显示数据。

下面举一例子加以说明。

例 1：用 LCD1602 显示两行，第一行显示"The number is:"，第二行显示任意一个 1bit 变量的值。

根据题意，单片机和 LCD1602 的连接示意图如图 6-15 所示，LCD1602 用的是 8bit 数据线模式，具体接法为使 E 引脚接 P2.2，R/W 引脚接 P2.1，RS 引脚接 P2.0，D0～D7 接单片机的 P0 口。

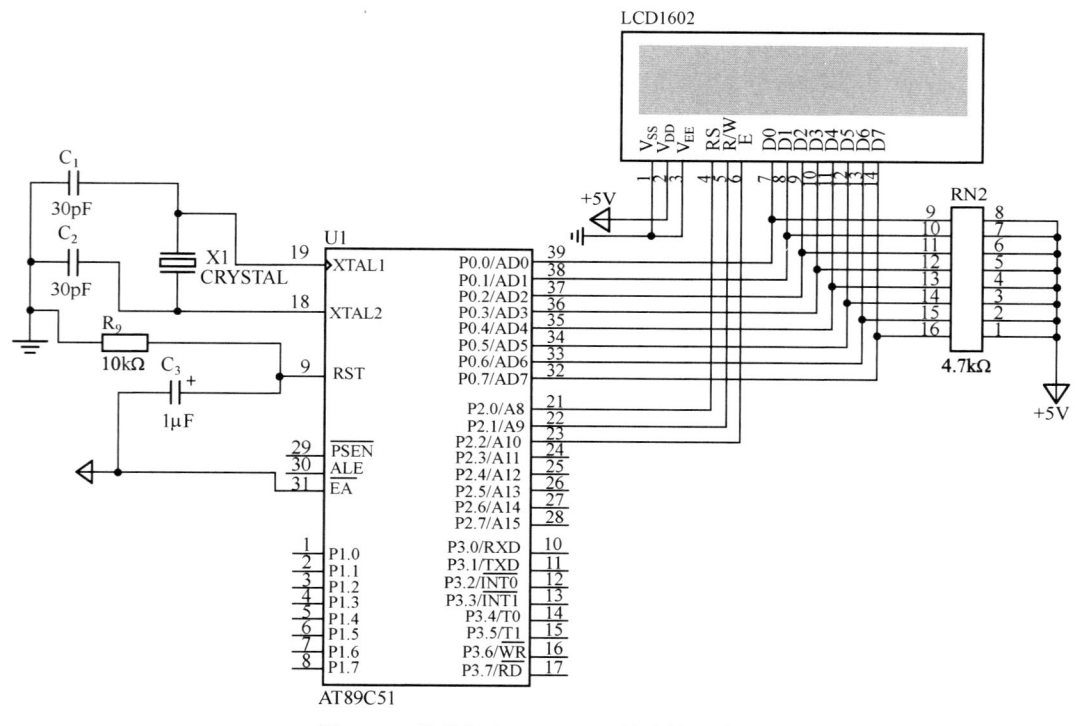

图 6-15 单片机和 LCD1602 的连接示意图

本例的程序如下：

```
/*************************************************************/
#include <reg51.h>
unsigned char hy[]={"The number is:"};
sbit rs=P2^0;
```

```c
sbit rw=P2^1;
sbit en=P2^2;
unsigned char busy1;
void delay(unsigned char t)
{
 unsigned char i;
 while(t--)
 for(i=0;i<120;i++);
}
void busy()
{
 unsigned char f;
 rs=0;
 rw=1;
 en=1;
 delay(1);
 f=P0;
 en=0;
 busy1=f&0x80;
}
void wc(unsigned char a)
{
 while(busy1==0x80);
 rs=0;
 rw=0;
 P0=a;
 en=1;
 delay(1);
 en=0;
}
void wd(unsigned char b)
{
 while(busy1==0x80);
 rs=1;
 rw=0;
 P0=b;
 en=1;
 delay(1);
 en=0;
}
void chsh()
{
 wc(0x38);
 delay(1);
 wc(0x01);
```

```c
    delay(1);
    wc(0x0c);
    delay(1);
    wc(0x06);
    delay(1);
}
void main()
{
    unsigned char j,e=0x19;
    chsh();
    while(1)
    {
    wc(0x83);
    for(j=0;j<14;j++)
    {
     wd(hy[j]);
    }
    wc(0xc8);
    wd(e/10+0x30);
    wd(e%10+0x30);
    }
}
/****************************************************************/
```

程序说明：

- 在使用 LCD 的程序中，经常用到写命令程序、写数据程序、忙检测程序、初始化程序，本程序中就编制了这 4 个子程序。写命令程序、写数据程序、忙检测程序的编写依据是 LCD1602 的读/写操作时序图。其中写命令程序 wc()带形参 a，a 为要写的命令代码；写数据程序 wd()带形参 b，b 为要显示字符的 ASCII 码；而在忙检测程序中，使用了全局变量 busy1（忙状态标志）。

- 在 LCD 显示字符串时，需要在程序开始处定义存放字符串的数组，需要显示时逐个取出即可，只不过取出的是这个字符的 ASCII 码，而 LCD 显示字符时需要传送给 LCD 这个字符的 ASCII 码。

- 初始化程序是通过向 LCD 写各种初始化命令来完成对 LCD 的初始工作状态的设置的。

- 对于 LCD 程序，在编写时要按照 LCD 的编程流程，先进行初始化，然后合理地设定所在行的地址并逐个传送要显示字符的 ASCII 码。

- 在仿真时，如果 LCD 不显示字符，那么先检查 4、5、6 三个引脚是否连接正确，再检查 busy、wc、wd 三个子程序是否存在错误。

LCD1602 仿真图如图 6-16 所示，第一行显示"The number is:"，第二行显示程序中变量 e 的值。

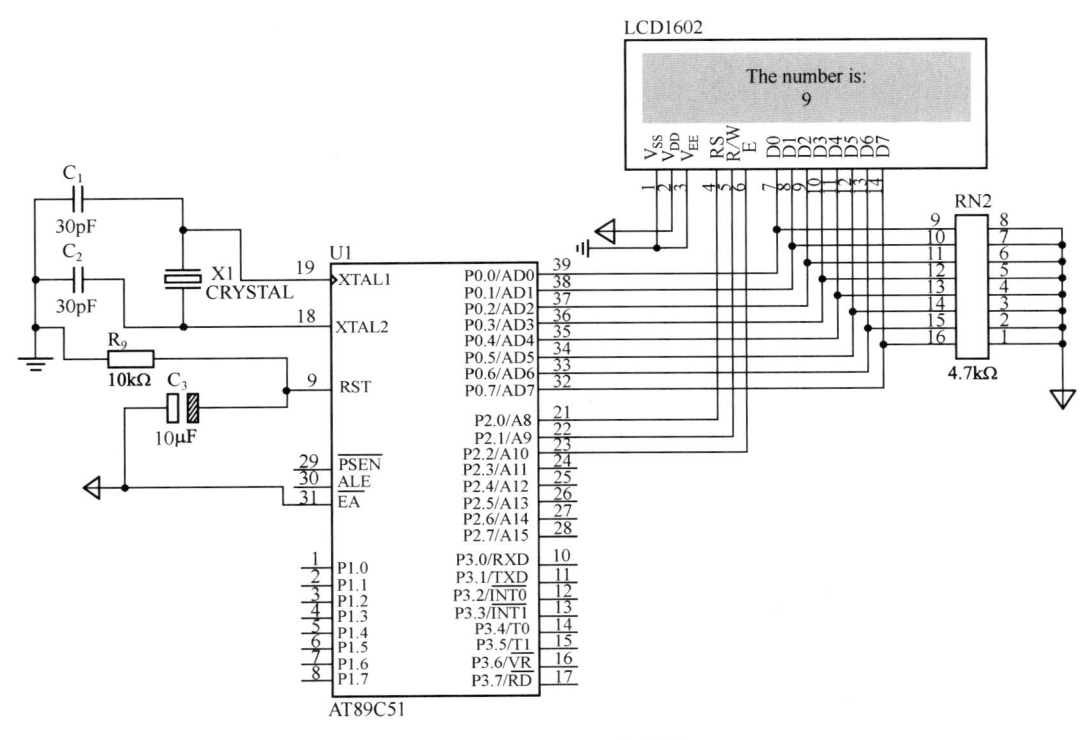

图 6-16 LCD1602 仿真图

6.3 项目实现

6.3.1 设计思路

本项目要求设计利用 LCD1602 显示的数字温度计,可以采用 DS18B20 检测现场温度,并把温度信号转化为数字量,发送给单片机。单片机接收到信号后,对数字量进行数据转换,并发送给 LCD1602 的数据端,进行显示。

6.3.2 硬件电路设计

利用 LCD1602 显示的数字温度计的电路图如图 6-17 所示。LCD1602 的数据引脚和 P0 口相连,控制引脚 RS、R/W、E 分别和单片机的 P2.0、P2.1、P2.2 相连。DS18B20 的数据引脚 DQ 和单片机的 P3.3 相连以传输数据。

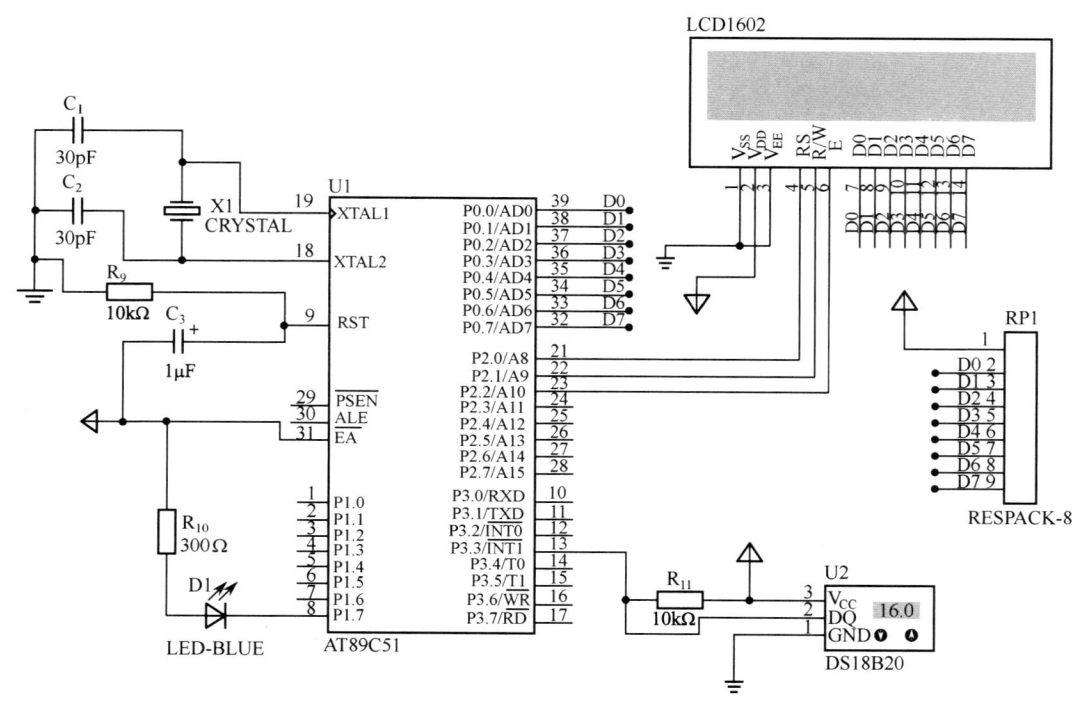

图 6-17 利用 LCD1602 显示的数字温度计的电路图

6.3.3 程序设计

编程思路：单片机首先调用初始化函数 init_DS18B20( )，对 DS18B20 按照初始化时序进行初始化，然后启动温度的转换，再将转换后的数字温度传给单片机，单片机通过计算将数字温度转换成实际的温度值，并通过 LCD1602 显示出来。程序如下：

```c
/***************************************************************
#include <reg51.h>
sbit DQ=P3^3;                                   //定义 DS18B20 的 DQ 引脚
sbit rs=P2^0;
sbit rw=P2^1;
sbit en=P2^2;
unsigned char presence,busy1;
unsigned char data  wendu[]={0x00,0x00,0x00,0x00,0x00};//存储温度符号、十、
个、小数位数组
unsigned char data  temp[]={0x00,0x00};         //存储读出温度高字节、低字节数组
unsigned char hy[]={"The temp is:"};
bit  good=1;                                    //显示 DS18B20 是否正常标志
void delay(unsigned int u)                      //LCD1602 的延时程序
{
  unsigned char v;
  while(u--)
```

```c
        {
            for(v=0;v<120;v++);
        }
}
void delay_8us(unsigned int t)              //DS18B20的延时函数
{
    while(t--);
}
void busy()                                  //LCD1602的忙检测函数
{
    unsigned char f;
    rs=0;
    rw=1;
    en=1;
    delay(1);
    f=P0;
    en=0;
    busy1=f&0x80;
}
void wc(unsigned char a)                     //LCD1602的写命令函数
{
    while(busy1==0x80);
    rs=0;
    rw=0;
    P0=a;
    en=1;
    delay(1);
    en=0;
}
void wd(unsigned char b)                     //LCD1602的写数据函数
{
    while(busy1==0x80);
    rs=1;
    rw=0;
    P0=b;
    en=1;
    delay(1);
    en=0;
}
void chsh()                                  //LCD1602的初始化函数
{
    wc(0x38);
    delay(1);
    wc(0x01);
    delay(1);
```

```c
    wc(0x0c);
    delay(1);
    wc(0x06);
    delay(1);
 }
bit init_ds18b20(void)                    //DS18B20 初始化函数
{
  DQ=1;
  delay_8us(3);                           //延时约 25μs
  DQ=0;
  delay_8us(80);                          //延时约 650μs
  DQ=1;
  delay_8us(2);
  presence=DQ;
  delay_8us(20);                          //延时约 170μs
  DQ = 1;
  return(presence);
}
void write_byte(unsigned char dat)        //向 DS18B20 写入 1B 数据
{
unsigned char i;
for(i=0;i<8;i++)
 {
  DQ=0;
  DQ=dat&0x01;
  delay_8us(4);                           //延时约 52μs，给 DS18B20 采样
  DQ=1;
  dat>>=1;
 }
}
unsigned char read_byte(void)             //从 DS18B20 读出 1B 数据
{
  unsigned char i,dat;
  for(i=0;i<8;i++)
  {
    DQ=0;
    dat>>=1;
    DQ=1;
    if(DQ)                                //采样
    dat|=0x80;
    delay_8us(4);
  }
  return dat;
}
void wdstart(void)                        //DS18B20 读出温度函数
```

```c
{
  init_ds18b20();
  if(presence==1)
  {
    good=0;
  }                                    //DS18B20 不正常，蜂鸣器报警
  else
  {
    good=1;
    write_byte(0xcc);                  //跳过 ROM
    write_byte(0x44);                  //开始温度测量
  }
}
void wdread()
{
  init_ds18b20();
  write_byte(0xcc);                    //跳过 ROM
  write_byte(0xbe);                    //跳过暂存
  temp[0]=read_byte();                 //按顺序读出温度低 8bit
  temp[1]=read_byte();                 //按顺序读出温度高 8bit
}
void wdget()                           //DS18B20 显示温度函数
{
  unsigned char zh,xsh;
  if((temp[1]&0xf8)==0xf8)
  {
    wendu[0]=2d;                       //负号的 ASCII 码
    temp[1]=~temp[1];
    temp[0]=~temp[0]+1;
  }
  else
wendu[0]=20;                           //正号，即消隐不显的 ASCII 码
zh=((temp[0]&0xf0)>>4)|((temp[1]&0x0f)<<4);
wendu[1]=zh/10;
wendu[2]=zh%10;
xsh=temp[0]&0x0f;
wendu[3]=xsh*625/1000;                 //换算得到温度小数位
wendu[4]=xsh*625%1000/100;
}
void main(void)
{
  unsigned char j;
  chsh();
  while(1)
  {
```

```
    wc(0x80);
    for(j=0;j<12;j++)
    {
      wd(hy[j]);
    }
    wdstart();
    delay(4);
    wdread();
    wdget();
    wd(wendu[0]);
    wd(wendu[1]+0x30);
    wd(wendu[2]+0x30);
    wd(0x2e);
    wd(wendu[3]+0x30);
    wd(0xdf);
    wd(0x43);
  }
}
/*************************************************************/
```

程序说明:

- 本项目中子函数较多,可分为两部分:LCD1602 的子函数、DS18B20 的子函数。LCD1602 的子函数包括忙检测函数、写命令函数、写数据函数、初始化函数等,DS18B20 的子函数包括初始化函数、写 1B 函数、读 1B 函数等,因为这些函数的编写都是严格按照各自的操作时序图来完成的,所以掌握 LCD1602 和 DS18B20 的时序很重要。

- DS18B20 的各种操作均有固定的流程,即初始化、ROM 命令、RAM 命令、传输数据。在程序中读取温度函数、启动温度转换和读取温度都是按照这个流程进行的。

- 程序中多次使用到数组,用来存放各种数据。数组 temp[]用来存放读出的温度的数字量的高字节、低字节,wendu[]用来存放读出温度的符号、十、个、小数位,di[]用来存放转化为小数的对应表格。

- 用 DS18B20 显示温度函数的数据处理是个难点,重点是要清楚 DS18B20 把温度转化为 12bit 的数字量的格式(见图 6-4)。12bit 的数字量符号扩展为 16bit 二进制补码形式,数据格式以 0.0625℃/LSB 形式表达。数据的处理分为三部分:符号、整数、小数。对符号的处理:在程序开始处判断温度数字量的高 5bit,若这 5bit 为 11111,则为负温度,否则为正温度。若为负温度,要对数据取反加 1 后才能得到温度的绝对值。对整数的处理:要得到对应的整数部分,把温度数字量的高字节的低 4bit 和低字节的高 4bit 合并。对小数的处理:得到温度数字量的低字节的低 4bit,再乘以 0.0625。

根据以上程序,完成 6.3.5 节中的题目。

6.3.4 仿真调试

在 PC 上运行 Keil，先新建一个工程项目，使用的单片机为 AT89C51，该工程项目暂且命名为 wdj，然后新建一个文件，保存为 wdj.c，并将其添加到工程项目中。可以直接在 Keil 程序编辑窗口中编写程序，也可以先把程序清单生成一个 TXT 文件，然后复制到 Keil 程序编辑窗口中。当程序设计完成后，通过 Keil 编译并生成 HEX 目标文件。在应用 Keil 时，由于编译过程中会生成很多文件，因此新建的工程项目需要在同一个目录中。

在已安装 Proteus 软件的 PC 上运行 ISIS 文件，即可进入 Proteus 电路原理仿真界面。利用该软件进行仿真时操作比较简单，其过程是首先构造电路，然后双击单片机加载 HEX 文件，最后进行仿真。LCD1602 可以实时显示当前温度，也可以通过对 DS18B20 编辑属性设定温度。利用 LCD1602 显示的数字温度计的仿真图如图 6-18 所示。

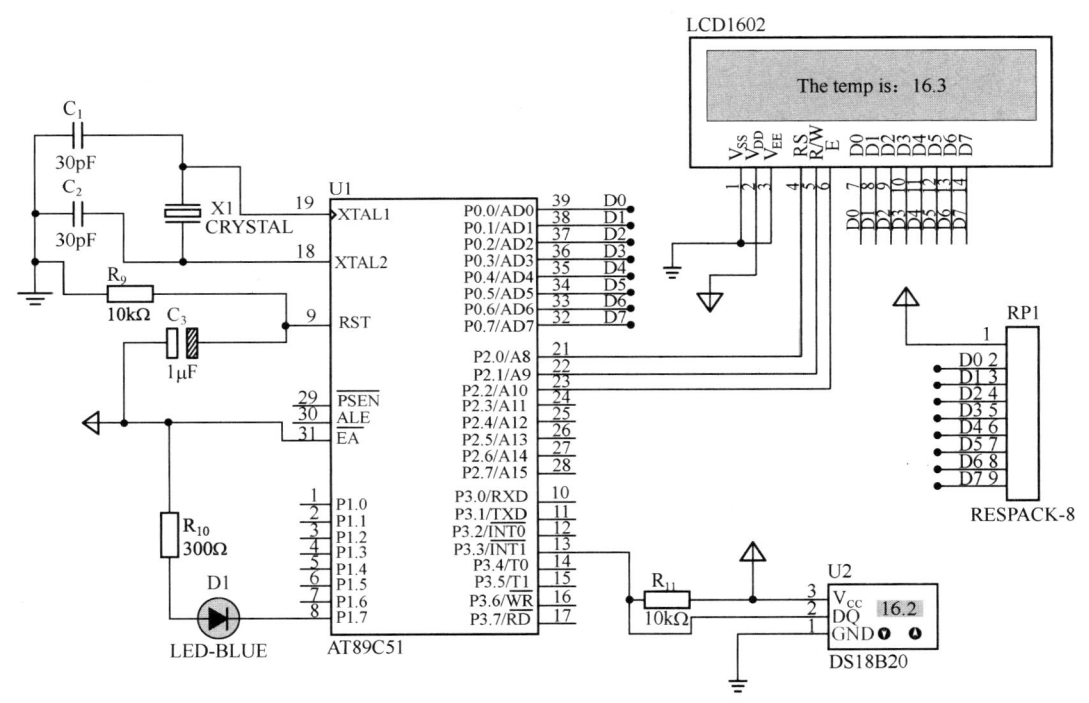

图 6-18 利用 LCD1602 显示的数字温度计的仿真图

6.3.5 项目拓展

设计具有报警功能的利用 LCD1602 显示的数字温度计。LCD1602 第一行显示"The temp is："，第二行显示所测温度。若温度大于 23℃，则 LCD1602 第一行显示"FULL"，蜂鸣器响，第二行显示不变。

▶▶ 项目总结

- DS18B20 是单线数字温度传感器，采用单总线技术，与单片机通信只需要一根 I/O 口线即可。其测温范围−55～+125℃，分辨率通过编程可设置为 9～12bit。
- 使用 DS18B20 要严格遵循它的通信协议：复位初始化、发送 ROM 命令、发送 RAM 操作命令、预定操作。DS18B20 有 5 个 ROM 命令、6 个 RAM 操作命令。另外对 DS18B20 进行读/写操作、初始化都要严格按照它的时序图进行。
- LCD1602 是一种可以实现两行显示、每行显示 16 个字符的液晶显示器，它的内部有字符发生存储器（CGROM），已经存储了 192 个不同的点阵字符图形，这些字符有阿拉伯数字、英文字母的大小写、常用的符号、日文假名等，每一个字符都有一个固定的代码。
- 对 LCD1602 的读/写操作要严格按照它的时序图进行。另外 LCD1602 有自己的指令集，当需要让 LCD1602 进行某种操作时，只需要对它发出相应的指令即可。在使用 LCD1602 之前，首先要对 LCD1602 进行初始化设置，然后设定显示的位置，最后把显示代码送给 LCD1602 的数据引脚显示即可。

思考与练习

1. 简述 DS18B20 的内部结构及各部分的功能。
2. 简述 DS18B20 的通信协议。
3. 简述 DS18B20 温度转换和读取温度值的操作流程。
4. 若 DS18B20 转换后的 12bit 数字量为 110111000011，换算出转换前的温度值。
5. 若在本项目中加入报警功能，则应该如何修改程序？
6. 说明 LCD1602 程序中忙检测的方法和作用。
7. 说明 LCD1602 各个引脚的作用。

项目 7

简易波形发生器的设计与实现

▶▶ **项目引入**

波形发生器是一种常用的信号源,如图 7-1 所示,其广泛应用于电子电路、自动控制系统和教学实验等领域。目前大部分波形发生器是由分立元器件组成的,其体积较大、可靠性较低。本项目利用单片机技术设计一种简易波形发生器。

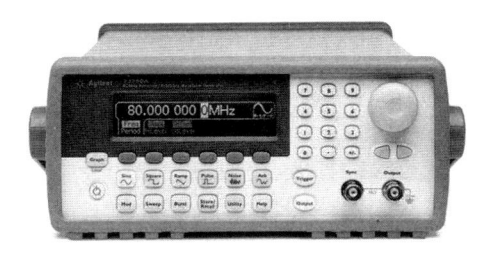

图 7-1 波形发生器

▶▶ **知识目标**

- 了解 D/A 转换的基本知识。
- 掌握 DAC0832 的工作原理、转换性能。
- 掌握单片机与 DAC0832 的接口原理及控制方式。

▶▶ **技能目标**

- 学会单片机与 DAC0832 的接口连接。
- 学会 DAC0832 直通方式、单缓冲器方式、双缓冲器方式的编程。

7.1 任务描述

利用单片机技术,设计一种可以产生锯齿波、三角波、方波、正弦波等多种波形的简易波形发生器,利用按键实现多种波形的切换。

7.2 准备知识

在实现项目前先介绍 D/A 转换的相关知识。

单片机处理的是数字量,在实际应用中常常需要将数字量转换成模拟量来推动或控制外围设备。D/A 转换器就是一种将数字量转换成模拟量(如电流、电压等)的电子器件,是应用广泛的接口芯片器件。由它组成的电路加上相应的软件,便可解决单片机和受控外围设备之间的连接问题,这种技术称为 D/A 转换接口技术。显然,该技术是单片机应用系统后向通道的重要接口技术。

1. 基础知识

1) D/A 转换器的基本原理分类

由 T 形电阻网络构成的 D/A 转换器中各支路的电流信号经过 T 形电阻网络加权后,由运算放大器求和并转换成电压信号,作为 D/A 转换器的输出。目前较常用的 D/A 转换器是由 T 形电阻网络构成的,其原理图如图 7-2 所示。

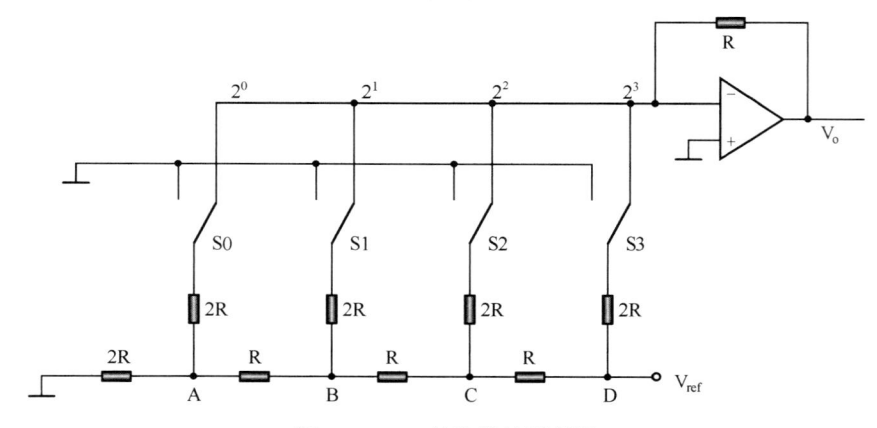

图 7-2 D/A 转换器的原理图

开关 S3、S2、S1、S0 分别代表对应的 1bit 二进制数。若某一数字量 $Di=1$,则表示开关 Si 倒向右边;若某一数字量 $Di=0$,则表示开关 Si 倒向左边,接虚地,无电流。当右边第一条支路的开关 S3 倒向右边时,运算放大器得到的输入电流为 $-V_{ref}/2R$。同理,当开关 S2、S1、S0 倒向右边时,输入电流分别为 $-V_{ref}/4R$、$-V_{ref}/8R$、$-V_{ref}/16R$。

若一个二进制数据为 1111,则运算放大器的输入电流为

$$I = -\frac{V_{ref}}{2R} - \frac{V_{ref}}{4R} - \frac{V_{ref}}{8R} - \frac{V_{ref}}{16R} = \frac{2^3 + 2^2 + 2^1 + 2^0}{2^4 R} V_{ref}$$

输出电压为

$$V_o = IR_{fb} = -(2^3 + 2^2 + 2^1 + 2^0)V_{ref} \times \frac{R_{fb}}{2^4 R}$$

将数字量推广到 n 位，输出模拟量与输入数字量之间关系的一般表达式为

$$V_o = -(D_{n-1}2^{n-1} + D_{n-2}2^{n-2} + \cdots + D_1 2^1 + D_0 2^0)V_{ref} \times \frac{R_{fb}}{2^n R}$$

即

$$V_o = -D V_{ref} \times \frac{R_{fb}}{2^n R}$$

若 $R_f = R$，则有

$$V_o = -D \times \frac{V_{ref}}{2^n}$$

式中，D 为数字量；V_{ref} 为基准电压；n 为数字量的位数。由此可见，输出电压 V_o 的大小与数字量 D 具有对应的关系。这样就完成了数字量到模拟量的转换。V_o 的正负极性由 V_{ref} 的极性确定。当 V_{ref} 的极性为正时，V_o 的极性为负；当 V_{ref} 的极性为负时，V_o 的极性为正。

2）D/A 转换器的分类

D/A 转换器的种类有很多，按照数字量的位数分，有 8bit、10bit、12bit、16bit D/A 转换器；按照数字量的数码形式分，有二进制码和 BCD 码 D/A 转换器；按照数字量的传送方式分，有并行和串行 D/A 转换器；按照输出方式分，有电流输出型和电压输出型 D/A 转换器。

早期的 D/A 转换芯片有 DAC0800 系列、AD7520 系列等；中期的 D/A 转换芯片有 DAC0830 系列、AD7524 系列等；近期的 D/A 转换芯片有 AD558、DAC82、DAC811 等。

3）D/A 转换器的主要性能指标

（1）分辨率。

分辨率是输出数字量变化一个相邻数码所需模拟电压的变化量。一个 N 位的 D/A 转换器的分辨率定义为满刻度电压与 2^N 之比值，其中 N 为 D/A 转换器的位数，习惯上以输入数字量的位数表示。满刻度为 10V 的 8bit D/A 转换器（如 DAC0832）的分辨率等于 $10V \times 2^{-8} \approx 39mV$；满刻度为 10V 的 10bit D/A 转换器（如 DAC1208）的分辨率等于 $10V \times 2^{-10} \approx 2.4mV$。

（2）线性度。

通常用非线性误差的大小表示 D/A 转换的线性度。在理想情况下，D/A 转换器的转换特性应是线性的，在实际转换中，把理想的 I/O 特性的偏差与满刻度输入之比（百分数）称为非线性误差。

（3）转换精度。

转换精度以最大静态转换误差的形式给出，包含非线性误差、比例系数误差及漂移误差等综合误差。转换精度与分辨率是两个不同的概念。转换精度是指转换后所得的实际值与理论值的接近程度，而分辨率是指能够对转换结果发生影响的最小输入量。分辨率很高的 D/A 转换器并不一定具有很高的转换精度。

（4）建立时间。

建立时间是指当 D/A 转换器的输入数据发生变化后，输出模拟量达到稳定数值，即进

入规定的精度范围内所需要的时间,该指标表明了 D/A 转换器转换速度的快慢。

(5) 温度系数。

温度系数是指在满刻度输出的条件下,温度每升高 1℃,输出变化的百分数。该项指标表明了温度变化对 D/A 转换精度的影响。

2. DAC0832 概述

DAC0832 是具有 8bit 分辨率的 D/A 转换芯片,以其价廉、接口简单、转换控制容易等优点,在单片机应用系统中得到了广泛的应用。与之同系列的 D/A 转换芯片还有 DAC0830、DAC0831。DAC0832 是使用非常普遍的 8bit D/A 转换芯片,由于其片内具有输入数据寄存器,因此可以直接与单片机接口。DAC0832 以电流形式输出,当需要转换为电压形式输出时,可外接运算放大器。

1) DAC0832 的主要特性

(1) 分辨率为 8bit,转换电流建立时间为 1μs。

(2) 工作方式有直通方式、单缓冲方式、双缓冲同步方式。

(3) 非线性误差为 0.20% FSR(Full Scale Range,满刻度)。

(4) 逻辑电平输入与 TTL 兼容。

(5) 单一电源供电(+5~+15V)。

(6) 低功耗(20mW)。

2) DAC0832 的内部结构

图 7-3 所示为 DAC0832 内部结构框图,DAC0832 由 8bit 输入锁存器、8bit DAC 寄存器、8bit D/A 转换器及转换控制电路构成。输入锁存器、DAC 寄存器构成对输入数据的两级锁存,能够实现多通道 D/A 的同步转换输出。用户可通过改变控制引脚来改变输入数据的锁存方式。

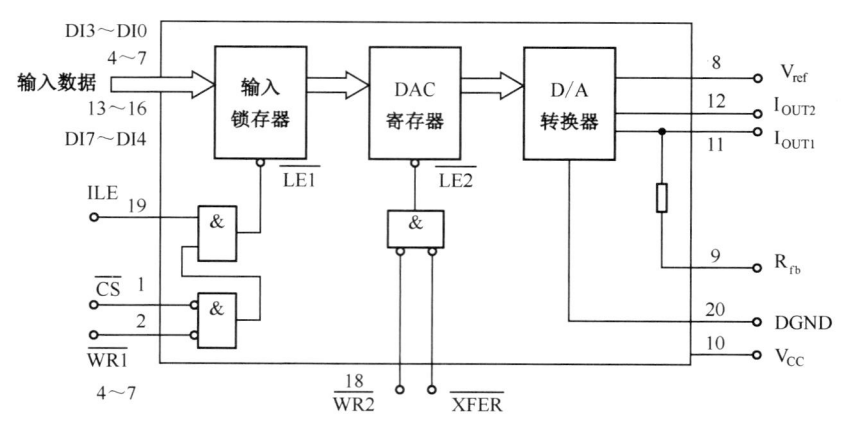

图 7-3 DAC0832 内部结构框图

3) DAC0832 的引脚功能

DAC0832 有 20 个引脚,以双列直插式封装,其引脚图如图 7-4 所示。

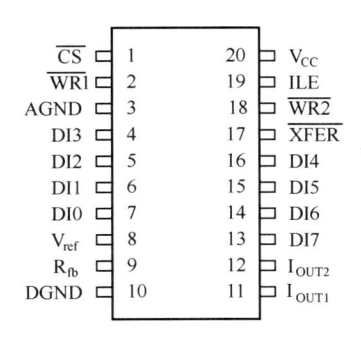

```
 ──── 1      20 ──── V_CC
CS ──── 1      20 ──── V_CC
WR1 ──── 2     19 ──── ILE
AGND ──── 3    18 ──── WR2
DI3 ──── 4     17 ──── XFER
DI2 ──── 5     16 ──── DI4
DI1 ──── 6     15 ──── DI5
DI0 ──── 7     14 ──── DI6
V_ref ──── 8   13 ──── DI7
R_fb ──── 9    12 ──── I_OUT2
DGND ──── 10   11 ──── I_OUT1
```

图 7-4 DAC0832 的引脚图

- DI0～DI7：8 位数据输入总线，其中，DI0 为最低位，DI7 为最高位。
- ILE：输入数据的锁存允许信号，高电平有效。
- $\overline{CS}$：片选信号，低电平有效。
- $\overline{WR1}$：输入寄存器写选通信号，低电平有效。
- $\overline{XFER}$：数据传送控制信号，低电平有效。
- $\overline{WR2}$：DAC 寄存器的写选通信号，低电平有效。
- V_{ref}：参考电压输入端，此端可接正电压，也可接负电压，它决定 0～255 的数字量转换出来的模拟量电压值的幅度，V_{ref} 端的电压范围为-10～+10V。V_{ref} 端与 D/A 内部的 T 形电阻网络相连。
- R_{fb}：反馈电阻引出端，反馈电阻在芯片内部。DAC0832 输出的是电流，为了获得电压输出，需要在电压输出端接一个外部运算放大器。因为 DAC0832 内部已经有反馈电阻，所以 R_{fb} 端可以直接接到外部运算放大器的输出端，这样相当于将一个反馈电阻接在运算放大器的输出端和输入端之间。
- I_{OUT1}：电流输出端 1，当输入数字量为全 0 时，输出电流等于 0，当输入数字量为全 1 时，输出电流为最大值。
- I_{OUT2}：电流输出端 2，$I_{OUT1}+I_{OUT2}$=常数（固定参考电压下的满刻度值）。
- V_{CC}：电源输入端。
- AGND：模拟地。
- DGND：数字地。

4）DAC0832 与 AT89S51 的接口方法

从图 7-3 可以看出，在 DAC0832 内部有 2 个寄存器，输入信号要经过这 2 个寄存器，才能进入 D/A 转换器进行 D/A 转换。而控制这 2 个寄存器的控制信号有 5 个：输入寄存器由 ILE、$\overline{CS}$、$\overline{WR1}$ 控制；DAC 寄存器由 $\overline{WR2}$、$\overline{XFER}$ 控制。因此，只要在编程时用指令控制这 5 个控制端，就可以实现 DCA0832 的 3 种工作方式：直通方式、单缓冲方式和双缓冲同步方式。

（1）直通方式。

直通方式是指 2 个寄存器的控制信号都预先置为有效，2 个寄存器都开通。只要数字量送到数据输入端，就可以立即进入 D/A 转换器进行转换输出。

图 7-5 所示为直通方式电路，ILE、$\overline{CS}$、$\overline{WR1}$、$\overline{WR2}$、$\overline{XFER}$ 都有效，2 个寄存器都打开。因此，只要 P0 上有数字量，D/A 转换器就会立即转换，在 D/A 转换器输出端有电流输出。若向 DAC0832 传送的 8bit 数据量为 40H（01000000B），则输出电压为

$$V_o = -\frac{64}{256} \times 5V = -1.25V$$

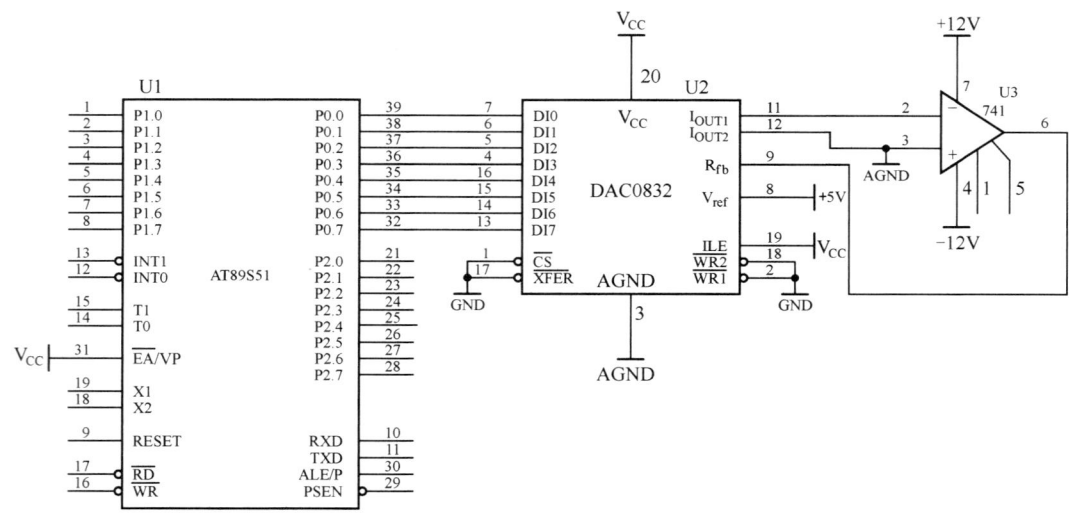

图 7-5　直通方式电路

（2）单缓冲方式。

单缓冲方式指只有单个寄存器受到控制。这时将另一个寄存器的控制信号预置为有效，使之开通；或者将 2 个寄存器的控制信号连在一起，使 2 个寄存器合为 1 个使用，如图 7-6 所示。若应用系统中只有 1 路 D/A 转换或虽然是多路转换，但并不要求同步输出时，则采用单缓冲方式接口，2 个寄存器的写信号都由单片机的 $\overline{WR2}$ 端控制。当地址线选择好 DAC0832 后，只要输出 $\overline{WR2}$ 控制信号，DAC0832 就能一步完成数字量的输入锁存和 D/A 输出。

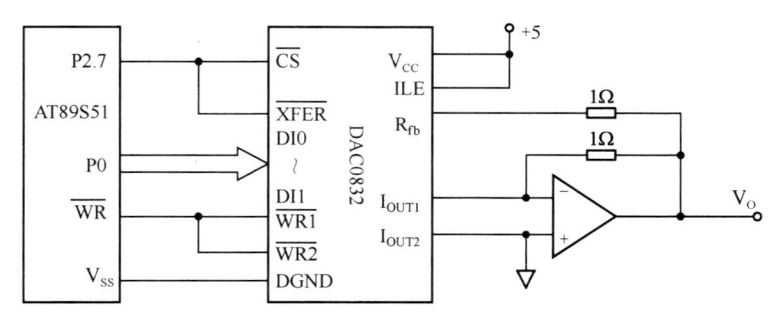

图 7-6　单缓冲方式电路

在图 7-6 中，ILE 接+5V，I_{OUT2} 接地，I_{OUT1} 输出电流，经运算放大器变换后输出单极性电压，范围为 0～+5V。片选信号 $\overline{CS}$ 和数据传送控制信号 $\overline{XFER}$ 都与 89S51 的地址线相连（图中为 P2.7），输入锁存器和 DAC 寄存器的地址都为 7FFFH。$\overline{WR1}$、$\overline{WR2}$ 均与 89S51 的写信号 $\overline{WR}$ 相连。CPU 对 DAC0832 执行一次写操作，将数据直接写入 DAC 寄存器，DAC0832 的输出模拟量随之变化。由于 DAC0832 具有数字量的输入锁存功能，因此数字量可以直接从 89S51 的 P0 口输入。

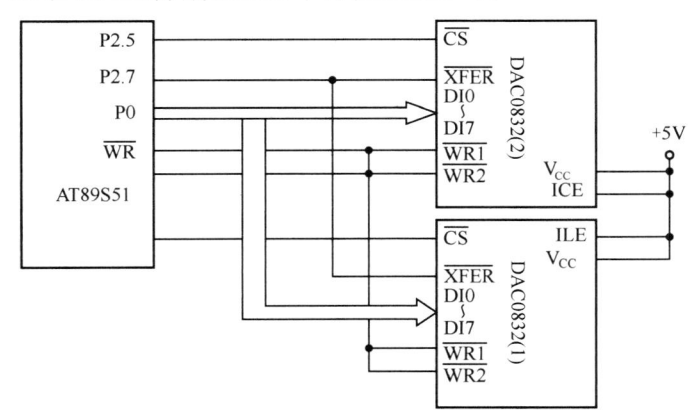

（3）双缓冲同步方式。

双缓冲同步方式指 2 个寄存器分别受到控制，如图 7-7 所示。当 ILE、$\overline{CS}$ 和 $\overline{WR1}$ 信号均有效时，8bit 数字量被写入输入寄存器，此时并不进行 D/A 转换。当 $\overline{WR2}$ 和 $\overline{XFER}$ 信号均有效时，原存在输入寄存器中的数据被写入 DAC 寄存器，并进行 D/A 转换。从一次转换完成后到下次转换开始之前，由于寄存器的锁存作用，数据保持不变，因此 D/A 转换的输出也保持不变。对于多路 D/A 转换接口，当要求同步进行 D/A 转换输出时，必须采用双缓冲同步方式。

当 DAC0832 采用双缓冲同步方式时，数字量的输入锁存和 D/A 转换输出是分两步完成的，即 CPU 的数据总线分时地向各路 D/A 转换器输入要转换的数字量并锁存在各自的输入寄存器中，然后 CPU 对所有的 D/A 转换器发出控制信号，使各个 D/A 转换器输入寄存器的数据输入 DAC 寄存器，实现同步转换输出。与单缓冲方式电路不同的是，双缓冲同步方式电路仅将 $\overline{CS}$ 和 $\overline{XFER}$ 分别独立由单片机控制即可。

图 7-7 双缓冲同步方式电路

7.3 项目实现

7.3.1 设计思路

本项目要求设计一个产生各种波形的简易波形发生器。各种波形属于模拟量，要产生各种不同的波形，可以利用单片机输出各种有规律的数字量，送到 DAC0832 进行 D/A 转换，从而得到所需的模拟量波形。

7.3.2 硬件电路设计

简易波形发生器的硬件电路图如图 7-8 所示。DAC0832 的片选信号 $\overline{CS}$ 接地，$\overline{WR1}$ 均与 AT89C51 的写信号 $\overline{WR}$ 相连，数据传送控制信号 $\overline{XFER}$、$\overline{WR2}$ 都接地，且都为有效信号。DAC0832 数据端和单片机的 P0 口相连。为了得到输出电压，DAC0832 的输出端接有运放电路。波形切换开关 K1 接在单片机的 P3.2 上，用来改变输出信号的波形。

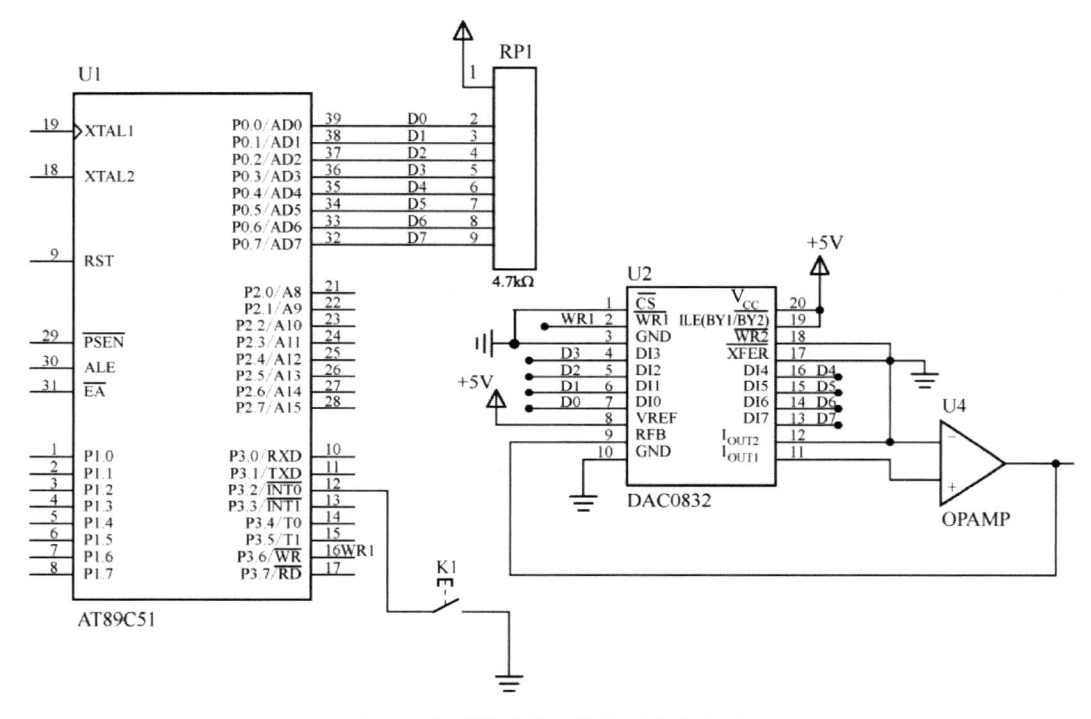

图 7-8　简易波形发生器的硬件电路图

由于 DAC0832 的 $\overline{XFER}$、$\overline{WR2}$ 都为有效信号，$\overline{WR1}$ 由单片机控制，因此 DAC0832 采用单缓冲方式和单片机连接。$\overline{WR1}$ 有效，只要单片机对 DAC0832 执行一次写操作即可启动一次 D/A 转换。

7.3.3 程序设计

在程序中，单片机如何把数字量传给 DAC0832 呢？DAC0832 对于单片机来讲，属于扩展的 I/O 接口。

DAC0832 片选有效后，单片机就可以对其执行一次写操作。在执行写操作的同时，将数据直接写入 DAC 寄存器，DAC0832 的输出模拟量就随之变化。

根据锯齿波特点，其按照一定斜率线性上升，当达到最大值后又下降到 0 重新开始。可以使传给 DAC0832 的二进制数持续自动加 1，当加到设定值时，让其从 0 开始再进行前面的操作，这样通过放大电路就可以输出周期性的锯齿波。

三角波的产生原理和锯齿波类似，它相当于由一个上升的锯齿波和一个下降的锯齿波组成。它按照一定斜率线性上升，当达到最大值后又按照一定斜率线性下降到 0，再重复刚才的过程。可以使传给 DAC0832 的二进制数持续自动加 1，当加到设定值时，再让传给 DAC0832 的二进制数持续自动减 1，下降到 0 时再重复刚才的过程。这样通过放大电路就可以输出周期性的三角波。

方波的产生原理很简单：产生一段时间的高电平，再产生相同时间的低电平即可。可以使传给 DAC0832 的最小二进制数持续一段时间；传给 DAC0832 的最大二进制数持续相同的时间；再重复刚才的过程。这样通过放大电路就可以输出周期性的方波。

由于正弦波没有什么特定的规律，因此可以使用取点法来产生波形。从正弦波上等间隔地取 100 个点，换算出对应的数字量，存放在数组中。当需要给 DAC0832 传二进制数时，只要按顺序从数组中取即可，100 个点取完了之后再重复刚才的过程。这样通过放大电路就可以输出周期性的正弦波。

本项目程序如下：

```
/*****************************************************************/
#include <reg51.h>
#include <absacc.h>
unsigned char m=0;
unsigned char code zhx[]={64,67,70,73,76,79,82,85,88,91,94,96,99,102,104,
106,109,111,113,115,117,118,120,121,123,124,125,126,126,127,127,127,127,127,
127,127,126,126,125,124,123,121,120,118,117,115,113,111,109,106,104,102,99,
96,94,91,88,85,82,79,76,73,70,67,64,60,57,54,51,48,45,42,39,36,33,31,28,25,
23,21,18,16,14,12,10,9,7,6,4,3,2,1,1,0,0,0,0,0,0,0,1,1,2,3,4,6,7,9,10,12,14,
16,13,21,23,25,28,31,33,36,39,42,45,48,51,54,57,60};
void delay( )
{
 unsigned char i;
 for(i=0;i<255;i++);
}
void juchi(void)    //锯齿波
{
 unsigned char i;
 for(i=0;i<255;i++)
 P0=i;
}
void sanjiao()
```

```c
{
 unsigned char i;
 for(i=0;i<255;i++)
 P0=i;
 for(i=255;i>0;i--)
 P0=i;
}
void zhxi()
{
 unsigned char i;
 for(i=0;i<128;i++)
  {
   P0=zhx[i];
  }
}
void fangbo()
{
  P0=0x00;
  delay();
  P0=0xff;
  delay();
}
void lsd() interrupt 0
{
 if(m<4)
 m++;
 else
 m=1;
}
void main()
{
 EA=1;
 EX0=1;
 IT0=1;
 while(1)
 {
  switch(m)
   {
    case 1:juchi();
           break;
    case 2:sanjiao();
           break;
    case 3:fangbo();
           break;
    case 4:zhxi();
```

```
            break;
    }
  }
}
/******************************************************************/
```

7.3.4 仿真调试

在 PC 上运行 Keil，先新建一个工程项目，使用的单片机为 AT89C51，该工程项目暂且命名为 xh；新建一个文件，保存为 xh.c，并将其添加到工程项目中。直接在 Keil 程序编辑窗口中编写程序。当程序设计完成后，通过 Keil 编译并生成 HEX 目标文件。

在已安装 Proteus 软件的 PC 上运行 ISIS 文件，即可进入 Proteus 电路原理仿真界面。利用该软件进行仿真时操作比较简单，其过程是首先构造电路，然后双击单片机加载 HEX 文件，最后进行仿真。为了能够看到输出波形效果，在输出端接入虚拟的示波器。

根据程序，在第一次按下按键 K1 后，示波器输出锯齿波，如图 7-9 所示；在第二次按下按键 K1 后，示波器输出三角波，如图 7-10 所示；在第三次按下按键 K1 后，示波器输出方波，如图 7-11 所示；在第四次按下按键 K1 后，示波器输出正弦波，如图 7-12 所示。

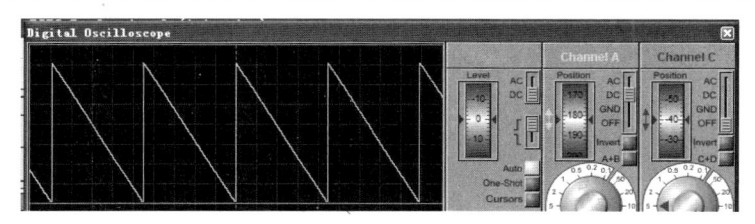

图 7-9 锯齿波波形图

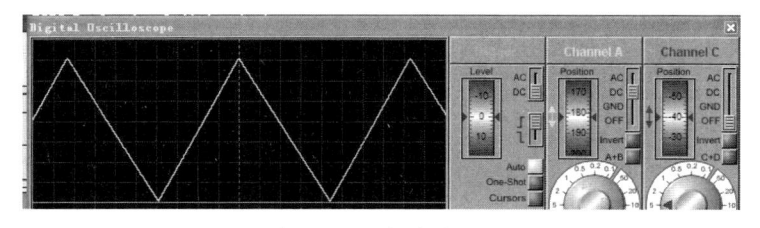

图 7-10 三角波波形图

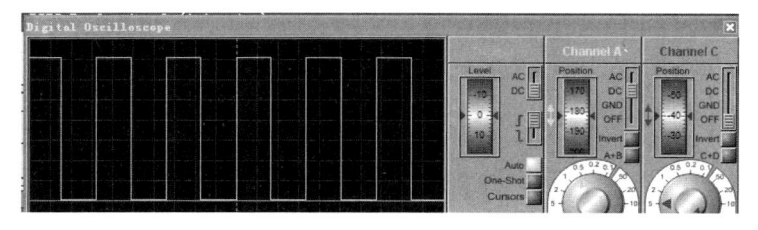

图 7-11 方波波形图

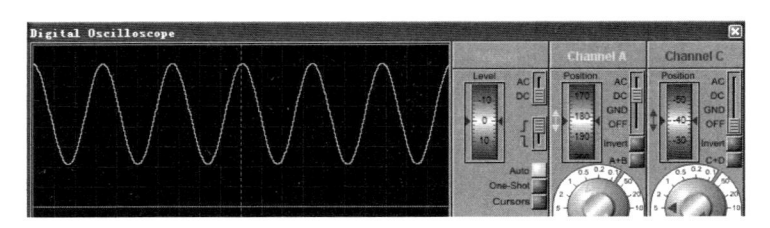

图 7-12　正弦波波形图

7.3.5　项目拓展

I²C 总线的串行 PCF8591 芯片也具有 D/A 转换功能，根据数据手册，其 D/A 转换时序图如图 7-13 所示。

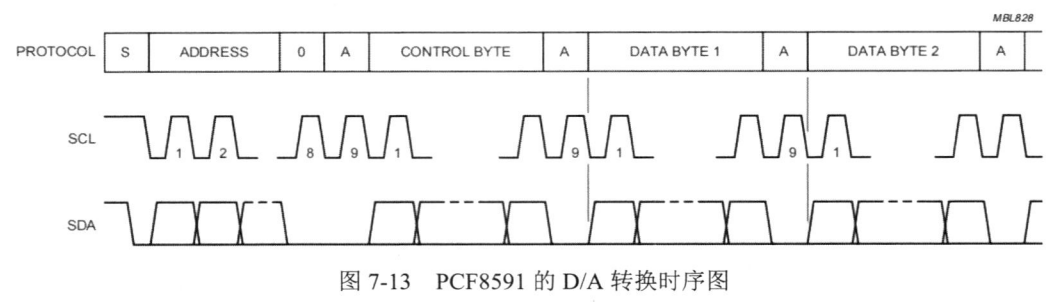

图 7-13　PCF8591 的 D/A 转换时序图

例 1：设计电路，编程实现自动渐变 LED，LCD 第一行显示 "The data is："，第二行显示数字量值。

假设 LED 接 PCF8691 的 AOUT 引脚，PCF8691 的 SCL 和 SDA 分别接单片机的 P2.1 和 P2.0，PCF8591 的 A2～A0 为 000。本例的程序如下（部分程序语句省略）：

```c
/**************************************************************/
unsigned char hy[]={"The data is: "};
void DAC(unsigned char Data)
{
start();
write_byte(0x90);
ack( );
write_byte(0x40);
ack( );
write_byte(Data);
ack( );
  stop();
 }
void main()
{
  unsigned char j,m;
  unsigned char u,v,w;
```

```
        chsh();
        while(1)
        {
        wc(0x80);
        for(j=0;j<12;j++)
            { wd(hy[j]); }
        for(m=0;m<255;m++)
         {
             DAC(m);
             wc(0xc6);
             u=m/100;
             v=m%100/10;
             w=m%10;
             wd(u+0X30);
             wd(v+0X30);
             wd(w+0X30);
             delay(50);
         }
        }
```

▶ 项目总结

- D/A 转换就是把数字量转化为模拟量,D/A 转换的实现是基于 T 形电阻网络加权的。
- DAC0832 是一种把数字量转化为电流的转换器,为了便于得到信号,通常在 DAC0832 的输出端加上运放电路,输出电压信号,转换公式为 $V_o = -D \times V_{ref}/256$,$V_o$ 为转换后的输出电压,D 为数字量,V_{ref} 为基准电压。
- DAC0832 的内部有两级锁存:输入锁存器、DAC 寄存器,分别靠一些引脚来控制。根据选用的锁存的个数,DAC0832 有 3 种工作方式:直通方式、单缓冲方式、双缓冲同步方式。

思考与练习

1. 设某 D/A 转换器是 14bit 的,满刻度电压为 10V,它的分辨率和转换精度各是多少?
2. 简述 DAC0832 的特性和用途。
3. DAC0832 与单片机有哪几种接口方式?各有什么特点?分别适用于什么工作方式?
4. 编程输出 10kHz 的方波和三角波。
5. 控制 DAC0832 两级锁存的引脚是哪些?它们的有效信号是什么?

项目 8

玩具小车控制系统的设计与实现

▶▶ 项目引入

玩具小车如图 8-1 所示，它可以实现加速、减速及转向的控制，深受孩子们的喜爱。实现玩具小车的这些功能主要靠电动机和 PWM，它们在自动控制系统的应用非常广泛，如阀门的开关、机械手的运动控制等。本项目要求设计一个玩具小车控制系统。

图 8-1 玩具小车

▶▶ 知识目标

- 掌握 PWM 控制技术及方法。
- 了解步进电动机、直流电动机控制电路的组成与工作原理。

▶▶ 技能目标

- 学会步进电动机的调速控制。
- 学会直流电动机的调速控制。

8.1 任务描述

利用单片机技术，自行设计一个玩具小车控制系统，可以实现小车的加速、减速及转向的控制。

8.2 准备知识

8.2.1 步进电动机

在工业控制系统中，通常需要控制机械部件的平移和转动，这些机械部件的驱动大部分采用交流电动机、直流电动机、步进电动机。在这三种电动机中，步进电动机较适用于数字控制，是工业过程控制与仪表中常用的控制器件之一。步进电动机可以直接接收数字信号，不必进行 D/A 转换，使用起来非常方便。步进电动机还具有可快速启停、可精确步进和定位等特点，在数控机床、绘图仪、家用电器、打印机及仪表领域中都有广泛的应用。

1．步进电动机概述

一般电动机（直流电动机）都是连续运转的，而步进电动机却是一步一步地运转的，故称其为步进电动机。步进电动机是纯粹由数字控制的电动机，其实物如图 8-2 所示。由于它将电脉冲信号转变成电动机转子的角位移，即每当步进电动机的驱动器接收到一个驱动脉冲后，步进电动机将会按照设定的方向转动一个固定的角度，因此步进电动机是一种将电脉冲转化为角度的转换器。

步进电动机通过控制脉冲个数来控制角度，从而达到准确定位的目的；通过控制脉冲频率来控制电动机转动的速度和加速度，从而达调速的目的。在需要准确定位或调速控制时均可考虑使用步进电动机。步进电动机的这些特性非常适用于单片机控制，由单片机产生控制信号，步进电动机则根据控制信号来动作。

2．步进电动机的结构和工作原理

1）步进电动机的结构

步进电动机主要由转子（转子铁芯、永磁体、转轴、滚珠轴承）和定子（绕组、定子铁芯）组成，如图 8-3 所示。按照转子结构及材料的不同，步进电动机分为反应式步进电动机、永磁式步进电动机和混合式步进电动机三类。其中，因为反应式步进电动机的性价比高，所以其应用非常广泛，在单片机系统中应用较多。下面的内容均以反应式步进电动机为例加以说明。步进电动机的励磁绕组可以制成各种相数，常见的有单相、三相、四相和五相步进电动机。

2）步进电动机的工作原理

反应式步进电动机的结构与步进过程原理如图 8-4 所示。该步进电动机为三相步进电动机，由具有六个等份的磁极组成，相对的两个磁极组成一对，共有三对。每对磁极上都绕有同一绕组，也就形成了一相。这样，三对磁极有三个绕组，形成三相。每个磁极的内表面分布着大小相同、间距相同的多个小齿。转子圆周表面也均匀分布着与定子小齿形状相似、齿间距相同的小齿。若转子齿数 Z 为 40，齿距角 θ_z 为相邻两齿中心线间的夹角，则齿距角为

$$\theta_z = \frac{360°}{Z} = \frac{360°}{40} = 9° \tag{8-1}$$

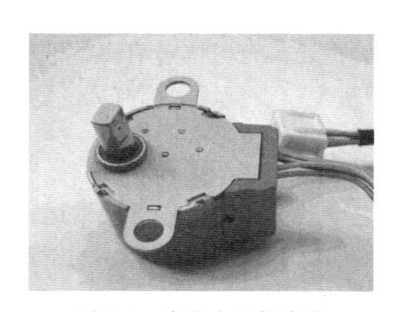

图 8-2 步进电动机实物

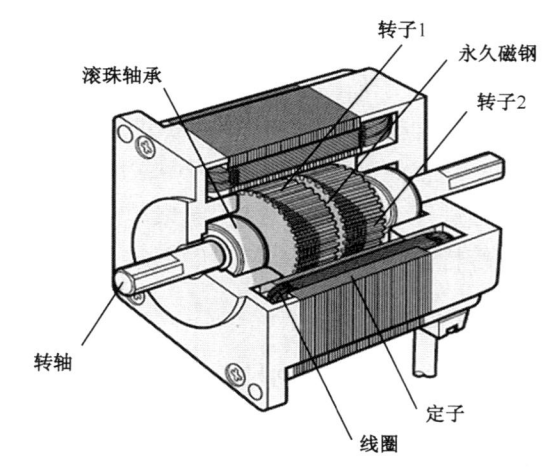

图 8-3 步进电动机的结构

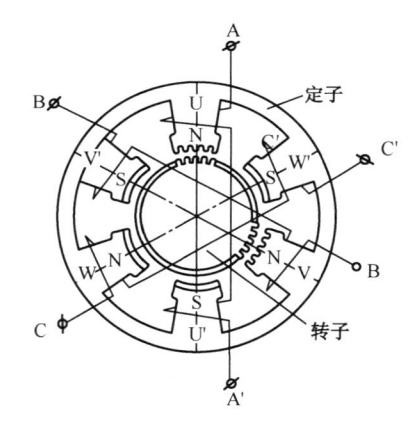

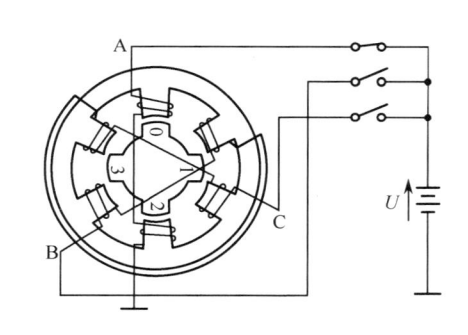

（a）反应式步进电动机的结构　　　　（b）反应式步时电动机的步进过程原理

图 8-4 反应式步进电动机的结构与步进过程原理

当某一相定子绕组通电时，其对应的磁极就产生了磁场，并与转子形成磁路。如果这时该相定子的小齿与转子的小齿没有对齐，即处于错齿状态，则在磁场的作用下，转子将转过一定的角度，使转子与该相定子的小齿相互对齐，处于对齿状态。在对齿时，磁阻最小；在错齿时，磁阻较大，步进电动机就是磁路由较大磁阻向最小磁阻转变过程中转过一定的角度来工作的。若给处于错齿状态的相通电，则转子在电磁力的作用下，将向磁阻最小的位置移动，即趋向于变为对齿状态转动，向前转过一定角度。变为对齿状态后，若再给另一错齿状态相通电，则转子又向前转过一定角度，这就是步进电动机的转动原理。由

此可见，某相绕组在通电前必须处于错齿状态，而通电后则处于对齿状态，这样转子才可能向前转动。错齿的存在是步进电动机能够旋转的前提。

3．步进电动机的控制方式

为了控制步进电动机的转动，使其实现数字到角度的转换，可以由单片机按顺序给电动机绕组施加有序的脉冲电流。步进电动机转过的角度数正比于脉冲个数，转动的速度正比于脉冲频率，转动的方向则与脉冲顺序有关。

定子的通电方式称为励磁方式，对三相步进电动机施加电流脉冲可有以下三种励磁方式。

1）单相励磁方式

单相励磁方式按单相绕组顺序施加电流脉冲，一周期加电三次，顺序如下。

正转：A→B→C→（A）。

反转：C→B→A→（C）。

2）双相励磁方式

双相励磁方式每次对两相绕组同时通电，按双相绕组顺序施加电流脉冲，一周期加电三次，顺序如下。

正转：AB→BC→CA→（AB）。

反转：BA→AC→CB→（BA）。

3）单双相励磁方式

单双相励磁方式按单相绕组与双相绕组交替的方式施加电流脉冲，一周期加电六次（单相三次、双相三次），顺序如下。

正转：A→AB→B→BC→C→CA→（A）。

反转：A→AC→C→CB→B→BA→（A）。

单相三拍或双相三拍两种方式的每拍步进角均为3°，转子转过一个齿距角（9°）要用三拍；单双相六拍方式的每拍步进角为1.5°，转子转过一个齿距角（9°）要用六拍。六拍方式比三拍方式运行平稳，但六拍驱动脉冲的频率需要提高一倍，要求驱动开关管有更好的开关特性。另外，双相与单相相比，由于每一拍中双相方式都有两相通电，每一相通电时间都持续两拍，因此双相三拍比单相三拍消耗的电功率大，当然获得的电磁转矩也更大。

4．步进电动机主要参数

1）相数

步进电动机的相数是指步进电动机内部的线圈组数，目前常用的有两相、三相、四相、五相步进电动机。

2）拍数

步进电动机的拍数是指完成一个磁场周期性变化所需的脉冲数，用 m 表示，或指电动机转过一个齿距角所需的脉冲数。

3）步进角

步进电动机的步进角是指每当步进电动机的驱动器接收到一个驱动脉冲后,电动机转子所转过的角度。

4）电压

步进电动机的电压为 5VDC 或 12VDC。

5）减速比

步进电动机的内部转子转的周数与外部转轴转的周数之比称为减速比。例如,减速比为 1/64,是指步进电动机的内部转子转 64 圈,外部转轴转 1 圈。图 8-2 所示为 28BYJ48 型 5 线四相八拍步进电动机。

5．步进电动机的驱动

一般来说,驱动步进电动机需要较大的驱动电流。因为 AT89S51 单片机的 I/O 端口不能直接驱动步进电动机,所以要加驱动芯片。ULN2003 是较常用的驱动芯片,高压大电流达林顿晶体管阵列系列产品具有电流增益高(大于 1000dB)、工作电压高(大于 50V)、温度范围宽、带负载能力强等特点,适用于各类要求高速大功率驱动的系统,它的每个引脚的驱动电流可达 50mA。图 8-5 所示为 ULN2003 芯片引脚图和内部逻辑图。

（a）引脚图　　　　　　　（b）内部逻辑图

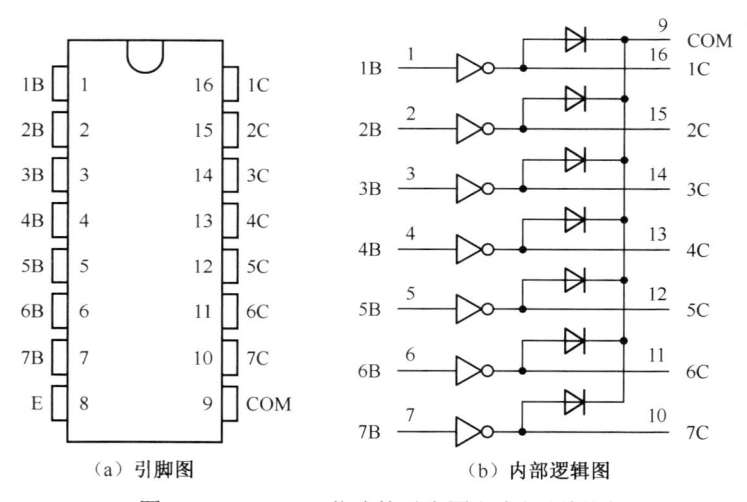

图 8-5　ULN2003 芯片的引脚图和内部逻辑图

6．步进电动机的应用

例 1：图 8-6 所示为步进电动机与单片机的控制电路仿真图,步进电动机为四相,要求通过按键,控制步进电动机的正转、反转、暂停。LCD 第一行显示 "stepper moto",第二行显示电动机的工作状态。每按正反转按键 1 次,步进电动机正反转 45°。

单片机的 P0.0～P0.3 经过 ULN2003 反向驱动后分别和步进电动机的四相 A、B、C、

D 相连，有三个按键分别控制步进电动机的正转、反转、暂停。假设步进电动机按八拍实现步进，步进角为 5.625°，每给一个脉冲，电动机内部的转子转过一个步进角 5.625°，当给 8 个脉冲时，电动机内部转子转过的齿距角为 5.625°×8=45°。

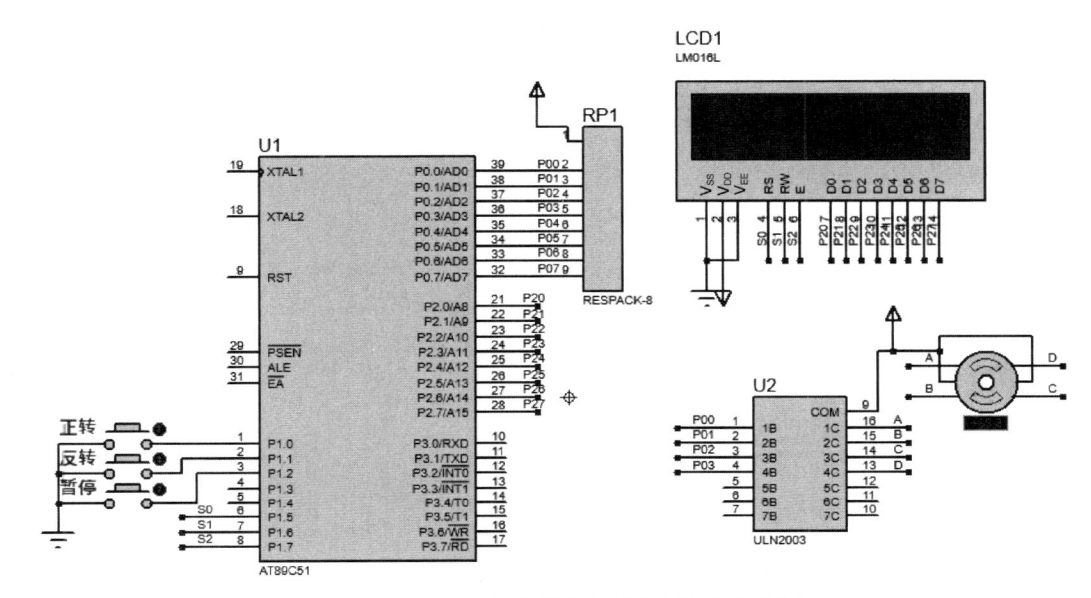

图 8-6 步进电动机与单片机的控制电路仿真图

选用单双相励磁式，步进电动机按正转时的 8 拍：A→AB→B→BC→C→CD→D→DA→（A），从而得出四相八拍的步进电动机的相序表，如表 8-1 所示。步进电动机反转时的 8 拍：A→AD→D→DC→C→CB→B→BA→（A），同理也可得出其控制字。

表 8-1 四相八拍的步进电动机的相序表

步序	D	C	B	A	P0.3	P0.2	P0.1	P0.0	控制字（P2 口输出值）
1	0	0	0	1	1	1	1	0	FE
2	0	0	1	1	1	1	0	0	FC
3	0	0	1	0	1	1	0	1	FD
4	0	1	1	0	1	0	0	1	F9
5	0	1	0	0	1	0	1	1	FB
6	1	1	0	0	0	0	1	1	F3
7	1	0	0	0	0	1	1	1	F7
8	1	0	0	1	0	1	1	0	F6

按照题意，本例程序如下：

```
/*************************************************************/
#include <reg51.h>
sbit k1=P1^0;
sbit k2=P1^1;
```

```c
sbit k3=P1^2;
sbit rs=P1^5;
sbit rw=P1^6;
sbit en=P1^7;
unsigned char busy1;
unsigned char hy[]="Motor Stepper";
unsigned char hy1[]="Zheng zhuan";
unsigned char hy2[]="Fan zhuan";
unsigned char code zz[]={0xfe,0xfc,0xfd,0xf9,0xfb,0xf3,0xf7,0xf6};
unsigned char code fz[]={0xf6,0xf7,0xf3,0xfb,0xf9,0xfd,0xfc,0xfe};
void zhengzh(unsigned char m)
{
  unsigned char i,j;
    for(i=0;i<8*m;i++)
      {
        for(j=0;j<8;j++)
          {
            P0=zz[j];delay(10);
            if(k3==0)
            { delay(5);
                if(k3==0)
            { while(k3==0);
               return;
            }
          }
        }
      }
}
void fanzh(unsigned char m)
{ unsigned char i,j;
  for(i=0;i<8*m;i++)
    {
      for(j=0;j<8;j++)
        {
          P0=fz[j];delay(10);
          if(k3==0)
          { delay(5);
             if(k3==0)
             { while(k3==0);
                return;
             }
          }
        }
    }
}
```

```c
void main()
{
unsigned char j;
chsh();
wc(0x82);
for(j=0;j<13;j++)
   wd(hy[j]);
while(1)
{
 wc(0xc2);
 if(k1==0)
 {delay(5);
  if(k1==0)
  {while(k1==0);
   for(j=0;j<11;j++)
      wd(hy1[j]);
   zhengzh(8);
  }
 }
 if(k2==0)
 {delay(5);
    if(k2==0)
    {while(k2==0);
     for(j=0;j<9;j++)
        wd(hy2[j]);
     fanzh(8);
    }
 }
}
}
/**************************************************************/
```

程序说明:

- 可以看出,步进电动机的角度调节是通过改变脉冲个数来实现的。每给一个脉冲,电动机内部的转子转过一个步进角。用户可以根据自己的需要,通过控制脉冲个数来控制步进电动机的角度,从而达到准确定位的目的。
- 步进电动机正转、反转的区别就在于施加的脉冲顺序不同。
- 步进电动机转速的调节可通过调节脉冲周期来实现。在程序中可设置延时子程序,通过改变每个脉冲期间调用延时子程序的次数或延时时间可实现转速控制。

根据以上程序,完成 8.3.5 节中的第 1) 题。

8.2.2 直流电动机

1. 直流电动机概述

由于直流电动机具有优良的调速性能，因此长期以来其应用都比较广泛。直流电动机实物图如图 8-7 所示。在直流电动机的两电刷端加上直流电压，将电能输入电枢，机械能就从电动机轴上输出，拖动生产机械，将电能转换成机械能而成为电动机。

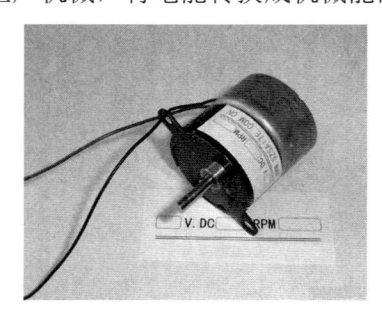

图 8-7　直流电动机实物图

直流电动机主要由定子（主磁极、换向极、机座、电刷装置）、转子（电枢铁芯、电枢绕组、换向器）两部分组成。定子的作用是产生磁场，转子在定子磁场的作用下得到转矩而旋转起来。直流电动机的转速由电枢电压决定。电枢电压越高，电动机转速就越快；电枢电压为 0V 时，直流电动机就停转。改变电枢电压的极性，电动机就反转。改变电枢电压的大小和极性可以改变直流电动机的转速和转向。

2. PWM 调速

1）PWM 概述

PWM（Pulse Width Modulation，脉冲宽度调制）是通过控制固定电压的直流电源的开关频率，改变负载两端的电压，从而达到控制要求的一种电压调整方法，也就是指利用半导体器件的接通与断开，把直流电压变成电压脉冲序列，通过控制电压脉冲宽度或周期达到变压的目的。PWM 可以应用于许多领域，如电动机调速、温度控制、压力控制等。

在 PWM 驱动控制的调整系统中，按一个固定的频率来接通和断开电源，并且根据需要改变一个周期内电源接通和断开时间的长短。也正因为如此，PWM 又被称为开关驱动装置。

2）直流电动机的 PWM 调速

对于中小功率直流电动机调速系统，使用微机或单片机控制是极为方便的，常用的方法就是 PWM 调速。

在直流电动机调速系统中，实际上就是对电枢（转子线圈）电压进行控制，通过改变一个周期内电源接通和断开时间的长短来改变直流电动机中电枢上电压的占空比，从而达到改变平均电压大小的目的，最终控制电动机的转速。在脉冲的作用下，当电动机通电时，速度逐渐增加；当电动机断电时，速度逐渐减小。只要按一定规律，改变电源接通和断开的时间，即可让电动机转速得到控制。

设电动机始终接通电源时的占空比为 D，则电动机的平均速度为

$$V_a = V_{max} \times D \tag{8-2}$$

式中，V_a 为电动机的平均速度；V_{max} 为电动机全通电时的最大速度；$D=t_1/T$，为占空比，t_1 为接通时间，T 为一个周期。PWM 波形如图 8-8 所示。

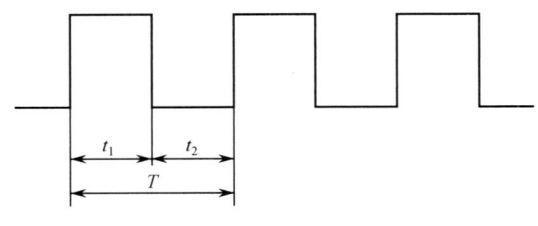

图 8-8 PWM 波形

由式（8-2）可见，当改变占空比 $D=t_1/T$ 时，就可以得到不同的电动机的平均速度，从而达到调速的目的。平均速度与占空比 D 并不是严格的线性关系，但在一般的应用中，可以将其近似地看成线性关系。

若周期不变，只要改变 t_1 就可以改变占空比。AT89S51 单片机无 PWM 波形输出功能，可以采用定时器配合软件的方法实现 PWM 输出。

3．直流电动机的驱动电路

直流电动机的驱动主要完成直流电动机的方向控制及 I/O 端口的驱动，直流电动机的转子转动方向可由直流电动机上所加电压的极性来控制。直流电动机的驱动可以采用分立元件组成的 H 桥控制电路，也可以采用集成芯片，如 ULN2003、L298 等。

1）H 桥控制电路

基于三极管的使用机理和特性，在驱动电动机中可以采用 H 桥控制电路，H 桥控制电路可应用于步进电动机、交流电动机及直流电动机等的驱动。

图 8-9 所示的 4 管 H 桥控制电路包括 4 个三极管和 1 个电动机，电路名为 H 桥控制电路是因为它的形状酷似字母 H。要使电动机运转，必须导通对角线上的 1 对三极管。根据不同三极管对的导通情况，电流可能会从左至右或从右至左流过电动机，从而控制电动机的转向。

当三极管对 Q_1 和 Q_4 导通时，电流就从电源正极经 Q_1 从左至右流过电动机，然后经 Q_4 回到电源负极，如图 8-10 所示，按电流箭头方向，该流向的电流驱动电动机顺时针转动。

在另一对三极管对 Q_2 和 Q_3 导通时，电流从右至左流过电动机，从而驱动电动机沿另一方向转动，如图 8-11 所示，该流向的电流驱动电动机逆时针转动。

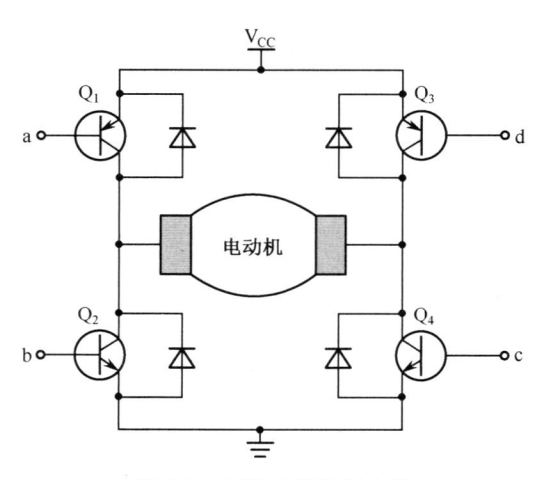

图 8-9　4 管 H 桥控制电路

图 8-10　电动机顺时针转动　　　　图 8-11　电动机逆时针转动

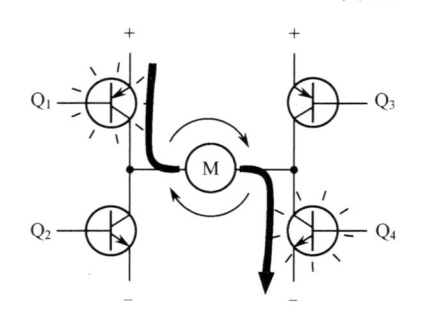

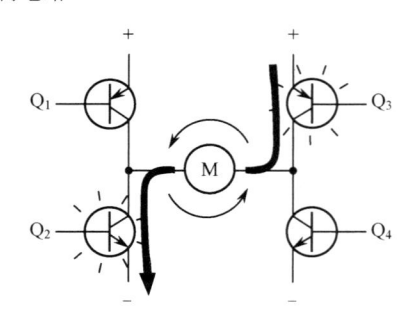

2）L298

L298 是双 H 桥高电压大电流功率集成电路，可用来驱动继电器、线圈、直流电动机、步进电动机等电感性负载。它的驱动电压可达 46V，直流电流总和可达 4A，其内部具有 2 个完全相同的 PWM 功率放大回路。

图 8-12 所示为 L298 驱动电路，L298 可以同时驱动 2 个直流电动机。OUT1、OUT2、OUT3、OUT4 引脚是 L298 的输出端，这 4 个引脚之间可以接 2 个直流电动机。IN1、IN2、IN3、IN4 引脚通过置高电平和低电平组合实现 2 个电动机的正反转，电动机的逻辑表如表 8-2 所示。ENA、ENB 为使能端，高电平有效，分别为 IN1 和 IN2、IN3 和 IN4 的使能端。该端口一般和单片机软件产生的 PWM 波形输出端相连，实现电动机的调速。V_{SS} 为芯片电源端，V_S 为电动机电源端。

表 8-2　电动机的逻辑表

IN1	IN2	ENA	电 机 状 态
X	X	0	停止
1	0	1	顺时针
0	1	1	逆时针

续表

IN1	IN2	ENA	电 机 状 态
0	0	0	停止
1	1	0	停止

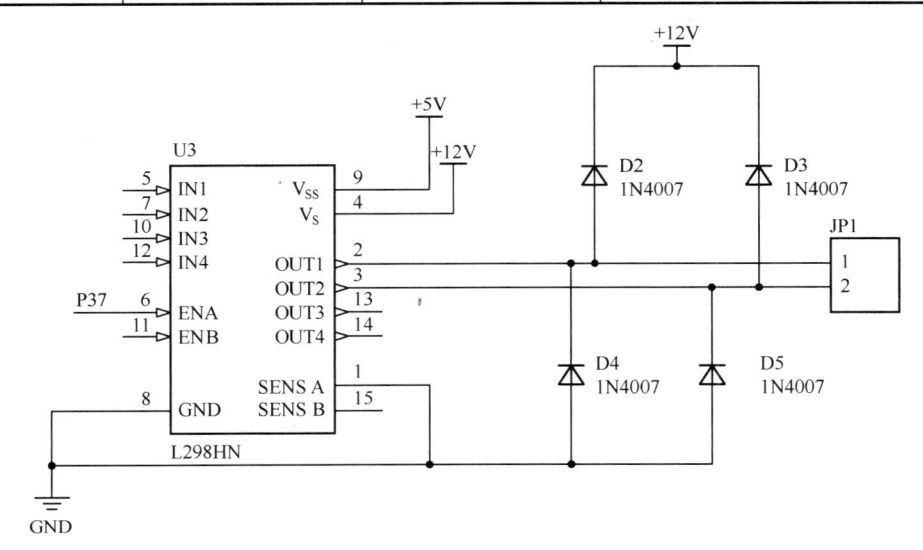

图 8-12 L298 驱动电路

8.3 项目实现

8.3.1 设计思路

本项目要求设计一个玩具小车控制系统，可以通过按键实现玩具小车的加速、减速、前进、后退、暂停功能，LCD 第一行显示"DC moto"，第二行显示电动机的工作状态。

因为没有要求玩具小车有精确的定位，所以本项目选用直流电动机。利用 L298 驱动直流电动机，即玩具小车，通过 PWM 对玩具小车进行调速，配合按键实现加速和减速；另外，单片机通过控制 L298 实现电动机的正转和反转，即玩具小车的前进和后退，配合按键实现该功能。

8.3.2 硬件电路设计

玩具小车的控制系统硬件电路图如图 8-13 所示。在该电路中，用电动机代替玩具小车，另外配有 5 个按键，分别为开始按键（K0）、加速按键（K1）、减速按键（K2）、前进按键

（K3）、后退按键（K4），它们分别和单片机的 P1.3、P1.4、P1.5、P1.6、P1.7 相连。单片机的 P1.0 和直流电动机的 ENA 相连，用来输出 PWM 波，配合按键 K1、K2 对小车进行调速。单片机的 P1.1、P1.2 和直流电动机的 IN1、IN2 相连，配合按键 K3、K4 对小车进行方向控制。另外还设置了一个按键 K0 用来启动电动机。

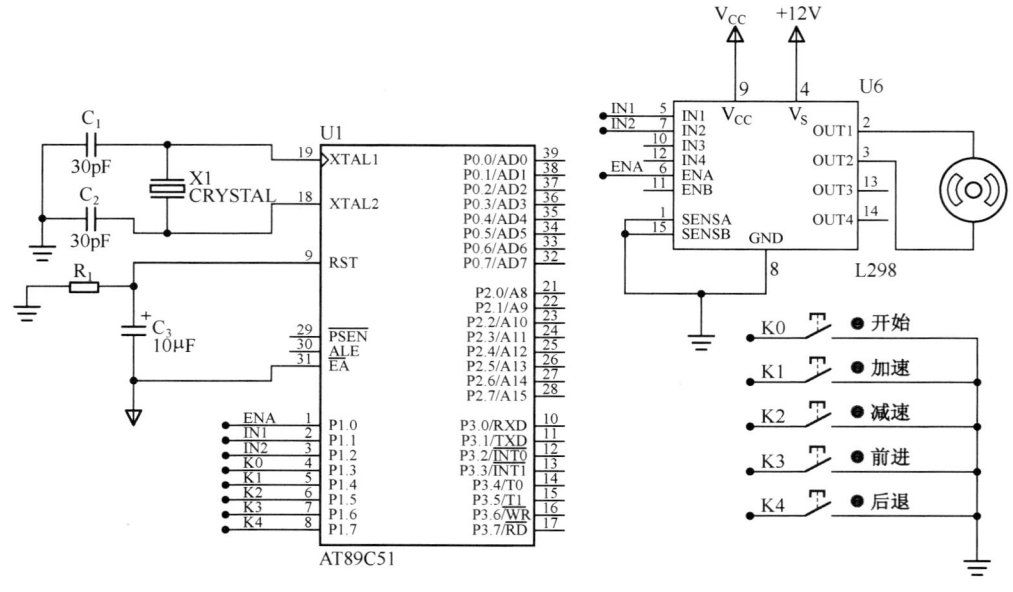

图 8-13 玩具小车的控制系统硬件电路图

8.3.3 程序设计

整个程序的流程很简单：判断 5 个按键中的哪个按键按下，然后做出相关的操作。编程的关键是产生 PWM 波。

利用单片机的定时器来产生 PWM 波，要搞清楚以下两个问题。

1）根据 PWM 波的周期及占空比变化快慢来确定定时器定一次的时间

假定 PWM 信号的周期 T=1ms，f=1kHz，每按一次按键，占空比以 10%比例递增/减。那么把整个周期分为 10 等份，1 等份为 100μs。将定时器的定时时间设定为 100μs，对此定时时间进行统计个数，计满 10 个，即 1 个周期。

2）通过修改高电平的值修改占空比

以 100μs 为基本单位，假设设定高电平的初始值为 2 个单位（持续时间为 200μs），则占空比为 20%。在周期固定的情况下，通过按键 K1 或 K2 修改高电平的值，即可修改占空比（改为 3，则占空比为 30%）。本项目设计程序如下：

```
/******************************************************************/
#include<reg52.h>
sbit key0=P1^3;
```

```c
sbit key1=P1^4;
sbit key2=P1^5;
sbit key3=P1^6;
sbit key4=P1^7;
sbit ENA=P1^0;
sbit IN1=P1^1;
sbit IN2=P1^2;
unsigned char zkb,i;                    //zkb 指高电平的单位数
void delay(unsigned int u)              //延时程序
{
  unsigned char v;
  while(u--)
  {
     for(v=0;v<120;v++);
  }
}
void init()                             //初始化函数
{
  TMOD=0X01;
  TH0=(65536-100)/256;
  TL0=(65536-100)%256;
  EA=1;
  ET0=1;
  TR0=1;
}
void keyscan()                          //键盘扫描
{
  P3=0XFF;
  if(key0==0)
   {
    delay(5);
     if(key0==0)
     {
      while(key0==0);
      IN1=0;IN2=1;
     }
   }
}
if(key1==0)
   {
    delay(5);
     if(key1==0)
     {
      while(key1==0);
      if(zkb<=9)
       {
        zkb++;
```

```c
            }
          }
        }
        if(key2==0)
         {
          delay(5);
           if(key2==0)
            {
             while(key2==0);
             if(zkb>=0)
              {
                zkb--;
              }
            }
         }
        if(key3==0)
         {
          delay(5);
           if(key3==0)
            {
             while(key3==0);
             IN1=0;IN2=1;
            }
         }
        if(key4==0)
         {
          delay(5);
           if(key4==0)
            {
             while(key4==0);
             IN1=1;IN2=0;
            }
         }
     }
void main()                          //主函数
 {
   zkb=5;
   init();
   while(1)
    {
     keyscan();
    }
 }
void time0(void) interrupt 1      //中断函数
{
   TH0=(65536-100)/256;
   TL0=(65536-100)%256;
```

```
    i++;
    if(i==10)
{
     i=0;
}
    if(i<zkb)
     {
    ENA=1;
     }
    else  ENA=0;
     }
/******************************************************************/
```

程序说明：

- 在程序中定义了两个全局变量，一个是存放定时 100μs 的个数的变量 i，当 i=10 时，即定时 1ms，在一个周期结束后，把 i 清 0，开始下一个周期；另一个是存放高电平的单位数的变量 zkb，以 100μs 为基本单位，zkb 的初值可以自主修改，这个初值决定了电动机初始转动的转速。zkb/10 即占空比，可以通过按键 K1、K2 来增加或减小 zkb 的值，从而改变占空比，即改变直流电动机的转速。
- 直流电动机的方向控制是单片机通过控制 IN1、IN2 引脚来实现的。
- 在按键扫描子程序 keyscan()中，5 个按键的判断处理程序采用并列结构排列，这是一种常用的独立式键盘的编程结构。
- 程序清单中没有编写 LCD 的相关显示程序，请同学们自行编写增加。

根据以上程序，完成 8.3.5 节中的第 2）题。

8.3.4 仿真调试

在 PC 上运行 Keil，先新建一个工程项目，使用的单片机为 AT89C51，该工程项目暂且命名为 dj；然后新建一个文件，保存为 dj.c，并将其添加到工程项目中。直接在 Keil 程序编辑窗口中编写程序。当程序设计完成后，通过 Keil 编译并生成 HEX 目标文件。

在已安装 Proteus 软件的 PC 上运行 ISIS 文件，即可进入 Proteus 电路原理仿真界面。利用该软件仿真时操作比较简单，其过程是首先构造电路，然后双击单片机加载 HEX 文件，最后进行仿真。为了能够看到 PWM 波形效果，在 ENA 端接入虚拟的示波器。

玩具小车的控制系统仿真图如图 8-14 所示。在仿真状态下，按下"开始"按键，直流电动机以一定的速度逆时针转动，直流电动机初始转动的 PWM 波形如图 8-15 所示。在多次按下"加速"按键后，能够看到电动机转速逐渐增大，直流电动机转速增大后的 PWM 波形如图 8-16 所示。在多次按下"减速"按键后，能够看到电动机转速逐渐减小，直流电动机转速减小后的 PWM 输出波形如图 8-17 所示。若按下"后退"按键，则直流电动机立即顺时针转动；若按下"前进"按键，则直流电动机又逆时针转动。

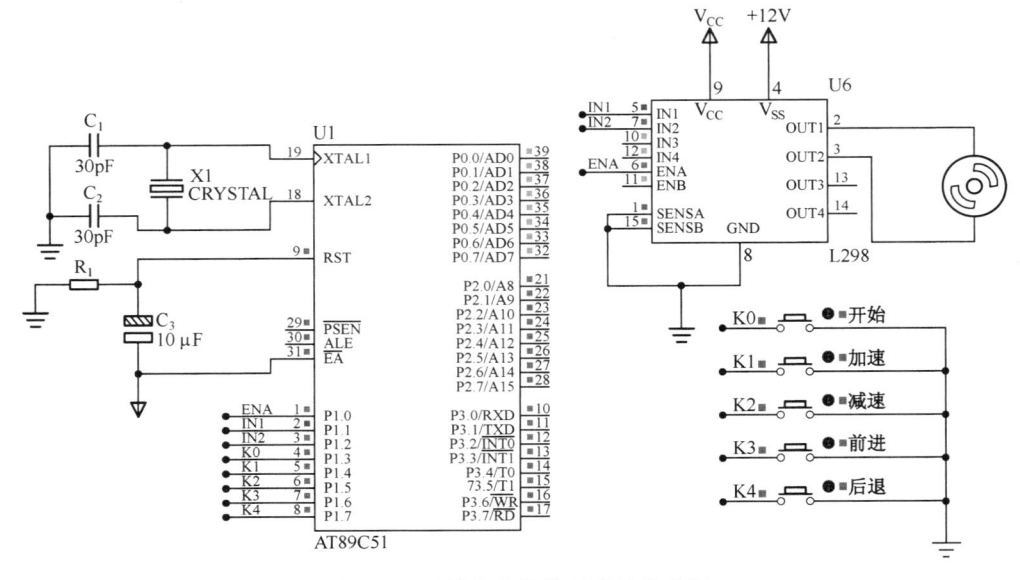

图 8-14　玩具小车的控制系统仿真图

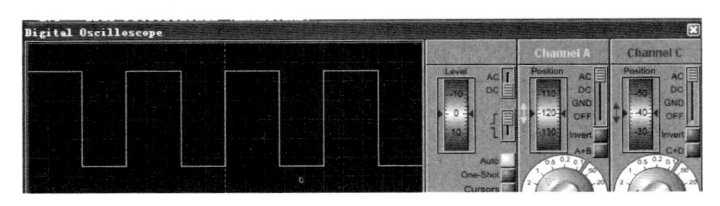

图 8-15　直流电动机初始转动的 PWM 波形

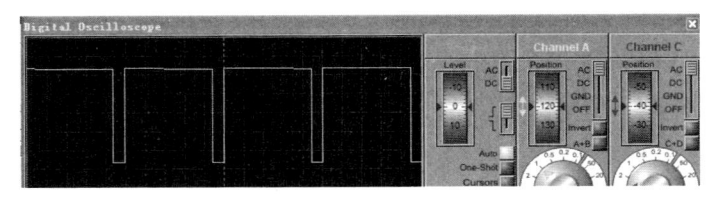

图 8-16　直流电动机转速增大后的 PWM 波形

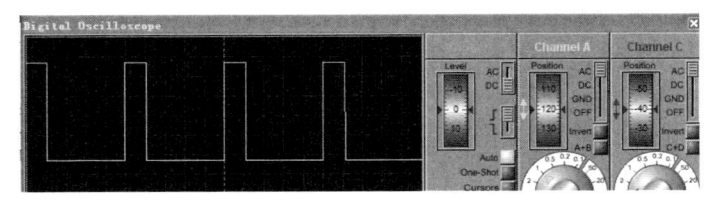

图 8-17　直流电动机转速减小后的 PWM 波形

8.3.5　项目拓展

1）利用步进电动机设计流水线上的手动/自动打包机

P3.2 所接按键模拟流水线上的产品，按键 1 次模拟流水线上过来 1 个产品，对产品进行计数；当产品数为 15 时，系统自动打包，步进电动机正转 1 圈，再反转 90°，模拟打包操作。也可以通过打包键手动打包。LCD 显示每个操作流程相关的提示信息。

2）利用直流电动机和 DS18B20 设计一款温控风扇

风扇有手动和自动两种工作模式，通过按键可进行切换。在手动模式下，可以用 1、2、3 挡按键手动换挡。在自动模式下，根据温度自动换挡。当 10℃<温度<15℃时，风扇 1 挡转动；当 15℃<温度<20℃时，风扇 2 挡转动；当 20℃<温度<25℃时，风扇 3 挡转动。LCD 显示风扇的工作模式、当前温度、转动的挡位。

▶ 项目总结

1. 一般电动机（直流电动机）都是连续运转的，而步进电动机却是一步一步地运转的。它将电脉冲信号转变成电动机转子的角位移，即每当步进电动机的驱动器接收到一个驱动脉冲，步进电动机将会按照设定的方向转动一个固定的角度。步进电动机是一种将电脉冲转化为角度的转换器。

2. 步进电动机的速度控制是靠改变脉冲信号之间即每步之间的延时时间实现的。延时时间变短，速度提高；延时时间变长，速度降低。

3. 步进电动机的方向控制是靠改变励磁顺序实现的。以单相步进电动机为例，当步进电动机正转时，励磁顺序为 A→B→C→（A）；当步进电动机反转时，励磁顺序为 C→B→A→（C）。

4. 步进电动机常用的驱动芯片是 ULN2003。

5. 在直流电动机的两电刷端加上直流电压，将电能输入电枢，机械能就从电动机轴上输出。

6. 直流电动机的转速由电枢电压决定。通过改变一个周期内电源接通和断开的时间来改变直流电动机电枢上电压的占空比，从而达到改变平均电压大小的目的，最终控制电动机的转速。

7. 直流电动机的驱动可以采用分立元件组成的 H 桥控制电路，也可采用集成芯片，如 ULN2003、L298 等。

思考与练习

1. 在图 8-6 中，试写出单相励磁方式步进电动机的相序表。
2. 简述步进电动机速度、方向控制的原理。
3. 说明什么是 PWM 波。
4. 说明 H 桥控制电路的功能和原理。
5. 说明 L298 是如何实现电动机的正转和反转的。

项目 9

人机交互控制系统的设计与实现

▶▶ **项目引入**

在单片机系统设计中,经常需要使用串口进行外部通信,有时需要两个单片机之间进行互相通信。单片机的控制功能强,但运算能力较差,数据存放的 RAM 也有限,所以有时需要借助 PC。单片机与 PC 间的串口通信如图 9-1 所示,这种通信接口技术是重要的实用技术,是实现信息相互传送、相互控制的通信接口技术。

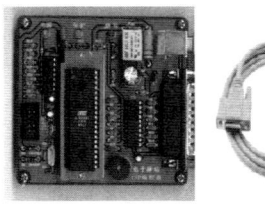

图 9-1　单片机与 PC 间的串口通信

▶▶ **知识目标**

- 掌握单片机串口的基本结构及相关寄存器的设置。
- 掌握单片机串口的 4 种工作方式。

▶▶ **技能目标**

- 会利用 C51 对串行通信进行简单编程。
- 会运用单片机与 PC 间的串行通信接口技术。

9.1　任务描述

利用单片机和 PC 间的串行通信,设计一个可以由 PC 控制的流水灯,驱动流水灯点亮的数值可以直接由 PC 输入。另外,PC 还可以显示流水灯电路所接的开关的状态值。

9.2 准备知识

9.2.1 单片机的串行通信

51 系列单片机的 P3.1、P3.2 引脚是可以进行串行发送和接收的全双工串行通信接口，根据单片机串口的工作方式，该接口可以作为 UART（Universal Asynchronous Receiver/Transmitter，通用异步接收和发送器）使用，也可以作为驱动同步移位寄存器使用。应用串口可以实现单片机系统之间点对点的串行通信和多机通信，也可以实现单片机与 PC 间的串行通信。本节主要讨论 51 系列单片机的串口的结构、串口的工作方式等内容。

1．串行通信概述

1）并行通信和串行通信

PC 与外界进行信息交换称为通信。通信的基本方式有并行通信和串行通信两种。

（1）并行通信。

并行通信是指数据的各位同时进行传送（发送或接收）的通信方式。其优点是数据的传送速度快；缺点是数据线多，数据有多少位，就需要多少条数据线。并行通信一般适用于高速短距离的应用场合，典型的应用是 PC 和打印机之间的连接。

（2）串行通信。

串行通信是指数据一位一位地按顺序传送的通信方式，其突出特点是只需要少数几条数据线就可以在系统间进行信息交换（电话线即可用作传输线），大大降低了传送成本，尤其适用于远距离通信，但串行通信的速度相对比较慢。

2）串行通信的传送方向

串行通信按照传送方向可分为单工方式、半双工方式和全双工方式。

（1）单工方式。

在单工方式下只允许数据往一个方向传送，要么只能发送，要么只能接收。

（2）半双工方式。

在半双工方式下允许数据往两个相反的方向传送，但不能同时传送，只能交替进行。为了避免双方同时发送，需要另加联络线或制定软件协议。

（3）全双工方式。

全双工方式是指数据可以同时往两个相反的方向传送，需要两条独立的数据线分别传送方向相反的数据。

3）异步通信和同步通信

对于串行通信，数据信息和控制信息都要在一条数据线上实现。为了对数据和控制信息进行区分，收发双方要事先约定共同遵守的通信协议。通信协议的约定内容包括同步方式、数据格式、传输速率、校验方式。根据发送与接收时钟的配置方式，串行通信可以分为异步通信和同步通信。

（1）异步通信。

在异步通信中，数据按帧传送。用一位起始位（0电平）表示一个字符的开始，接着是数据位，低位在前，高位在后，用停止位（1电平）表示字符的结束。有时在数据位和停止位之间可以插入1bit奇偶校验位，这样就构成一个数据帧。在异步通信中，通信的每帧数据由4部分组成：起始位（1bit）、数据位（8bit）、奇偶校验位（1bit，可有可无）和停止位（1bit），如图9-2所示。

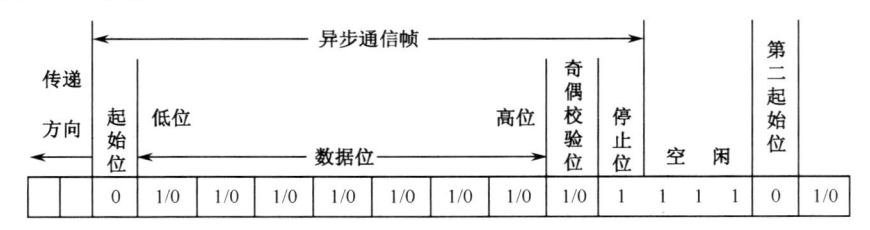

传递方向	起始位	低位	数据位	高位	奇偶校验位	停止位	空闲	第二起始位
	0	1/0	1/0 1/0 1/0 1/0 1/0	1/0	1/0	1	1 1	0	1/0

图9-2 异步通信的数据帧格式

起始位：标志着一个新数据帧的开始。当发送设备要发送数据时，先发送一个低电平信号，起始位通过通信线传向接收设备，接收设备检测到这个低电平后就开始准备接收数据信号。

数据位：起始位之后就是5、6、7或8bit数据位，IBM PC中经常采用7bit或8bit数据传送。当数据位为1时，收发线为高电平，反之为低电平。

奇偶校验位：用于检查在传送过程中是否发生错误。奇偶校验位可有可无，可奇可偶。若选择奇校验，则各位数据位加上校验位使数据中为1的个数为奇数；若选择偶校验，则其和将是偶数。

停止位：停止位是高电平，表示一个数据帧传送的结束。停止位可以是1bit、1.5bit或2bit。

在异步数据传送中，通信双方必须规定数据格式，即数据的编码形式。例如，起始位为1bit，数据位为7bit，奇偶校验位为1bit，停止位为1bit，于是一个数据帧就由10bit构成。接收设备在接收状态时不断地检测传输数据线，看是否有起始位到来。当收到一系列的1（空闲位和停止位）之后，检测到一个0，说明起始位出现，就开始接收所规定的数据位和奇偶校验位及停止位。在接收完毕后，串行接口电路将停止位去掉并把数据位拼成一个并行字节，经校验无误后才算正确地接收到一个字符。一个字符接收完毕后，接收设备又继续测试传输线路，监视0电平的到来（下一个字符开始），直到全部数据接收完毕。

异步通信的特点是不要求收发双方的时钟严格一致，实现起来容易，设备开销较小，但由于每个字符要附加2～3bit用于起止位，各帧之间还有间隔，因此传输效率不高。

（2）同步通信。

同步通信要建立发送方时钟对接收方时钟的直接控制，使双方达到完全同步。同步通信传输效率高。

由于 51 系列单片机的串口属于通用的异步接收和发送器,因此这里只讨论异步通信。

4)串行通信的波特率

波特率是指数据的传输速率,表示每秒钟传送的二进制代码的位数,单位是位/秒(bit per second,bit/s)。假如数据传送的格式是 7bit,加上校验位、起始位及停止位各 1bit,共 10bit 数据,而数据传送的速率是 960 字符/秒,则传送的波特率为

$$10 \times 960 = 9600 \text{bit/s}$$

波特率的倒数为每一位的传送时间,即

$$T = 1/9600 \approx 0.104 \text{ms}$$

由上述的异步通信原理可知,相互通信的 A、B 站点双方必须具有相同的波特率,否则就无法实现通信。波特率是衡量传输通道频宽的指标,它和传送数据的速率并不一致。异步通信的波特率一般为 50~19 200bit/s。

2. 串口的结构

51 系列单片机内有一个可编程的全双工串口,在串行发送时数据由单片机的 TXD(P3.1)引脚送出,在串行接收时数据由 RXD(P3.0)引脚输入。

串口的结构如图 9-3 所示,其主要由两个数据缓冲器 SBUF、一个移位寄存器、发送/接收控制器和一个波特率发生器 T1 等组成。

数据缓冲器 SBUF 是可以直接寻址的专用寄存器。在物理结构上,一个 SBUF 用作发送缓冲器,一个 SBUF 用作接收缓冲器。但两个 SBUF 共用一个地址 99H,由读/写信号区分。发送缓冲器只能写入,不能读出;接收缓冲器只能读出,不能写入。CPU 写 SBUF 时为发送缓冲器,读 SBUF 时为接收缓冲器。接收缓冲器是双缓冲的,可以避免在接收下一帧数据之前,CPU 未能及时响应接收器的中断,把上一帧数据读走,而产生两帧数据重叠的问题。对于发送缓冲器,为了保持最大的传输速率,一般不需要双缓冲,发送时 CPU 是主动的,不会产生数据重叠的问题。

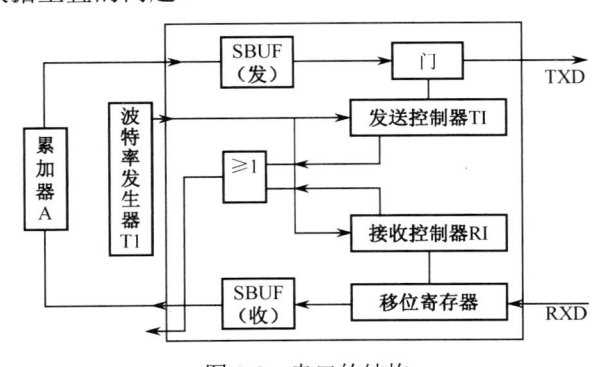

图 9-3 串口的结构

串口控制寄存器 SCON 用来存放串口的控制和状态信息。T1 用作串口的波特率发生器,其波特率是否增倍可由电源控制寄存器 PCON 的最高位控制。

3. 串行通信的发送和接收过程

1) 发送

单片机串行通信的发送过程如下。

（1）用 CPU 中的写发送缓冲器的语句 "SBUF=m"（m 为存放数据的变量）把数据写入串口的发送缓冲器 SBUF。

（2）数据（data）从 TXD 端一位一位地向外发送。

（3）发送完毕后，自动把 TI（发送结束中断标志）置 1，用来供用户查询，同时向 CPU 请求中断，请求 CPU 继续发送下一个数据。

（4）在再次发送数据之前，必须用软件将 TI 清 0。

2) 接收

单片机串行通信的接收过程如下。

（1）在满足 REN（接收允许）=1 和 RI（接收结束中断标志）=0 的条件下，接收端 RXD 一位一位地接收数据。

（2）在一个完整的字符数据送到 SBUF 后，自动把 RI 置 1，用来供用户查询，同时向 CPU 请求中断，请求 CPU 到 SBUF 读取接收的数据。

（3）用语句 "m=SBUF" 把接收缓冲器 SBUF 的内容读出，m 为存放数据的变量。

（4）在下次接收数据之前，必须用软件将 RI 清 0。

4. 与串行通信有关的寄存器

单片机的串口是可编程接口，与串行通信有关的寄存器有串口控制寄存器 SCON、电源控制寄存器 PCON 及与串行通信中断有关的控制寄存器 IE 和 IP。另外，串行通信的波特率还要用到 T1 的控制寄存器 TMOD 和 TCON。

1) 串口控制寄存器 SCON

单片机串行通信的方式选择、接收和发送控制及串口的状态标志等均由串口控制寄存器 SCON 控制和指示。串口控制寄存器 SCON 的字节地址是 98H，支持位操作，其定义如表 9-1 所示。

表 9-1 串口控制寄存器 SCON 的定义

位 序 号	D7	D6	D5	D4	D3	D2	D1	D0
位 名 称	SM0	SM1	SM2	REN	TB8	RB8	TI	RI

SM0、SM1：串口的工作方式控制位。串口的工作方式如表 9-2 所示，其中 f_{osc} 是晶体振荡频率。

表 9-2 串口的工作方式

SM0	SM1	工 作 方 式	功 能 说 明	波 特 率
0	0	方式 0	同步移位寄存器	$f_{osc}/12$

续表

SM0	SM1	工作方式	功能说明	波特率
0	1	方式 1	10bit 异步收发器	波特率可变（T1 溢出率/N）
1	0	方式 2	11bit 异步收发器	$f_{osc}/32$ 或 $f_{osc}/64$
1	1	方式 3	11bit 异步收发器	波特率可变（T1 溢出率/N）

SM2：多机通信控制位，主要用于方式 2 和方式 3。

若 SM2=1，则允许多机通信。当一个 51 系列单片机（主机）与多个 51 系列单片机（从机）通信时，所有从机的 SM2 都置 1。主机先发送的一帧数据为地址，即某从机的机号，其中第 9bit 为 1，所有的从机接收到数据后，将第 9bit 装入 RB8。各个从机根据收到的第 9bit 数据（RB8 中）的值来决定从机能否再接收主机的信息。若 RB8=0，说明接收的内容是数据帧，则接收中断标志位 RI=0，信息丢失；若 RB8=1，说明接收的内容是地址帧，则数据装入 SBUF，RI=1，中断所有从机，被寻址的目标从机将 SM2 复位，以接收主机发送来的一帧数据。其他从机仍然保持 SM2=1。若 SM2=0，即不属于多机通信的情况，则接收一帧数据后，不管第 9bit 数据是 0 还是 1，都有 RI=1，接收到的数据装入接收缓冲器 SBUF。在方式 1 中，若 SM2=1，则只有接收到有效的停止位时，RI 才置 1，以便接收下一帧数据；在方式 0 中，SM2 必须是 0。

REN：允许接收控制位。由软件置 1 或清 0。只有当 REN=1 时才允许接收数据。在串行通信接收控制程序中，若满足 RI=0，REN=1 的条件，则会启动一次接收过程，一帧数据就装入接收缓冲器 SBUF。

TB8：在方式 2 和方式 3 中，TB8 为发送的第 9bit 数据，根据发送数据的需要，由软件置位或复位，可作为奇偶校验位，也可在多机通信中作为发送地址帧或数据帧的标志位。对于后者，当 TB8=1 时，说明发送的内容为地址帧；当 TB8=0 时，说明发送的内容为数据帧。在方式 0 和方式 1 中，该位未用。

RB8：在方式 2 和方式 3 中，RB8 为接收的第 9bit 数据。当 SM2=1 时，若 RB8=1，则说明收到的内容为地址帧。RB8 一般是约定的奇偶校验位，或是约定的地址/数据标志位。在方式 1 中，若 SM2=0（不是多机通信情况），RB8 中存放的是已接收到的停止位。在方式 0 中该位未用。

TI：发送中断标志，在一帧数据发送完时被置位。在方式 0 中发送第 8bit 数据结束时，或其他方式发送到停止位的开始时，由硬件置位，向 CPU 申请中断，同时可用软件查询。TI 置位表示向 CPU 提供"发送缓冲器 SBUF 已空"的信息，CPU 可以准备发送下一帧数据。串口发送中断被响应后，TI 不会自动复位，必须由软件清 0。

RI：接收中断标志，在接收到一帧有效数据后由硬件置位。在方式 0 中接收到第 8bit 数据时，或其他方式中接收到停止位中间时，由硬件置位，向 CPU 申请中断，也可用软件查询。RI=1 表示一帧数据接收结束，并已装入接收缓冲器 SBUF，要求 CPU 取走数据。RI 必须由软件清 0，以清除中断请求，准备接收下一帧数据。

由于串行发送中断标志 TI 和接收中断标志 RI 共用一个中断源，CPU 并不知道是 TI 还是 RI 产生的中断请求，因此，在进行串行通信时，必须在中断服务程序中用指令来判断。复位后 SCON 的所有位都清 0。

2）电源控制寄存器 PCON

电源控制寄存器 PCON 中的最高位 SMOD 是与串口的波特率设置有关的选择位，其余 7bit 都与串行通信无关，其定义如表 9-3 所示。当 SMOD=1 时，方式 1、2、3 的波特率加倍。

表 9-3　电源控制寄存器 PCON 的定义

位 序 号	D7	D6	D5	D4	D3	D2	D1	D0
位 名 称	SMOD	—	—	—	—	—	—	—

串行通信的波特率是由单片机的 T1 产生的，并且由于串行通信占用单片机的一个中断，因此串行通信要用到 T1 及中断有关的寄存器，如 IE、IP、TMOD，在前面已经对中断和定时器/计数应用做了介绍，利用这些寄存器进行串行通信时会在程序中再次体现。

5．串口的工作方式

单片机的串口有 4 种工作方式：方式 0、1、2、3，由串口控制寄存器 SCON 中的 SM0、SM1 决定，有 8bit、10bit 和 11bit 3 种帧格式。

1）方式 0

方式 0 为同步移位寄存器输入/输出方式，一般用于扩展 I/O 端口，实现移位输入和输出。串行数据通过 RXD 输入或输出，TXD 端用于输出同步移位脉冲，作为外接器件的同步信号。方式 0 以 8bit 数据为一帧，不设起始位和停止位，先发送或接收最低位，波特率固定为晶体振荡频率 f_{osc} 的 1/12。

当发送数据时，从 RXD 引脚串行输出，TXD 引脚输出同步脉冲。当一个数据写入发送缓冲器时，串口将 8bit 数据以 $f_{osc}/12$ 的固定波特率从 RXD 引脚由低位到高位输出。在数据发送完后，将中断标志 TI 置 1，请求中断，在再次发送数据之前，必须用软件将 TI 清 0。

当接收数据时，在满足 REN=1 和 RI=0 的条件下，串口处于方式 0。此时，RXD 为数据输入端，TXD 为同步信号输出端，接收缓冲器也以 $f_{osc}/12$ 的波特率对 RXD 引脚输入的数据信息采样。当接收缓冲器接收完 8bit 数据后，将中断标志 RI 置 1，请求中断，在再次接收数据之前，必须用软件将 RI 清 0。

方式 0 常用于通过外接移位寄存器来扩展单片机的 I/O 端口。例如，外接 74LS165 可以扩展并行输入口，如图 9-4（a）所示，该电路为发送电路，74LS165 为并入串出移位寄存器；外接 74LS164 可以扩展并行输出口，如图 9-4（b）所示，该电路为接收电路，74LS164 为串入并出移位寄存器。

图9-4(a) 发送电路

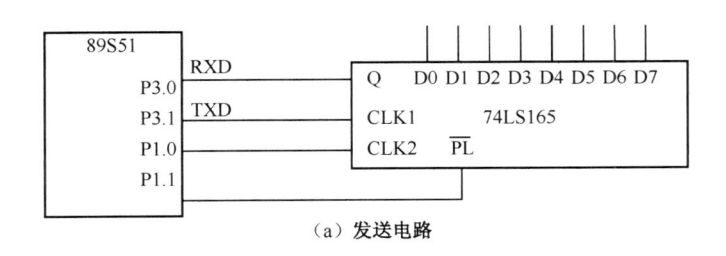

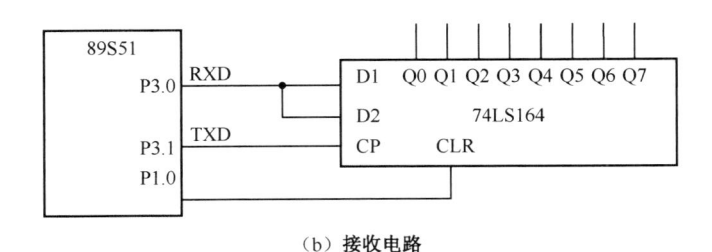

图9-4(b) 接收电路

图9-4 方式0的发送电路和接收电路

2）方式1

当采用方式1工作时，串口被设置为波特率可变的8bit异步通信接口。方式1以10bit为1帧进行传输，有1bit起始位0，8bit数据位1（低位在前）和1bit停止位1，起始位和停止位是在发送时自动插入的。TXD和RXD分别用于发送和接收1bit数据。接收数据时，停止位进入SCON的RB8。

方式1的帧格式如图9-5所示。

图9-5 方式1的帧格式

当发送数据时，数据从TXD端输出，在执行数据写入发送缓冲器的指令后，就启动发送缓冲器开始发送，发送的条件是TI=0。发送时的定时信号，即发送移位脉冲（TX时钟），是由定时器T1送来的溢出信号经过16或32分频（取决于SMOD的值）而取得的。TX时钟就是发送的波特率，方式1的波特率是可变的。发送开始后，每过一个TX时钟周期，TXD端输出1bit数据位，8bit数据发送完后，置位TI，并置TXD端为1，作为停止位。

当接收数据时，在RI=0的条件下，用软件将REN置1，接收器以所选择波特率的16倍速率采样RXD引脚电平，若检测到RXD引脚输入电平发生负跳变，则说明起始位有效，将其移入输入移位寄存器，并开始接收这一帧信息的其余位。在接收过程中，数据从输入移位寄存器右边移入，当起始位移至输入移位寄存器最左边时，控制电路进行最后一次移位。当RI=0，且SM2=0（或接收到的停止位为1）时，将接收到的9bit数据的前8bit数据装入接收缓冲器，第9bit（停止位）装入RB8，并将RI置1，请求中断。

3）方式2和方式3

方式2和方式3都是每帧11bit异步通信格式，由TXD和RXD发送和接收，其操作过程完全相同，不同的只是波特率。方式 2 的波特率是固定的，为晶体振荡频率的 1/64 或 1/32；方式 3 的波特率是可变的，由定时/计数器 T1 的溢出率决定。方式 2 和方式 3 以 11bit 为 1 帧进行传输，每帧数据中包括 1bit 起始位 0、8bit 数据位、附加的第 9bit 数据 D8（发送时为 SCON 中的 TB8，接收时为 RB8）和 1bit 停止位 1，其帧格式如图 9-6 所示。

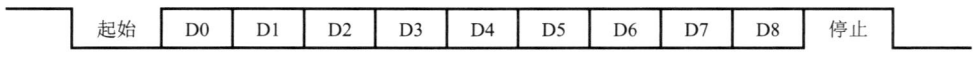

| 起始 | D0 | D1 | D2 | D3 | D4 | D5 | D6 | D7 | D8 | 停止 |

图 9-6　方式 2 和方式 3 的帧格式

当发送数据时，第 9bit 数据位（TB8）可设置为 1 或 0，也可将奇偶校验位装入 TB8 以进行奇偶校验；当接收数据时，第 9bit 数据位装入 SCON 的 RB8。

在发送数据前，先根据通信协议由软件设置 TB8（如作奇偶校验位或地址/数据标志位），然后将要发送的数据写入发送缓冲器，就能启动发送过程。串口自动把 TB8 取出并装入第 9bit 数据的位置，再逐一发送出去，发送完毕时置位 TI。

当接收数据时，先使 SCON 的 REN=1，允许接收。当检测到 RXD 端有 1 到 0 的跳变（起始位）时，开始接收 9bit 数据，送入移位寄存器。当满足 RI=0 且 SM2=0 或接收到的第 9bit 数据为 1 时，前 8bit 数据送入 SBUF，附加的第 9bit 数据送入 SCON 中的 RB8，置位 RI；否则放弃接收结果，也不置位 RI。

6．波特率设定

在串行通信中，收发双方对发送或接收的数据速率要有一定的约定。在应用中，通过对单片机串口编程可约定 4 种工作方式。其中方式 0 和方式 2 的波特率是固定的，而方式 1 和方式 3 的波特率是可变的，由定时/计数器 T1 的溢出率确定。

1）方式 0 的波特率

在方式 0 中，波特率固定为晶体振荡频率的 1/12，并且不受 PCON 中 SMOD 位的影响。方式 0 的波特率为 $f_{osc}/12$。

2）方式 2 的波特率

方式 2 的波特率由晶体振荡频率 f_{osc} 和 PCON 的最高位 SMOD 确定，即 $2^{SMOD} \times f_{osc}/64$。在 SMOD=0 时，波特率=$f_{osc}/64$；在 SMOD=1 时，波特率=$f_{osc}/32$。

3）方式 1 和方式 3 的波特率

方式 1 和方式 3 的波特率由定时/计数器 T1 的溢出率和 SMOD 的值共同确定，即

$$方式 1、3 的波特率 = 2^{SMOD} \times （T1 溢出率）$$

当 SMOD=0 时，波特率为 T1 溢出率/32，当 SMOD=1 时，波特率为 T1 溢出率/16。其中，T1 的溢出率取决于 T1 的计数速率（计数速率=$f_{osc}/12$）和 T1 的设定值。若定时/计数器 T1 工作于模式 1，则波特率公式为

$$方式 1、3 波特率 = \frac{\frac{2^{SMOD}}{32} \times f_{osc}/12}{2^{16} - 初始值}$$

当定时/计数器 T1 作波特率发生器使用时，通常采用定时器模式 2（自动重装初值的 8 位定时器），该模式比较实用。设置 T1 为定时方式，让 T1 对晶体振荡频率进行计数，计数速率为 $f_{osc}/12$。应注意，禁止 T1 中断，以免溢出而产生不必要的中断。设 T1 的初值为 X，则每过 2^8-X 个机器周期，T1 就会产生一次溢出，即

$$T1 \text{ 溢出率} = \frac{f_{osc}/12}{2^8 - X}$$

从而可以确定串行通信方式 1、3 波特率为

$$\text{方式 1、3 波特率} = \frac{\frac{2^{SMOD}}{32} \times f_{osc}}{12 \times (256 - X)}$$

因而可以得出 T1 模式 2 的初始值 X 为

$$X = 256 - \frac{(SMOD+1)f_{osc}}{384 \times \text{波特率}}$$

表 9-4 所示为常用波特率与其他参数的关系。晶体振荡频率选为 11.0592MHz 是为了使初值为整数，从而产生精确的波特率。

表 9-4 常用波特率与其他参数的关系

串口工作方式	波 特 率	f_{osc}/MHz	SMOD	定时/计数器 T1		
				C/T	模式	定时/计数初值
方式 0	1MHz	12	X	X	X	X
方式 2	375kHz		1			
	187.5kHz		0			
方式 1 或方式 3	62.5kHz	11.0592	1	0	2	FFH
	19.2kHz		1			FDH
	9.6kHz					FDH
	4.8kHz					FAH
	2.4kHz		0			FAH
	1.2kHz					E8H
	137.5Hz					1DH
	110Hz	12			1	FEEBH
方式 0	500kHz	6	X	X	X	X
方式 2	187.5kHz					
方式 1 或方式 3	19.2kHz		1	0	2	FEH
	9.6kHz					FDH
	4.8kHz					FDH
	2.4kHz		0			FAH
	1.2kHz					F4H
	600Hz					E8H
	110Hz					72H
	55Hz				1	FEEBH

如果串行通信选用很低的波特率,那么可将定时/计数器 T1 置于方式 0 或方式 1,即 13bit 或 16bit 定时方式。但在这种情况下,当 T1 溢出时,需要用中断服务程序重装初值。中断响应时间和指令执行时间会使波特率产生一定的误差,需要用改变初值的方法加以调整。

7．串行通信程序的编写

1）串行通信初始化

在用到串行通信之前,要先用指令来设置相关寄存器的初始值,对其进行初始化,设置产生波特率的定时器 1、串口控制和中断控制。具体步骤如下。

（1）确定 T1 的工作方式（编程 TMOD）。

（2）计算 T1 的初值,装载 TH1、TL1。

（3）启动 T1（编程 TCON 中的 TR1 位）。

（4）确定串口控制（编程 SCON）。

（5）串口在中断方式工作时,要进行中断设置（编程 IE、IP）。

2）程序结构

在串行通信过程中,单片机有两种工作方式,即查询方式、中断方式。这两种方式的程序的结构并不相同。

（1）查询方式。

查询方式是指 CPU 不断查询检测 TI 或 RI 的值。若 TI 或 RI 为低电平,则说明正在进行发送或接收；若 TI 或 RI 为高电平,则说明这次发送或接收已结束,接下来 CPU 就可以进行其他相关的操作。

查询方式的程序结构较简单,以发送为例,它的基本结构如下：

```
void main()
{
 ...
 while(TI==0);
 TI=0;
 ...
}
```

若检测到 TI 或 RI 为高电平,则说明这次发送或接收已结束,要用软件把 TI 或 RI 清 0,为下次发送或接收做好准备。

（2）中断方式。

中断方式是指当一次发送数据或接收数据结束时,系统自动置位 TI 或 RI,且向 CPU 发出中断请求,告诉 CPU 这次发送或接收已结束,接下来 CPU 就可以进行其他相关的操作。

因为串行通信使用的中断方式是单片机的内部中断,所以它的程序结构应包括主程序、中断服务程序两个程序。

主程序是指单片机在响应发送或接收结束中断之前和之后所做的事情。它的结构如下：

```
void main()
```

```
    ...
}
```
中断服务程序是当一次发送或接收结束后,要求单片机响应中断所做的事情。当中断发生并被接受后,单片机就跳到相对应的中断服务程序即中断函数执行,以处理中断请求。中断服务程序的编写格式如下:
```
void 中断服务程序的名称 interrupt 4
{
    中断服务程序的主体
}
```
此处是单片机的串行通信发送或接收结束中断,所以中断编号是 4。

3)举例

例1:甲机 U1 与乙机 U2 进行电路连接,双机通信电路图如图 9-7 所示,甲机接一个矩阵键盘和一位数码管 SEG1,乙机接一位数码管 SEG2。甲机与乙机要进行串行通信,要求甲机把矩阵键盘按键的键值发送到乙机的数码管 SEG2 显示;乙机将接收的数据加 1 后再发送到甲机的数码管 SEG1 显示。

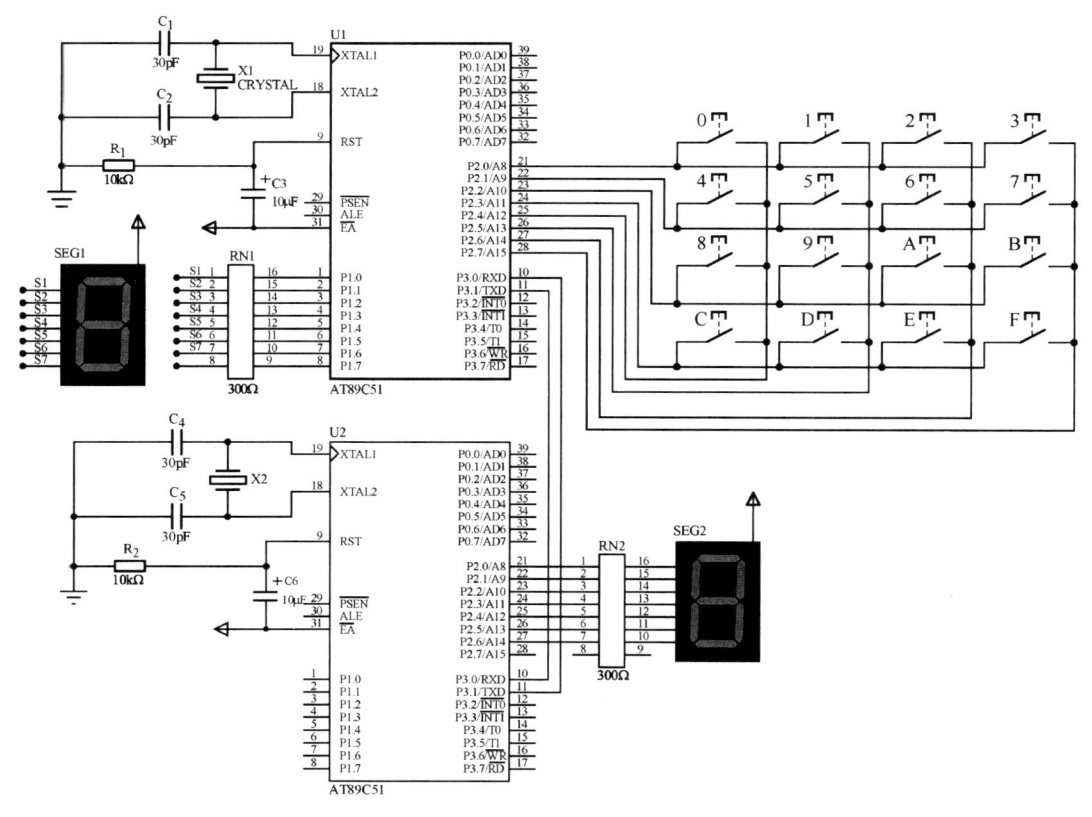

图 9-7 双机通信电路图

根据题意,两个单片机甲机和乙机各自接有数码管,甲机还接有矩阵键盘,这两个单片机串口相接，即甲机 P3.0 接乙机 P3.1，甲机 P3.1 接乙机 P3.0。要求甲机把矩阵键盘按键的键值发送到乙机的数码管 SEG2 显示；乙机将接收的数据加 1 后再发送到甲机的数码管 SEG1 显示。

单片机的串行通信有两种工作方式：中断方式、查询方式。考虑到程序结构的简单性，本例采用查询方式实现双机串口的异步通信。

甲机首先扫描键盘，看是否有按键按下。把按下的键号传送至 SBUF，通过 P3.1 发送出去，然后检测 TI 位是否为 1（等待发送完），若发送完，把 TI 清 0，然后进入接收信息状态，接收乙机发来的信息，检测 RI 位是否为 1（等待接收完）；若接收完后，把 RI 清 0，并把信息转化为段值送到 P1 口显示。

乙机首先处于接收信息状态，接收甲机发来的信息，检测 RI 位是否为 1（等待接收完），若接收完，把 RI 清 0，并把信息转化为段值送到 P2 口显示，另外再把信息加 1 后传送至 SBUF，通过 P3.1 发送出去，然后检测 TI 位是否为 1（等待发送完）；若发送完，把 TI 清 0。

根据串行通信的发送和接收过程，甲机的程序如下：

```c
#include <reg51.h>
#include <INTRINS.H>
unsigned char code sz1[]={0xc0,0xf9,0xa4,0xb0,0x99,0x92,0x82,0xf8,0x80,
0x90,0x88,0x83,0xc6,0xa1,0x86,0x8e};
unsigned char code jp[]={0xee,0xde,0xbe,0x7e,0xed,0xdd,0xbd,0x7d,0xeb,
0xdb,0xbb,0x7b,0xe7,0xd7,0xb7,0x77};
unsigned char jz=0;
void delay(unsigned int t)
{
    unsigned char i;
    while(t--)
    {
        for(i=0;i<125;i++);
    }
}
void sm()
{   unsigned char k,j,n,a,m=0xfe;
    P2=0xf0;k=P2;k=k&0xf0;
    if(k!=0xf0)
    {
        delay(5);
        if(k!=0xf0)
        {
            for(j=0;j<4;j++)
            {
                P2=m;n=P2;
                for(a=0;a<16;a++)
                {
                    if(jp[a]==n)
```

```c
                    jz=a;
                    while((P2&0xf0)!=0xf0);
                }
            m=_crol_(m,1);}
        }
    }
}
void main()
{
    SCON=0x50;                      //设定串口工作方式
    PCON=0x00;                      //波特率不倍增
    TMOD=0x20;                      //T1 工作于 8bit 自动重载模式,用于产生波特率
    EA=1;
    ET1=1;                          //允许串口中断
    TL1=0xfd;
    TH1=0xfd;                       //波特率为 9600bit/s
    TR1=1;
    while(1)
    {
     sm();
     SBUF=jz;
     while(TI==0);
     TI=0;
     while(RI==0);
     RI=0;
     P1=sz1[SBUF];
    }
}
```

乙机的程序如下:

```c
#include <reg51.h>
unsigned char code sz1[]={0xc0,0xf9,0xa4,0xb0,0x99,0x92,0x82,0xf8,0x80,0x90,0x88,
  0x83,0xc6,0xa1,0x86,0x8e};
void delay(unsigned int t)
{
    unsigned char i;
    while(t--)
    {
        for(i=0;i<125;i++);
    }
}
void main()
{
    unsigned char m;
    SCON=0x50;                      //设定串口工作方式
```

```
        PCON=0x00;              //波特率不倍增
        TMOD=0x20;              //T1 工作于 8bit 自动重载模式,用于产生波特率
        EA=1;
        ET1=1;                  //允许串口中断
        TL1=0xfd;
        TH1=0xfd;               //波特率为 9600bit/s
        TR1=1;
        while(1)
        {
         while(RI==0);
         RI=0;
         m=SBUF;
         P2=sz1[m];
         SBUF=m+1;
         while(TI==0);
         TI=0;
        }
}
```

利用 Proteus 对此例进行仿真,双机通信仿真图如图 9-8 所示。当按下甲机的键盘中键号为 6 的按键时,甲机显示 7,乙机显示 6,实现了双机通信。

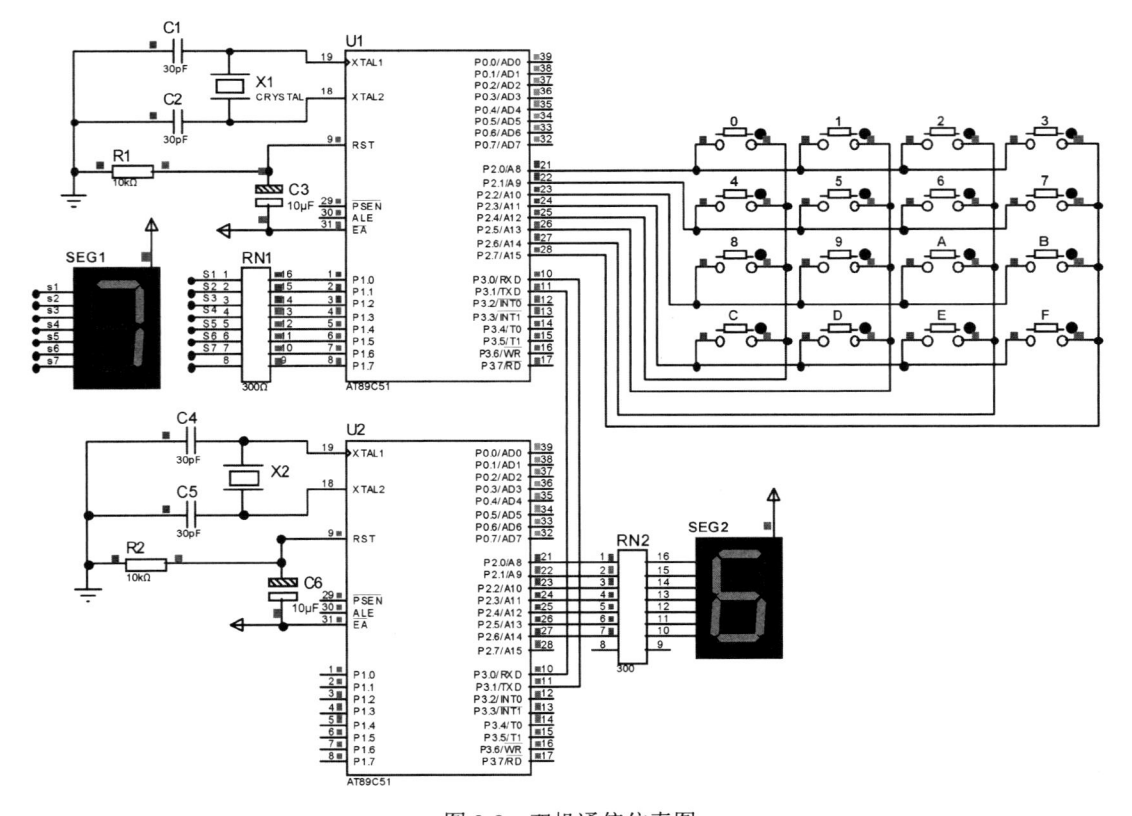

图 9-8 双机通信仿真图

9.2.2 单片机与 PC 之间的串行通信

在单片机系统中，经常需要将单片机的数据交给 PC 来处理，或者将 PC 的一些命令交给单片机来执行，这就需要单片机与 PC 之间进行通信。

单片机与 PC 之间进行串行通信时，常常采用 PC 的 RS-232C 接口。

1．RS-232C 接口

RS-232C 是由美国电子工业协会（EIA）公布的应用较广的串行通信标准总线，适用于短距离或带调制解调器的通信场合。EIA 于 1962 年制定了 RS-232 标准，1969 年修订为 RS-232C，后来又进行多次修订。因为内容修订不多，所以人们习惯使用其早期的名字 RS-232C。RS-232C 定义了数据终端设备（DTE）与数据通信设备（DCE）之间的物理接口标准，规定了 RS-232C 接口的机械特性、功能特性、电气特性和过程特性几方面内容。

1）机械特性

RS-232C 接口规定使用 25 针连接器，连接器的尺寸及每个针的排列位置都有明确的定义。一般的应用中并不一定会用到 RS-232C 定义的全部信号，常采用 9 针连接器替代 25 针连接器。连接器引脚如图 9-9 所示。图 9-9 中所示皆为阳头，通常用于 PC 侧，对应的阴头用于连接线侧。

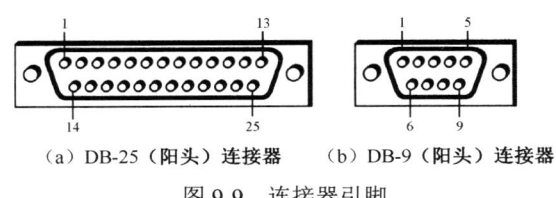

（a）DB-25（阳头）连接器　　（b）DB-9（阳头）连接器

图 9-9　连接器引脚

2）功能特性

RS-232C 的主要信号功能定义如表 9-5 所示。

表 9-9　RS-232C 的主要信号功能定义

信　　号	符　　号	25 针连接器引脚号	9 针连接器引脚号
请求发送	RTS	4	7
清除发送	CTS	5	8
数据设备就绪	DSR	6	6
数据探测	DCD	8	1
数据终端就绪	DTR	20	4
发送数据	TXD	2	3
接收数据	RXD	3	2
接地	GND	7	5

RTS：请求发送。此引脚由 PC 来控制，用以通知 MODEM 马上传送数据至 PC；否则，

MODEM 将收到的数据暂时放入缓冲区。

CTS：清除发送。此引脚由 MODEM 控制，用以通知 PC 将欲传的数据送至 MODEM。

DSR：数据设备就绪。当此引脚为高电平时，通知 MODEM 已经准备好，可以进行数据通信。

DCD：载波检测。该引脚主要用于 MODEM 通知 PC 其处于在线状态，即 MODEM 检测到拨号音，处于在线状态。

DTR：数据终端就绪。当此引脚为高电平时，通知 MODEM 可以进行数据传输，PC 已经准备好。

TXD：此引脚将 PC 的数据发送给外围设备。在使用 MODEM 时，会发现 TXD 指示灯在闪烁，说明 PC 正在通过 TXD 引脚发送数据。

RXD：此引脚用于接收外围设备送来的数据。在使用 MODEM 时，会发现 RXD 指示灯在闪烁，说明 RXD 引脚上有数据进入。

GND：此引脚用于接地。

3）电气特性

RS-232C 标准规定发送数据引脚 TXD 和接收数据引脚 RXD 均采用 EIA 电平，采用负逻辑，规定 $-15\sim-3V$ 为逻辑 1，$+3\sim+15V$ 为逻辑 0。$-3\sim+3V$ 是未定义的过渡区。TTL 电平与 RS-232C 电平如图 9-10 所示。由于 RS-232C 逻辑电平与通常的 TTL 电平不兼容，为了实现与 TTL 电路的连接，需要外加电平转换电路，MC1489、MC1488、MAX232 和 ICL232 是常用的电平转换芯片。

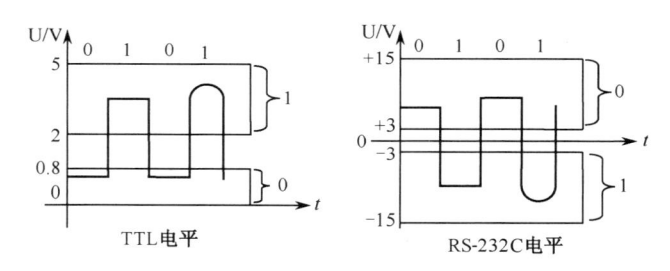

图 9-10　TTL 电平与 RS-232C 电平

4）过程特性

过程特性规定了信号之间的时序关系，以便正确地接收和发送数据。如果通信双方均具备 RS-232C 接口（如 PC），那么它们可以直接连接，不必考虑电平转换问题。

对于单片机与 PC 之间通过 RS-232C 的连接，就必须考虑电平转换问题，因为 89S51 单片机串口不是标准的 RS-232C 接口。

远程 RS-232C 通信需要调制解调器（MODEM），其连接如图 9-11 所示。近程 RS-232C 通信（距离<15m）可以不使用 MODEM，其连接如图 9-12 所示。

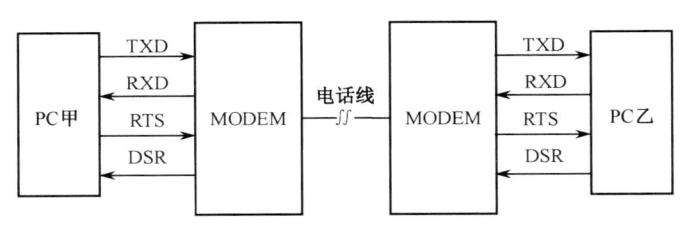

图 9-11 远程 RS-232C 通信连接

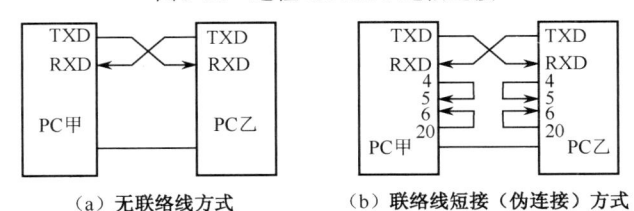

图 9-12 近程 RS-232C 通信连接

5）采用 RS-232C 接口存在的问题

（1）传输距离短，速率低。

（2）有电平偏移。

（3）抗干扰能力差。

2. MAX232

MAX232 是美信公司专门为 PC 的 RS-232C 串口设计的单电源电平转换芯片，使用+5V 单电源供电，在进行单片机的 TTL 电平和 RS-232C 电平转换时常用到此芯片。

MAX232 的主要特点如下。

（1）符合所有的 RS-232C 技术标准。

（2）只需要单一+5V 电源供电。

（3）片载电荷泵具有升压、电压极性反转能力，能够产生+10V 和-10V 电压 V_+、V_-。

（4）功耗低，典型供电电流为 5mA。

（5）内部集成 2 个 RS-232C 驱动器。

（6）内部集成 2 个 RS-232C 接收器。

MAX232 的引脚如图 9-13（a）所示，MAX232 的引脚简化图如图 9-13（b）所示，MAX232 的内部结构基本可分以下三个部分。

第一部分是电荷泵电路。由 1、2、3、4、5、6 引脚和 4 只电容构成，功能是产生+12V 和-12V 两种电源，以提供 RS-232C 串口电平。

第二部分是数据转换通道。由 7、8、9、10、11、12、13、14 引脚构成两个数据通道。其中 13 引脚（R1IN）、12 引脚（R1OUT）、11 引脚（T1IN）、14 引脚（T1OUT）为第一数据通道。8 引脚（R2IN）、9 引脚（R2OUT）、10 引脚（T2IN）、7 引脚（T2OUT）为第二数据通道。TTL/CMOS 数据，从 T1IN、T2IN 输入转换成 RS-232C 数据从 T1OUT、T2OUT 送到 PC DP9 插头；DP9 插头的 RS-232C 数据从 R1IN、R2IN 输入转换成 TTL/CMOS 数据

后从 R1OUT、R2OUT 输出。

第三部分是供电。15 引脚为 GND、16 引脚 V_{CC}（+5V）。

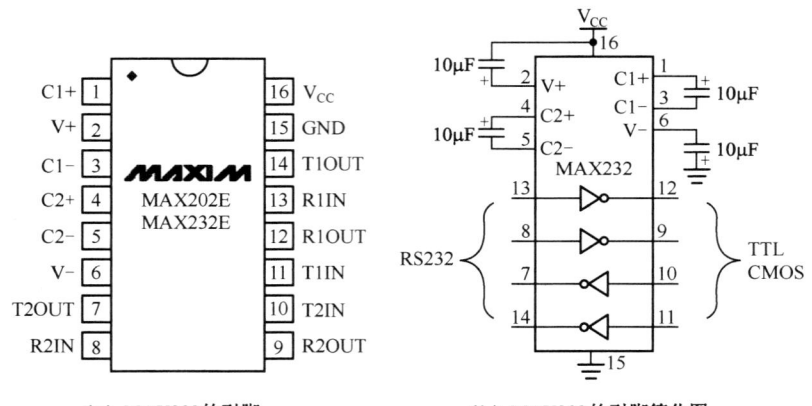

(a) MAX232 的引脚　　(b) MAX232 的引脚简化图

图 9-13　MAX232 的引脚及其简化图

3．MAX232 的典型应用电路

MAX232 内部有电压倍增电路和电压转换电路，使用+5V 单一电源工作，只需要外接 4 个容量为 0.1～10μF 的电容即可完成两路 TTL 电平与 RS-232C 电平的转换。MAX232 的典型应用电路图如图 9-14 所示。

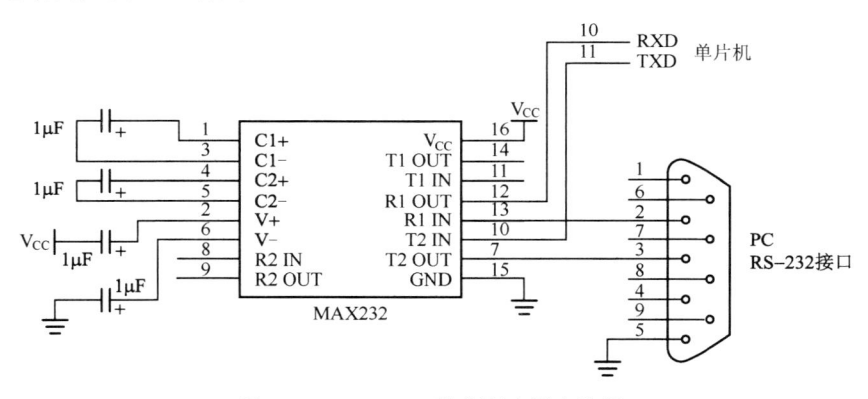

图 9-14　MAX232 的典型应用电路图

9.3　项目实现

9.3.1　设计思路

根据项目描述，利用单片机与 PC 之间的串行通信来设计由 PC 控制的流水灯，单片机通过 RS-232C 串口与 PC 相连。单片机接有 LED 和开关，通过串口 TXD 把开关的状态值

发送给 PC。另外还可以在 PC 端输入数值，然后把数值通过 RS-232C 串口发送给单片机的 RXD，单片机接收后驱动流水灯点亮。

9.3.2 硬件电路设计

由 PC 控制的流水灯硬件电路图如图 9-15 所示。单片机的 P1 口接有 8 个 LED，P2 口接有 8 个开关，单片机的串口 RXD、TXD 通过 MAX232 和 PC 的 RS-232C 接口相连。另外为了方便使用，设置了一个"发送"按键。

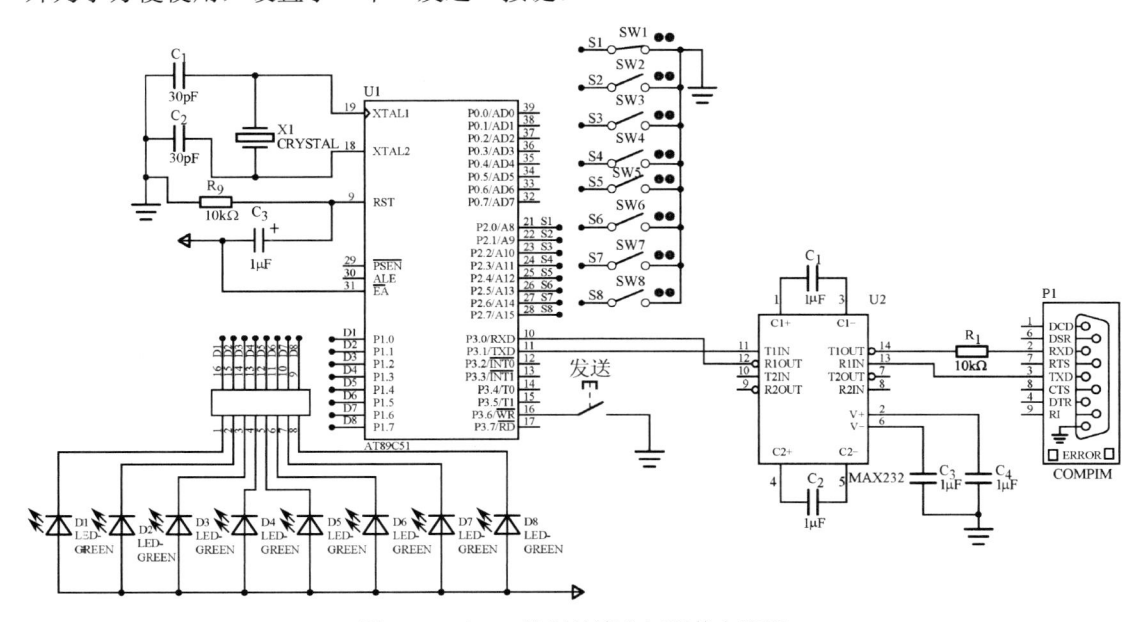

图 9-15 由 PC 控制的流水灯硬件电路图

9.3.3 程序设计

整个程序可分为三部分：串行通信初始化、发送程序、接收程序。

串行通信初始化主要包括通信方式的设置、波特率设置、中断设置等，本项目中串行通信波特率设为 9600bit/s，系统振荡频率为 11.0592MHz，根据表 9-4，定时/计数器 T1 工作方式采用方式 2，初值为 FDH 产生波特率，波特率不倍增。

因为发送程序通过"发送"按键来控制，所以首先要判断"发送"按键是否按下。当"发送"按键按下后，单片机对 P2 口进行读操作，把读出的值送到数据发送缓冲器进行发送，利用查询方式查询 TI 是否为 1（等待发送完），发送完后，把 TI 清 0。

接收程序较为简单，利用查询方式查询 RI 是否为 1（等待接收完），接收完后，把 RI 清 0。将数据接收缓冲器中的数据读出，经过一定的数据处理后，送到 P1 口的 LED 进行显示。

程序如下:
```c
/********************************************************************/
#include <reg51.h>
sbit k1=P3^6;
void delay(unsigned int a)   //1ms 延时
{
 unsigned char i;
 while(a--)
  {
    for(i=0;i<120;i++);
  }
}
void main()
{
    unsigned char m,n;
    SCON=0x50;                //设定串口工作方式
    PCON=0x00;                //波特率不倍增
    TMOD=0x20;                //T1 工作于 8bit 自动重载模式,用于产生波特率
    EA=1;
    ES=1;                     //允许串口中断
    TL1=0xfd;
    TH1=0xfd;                 //波特率为 9600bit/s
    TR1=1;
    while(1)
    {
    while(RI==0);
    RI=0;
    n=SBUF;
    n=n&0x0f;
    P1=~n;
    if(k1==0)
    {
      delay(5);
      if(k1==0)
       {
          m=P2;
          SBUF=m;
          while(TI==0);
          TI=0;
          delay(200);
       }
     }
    }
}
/********************************************************************/
```

程序说明：
- 串行数据在传输过程中，由于干扰可能引起信息出错，称为误码。把发现传输中的误码的过程称为检错。把发现误码后消除误码的过程称为纠错。较简单的纠错方法是奇偶校验，但对于要求较高的场合，要采用复杂的算法。
- 在串行通信中，发送和接收方要设置相同的波特率，否则在传输过程中会发生错误。

9.3.4 仿真调试

在 PC 上运行 Keil，先新建一个工程项目，使用的单片机为 AT89C51，该工程项目暂且命名为 pc；然后新建一个文件，保存为 pc.c，并将其添加到工程项目中。直接在 Keil 程序编辑窗口中编写程序。当程序设计完成后，通过 Keil 编译并生成 HEX 目标文件。

在已安装 Proteus 软件的 PC 上运行 ISIS 文件，即可进入 Proteus 电路原理仿真界面。利用该软件进行仿真时操作比较简单，其过程是首先构造电路，然后双击单片机加载 HEX 文件，最后进行仿真。为了能够看到最终效果，在仿真时加入虚拟终端（Virtual Terminal）。

以下为单片机发送过程的仿真。在仿真状态下，在单片机的发送端 TXD 连接一个虚拟终端，命名为 SCMT。在 RS-232C 接口的接收端 RXD 也连接一个虚拟终端，命名为 PCR。假设 8 个按键中的 SW1、SW2 闭合，其他开关断开，P2 口的输入值为 FCH。此时若按下"发送"按键，虚拟终端 SCMT 显示 FC，虚拟终端 PCR 也显示 FC，如图 9-16 所示。

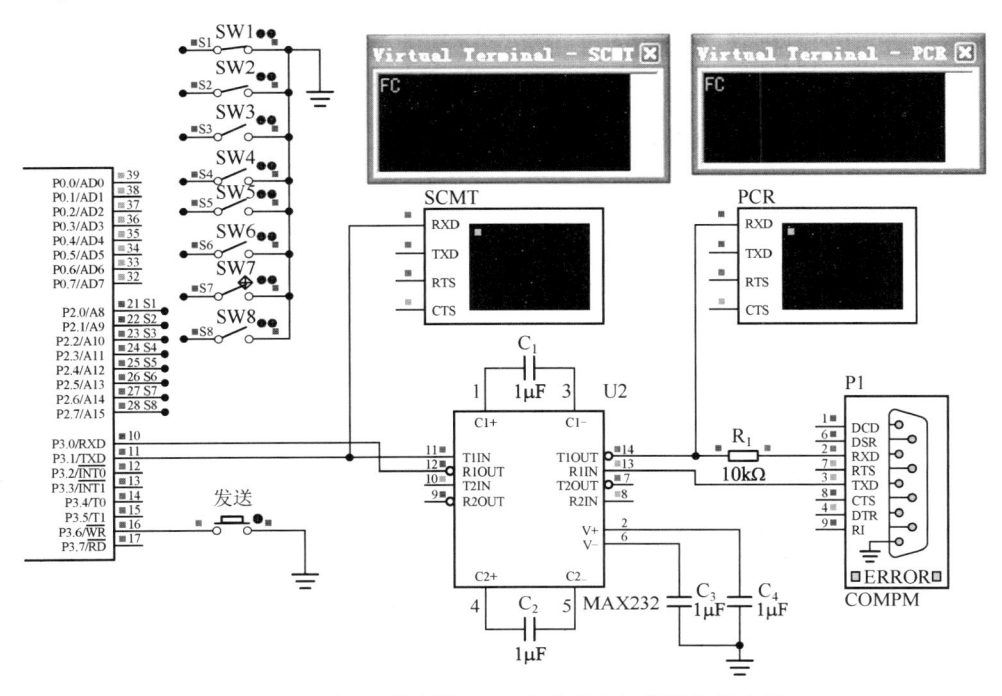

图 9-16　由 PC 控制的 LED 电路单片机发送的仿真图

以下为单片机接收过程的仿真。在仿真状态下，在单片机的接收端 RXD 连接一个虚拟终端，命名为 SCMR。在 RS-232C 接口的发送端 TXD 也连接一个虚拟终端，命名为 PCT。假设想让 LED 显示数值 6，那么在 PCT 端输入 6，SMCR 端也显示 6，而且 D2、D3 点亮，其他 LED 灭，如图 9-17 所示。

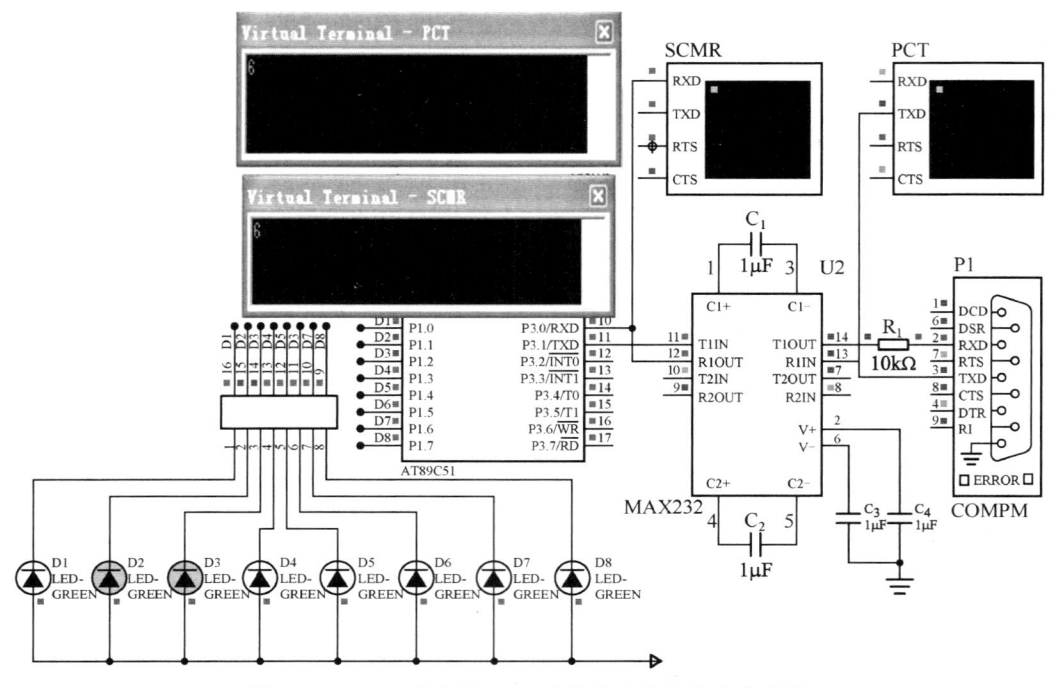

图 9-17　由 PC 控制的 LED 电路单片机接收的仿真图

以上是用 Proteus 来调试的效果，也可以利用串口调试工具作为 PC 的首发软件。PC 运行串口调试工具，单片机收发电路运行收发程序，可方便观察单片机与 PC 之间的通信，"串口调试助手"窗口如图 9-18 所示。

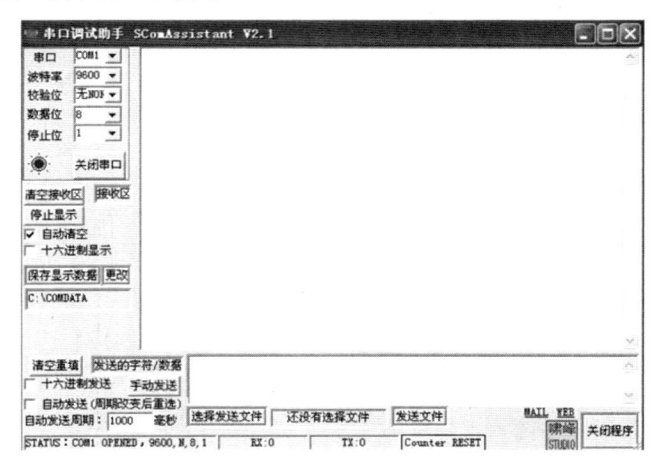

图 9-18　"串口调试助手"窗口

另外也可以通过 VB 设计通信界面，如图 9-19 所示，图 9-20 是单片机与 PC 通过 VB 界面通信的示意图。单片机应用系统运行收发程序，PC 运行 VB 程序。在发送文本框中输入"Q1g 发"几个字符，单击"Sendcmd"按钮，则由单片机接收到信息后再显示在接收文本框中。

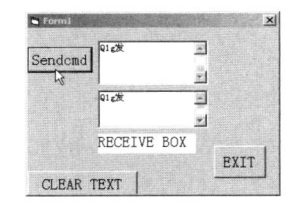

图 9-19　通过 VB 设计通信界面

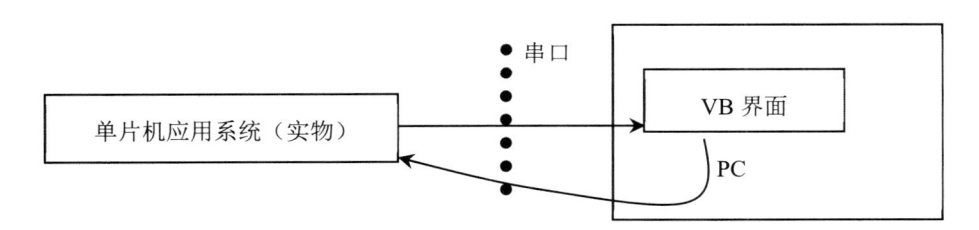

图 9-20　单片机与 PC 通过 VB 界面通信的示意图

9.3.5　项目拓展

STC-ISP 软件提供串口助手，用来调试单片机与 PC 之间的串行通信，如图 9-21 所示。

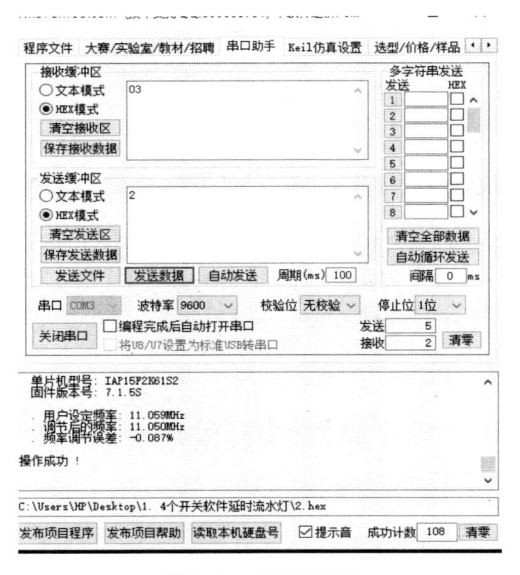

图 9-21　串口助手

（1）设计人机对话，单片机与 PC 之间进行串行通信，实现 PC 发送数据 9 给单片机，单片机回复"Welcome to you!"；若发其他数字给单片机，单片机回复"You are wrong!"。波特率为 9600bit/s。

（2）设计人机对话，单片机与 PC 之间进行串行通信，波特率为 9600bit/s。实现 PC 发送数据命令给单片机，单片机执行相关操作。1：打开蜂鸣器；2：关闭蜂鸣器；3：8 个 LED 全亮；4：8 个 LED 全灭。

（3）设计人机对话，单片机与 PC 之间进行串行通信，波特率为 9600bit/s。实现 PC 发送数据命令给单片机，单片机执行相关操作，并回复相应字符串给 PC。1：流水灯；2：6 秒倒计时；3：温度计（数码管显示）；4：电压表。

▶ **项目总结**

- 51 系列单片机有一个可编程的全双工串行通信电路，通过接收信号引脚 RXD（P3.0）、发送信号引脚 TXD（P3.1）实现单片机和外围设备之间的串行通信。
- 单片机内有一个数据缓冲器 SBUF，地址为 99H。它既可作为发送缓冲器，又可作为接收缓冲器，由读/写信号区分。当需要发送数据时，只需要把数据写入 SBUF；当需要接收数据时，直接从 SBUF 读出数据即可。
- 单片机的串口有 4 种工作方式，方式 0 一般用于扩展 I/O 端口，实现移位输入和输出；方式 1、2、3 用于串行通信的异步通信，3 种方式的位数、波特率不同。
- 在串行通信过程中，单片机有两种工作方式：查询方式、中断方式。

  查询方式是指 CPU 不断查询检测 TI 或 RI 的值。若 TI 或 RI 为低电平，则说明正在发送或接收；若 TI 或 RI 为高电平，则说明这次发送或接收已结束，接下来 CPU 就可以进行其他相关的操作。

  中断方式是指当一次发送数据结束或接收数据结束时，系统自动置位 TI 或 RI，向 CPU 发出中断请求，告诉 CPU 这次发送或接收已结束，接下来 CPU 就可以进行其他相关的操作。

- 在单片机与 PC 之间进行串行通信时，经常采用 RS-232C 接口。RS-232C 标准规定发送数据引脚 TXD 和接收数据引脚 RXD 均采用 EIA 电平，采用负逻辑，规定−15～−3V 为逻辑 1，+3～+15V 为逻辑 0。因为单片机使用的是 TTL 电平，所以需要外加电平转换电路，MC1489、MC1488、MAX232 和 ICL232 是常用的电平转换芯片。

思考与练习

1. 简述异步通信一帧数据的格式。
2. 简述串口控制寄存器 SCON 的作用。
3. 简述单片机串口 4 种工作方式的不同特点和适用场合。
4. 简述单片机串口的查询方式。
5. 简述 TTL 电平和 EIA 电平的特点。
6. 简述串口通信的初始化步骤。

项目 10

电子钟的设计与实现

▶ 项目引入

在单片机系统中，通常需要进行一些与时间有关的控制，这就需要使用实时时钟。例如，在测量控制系统中，特别是长时间无人值守的测量控制系统中，经常需要记录某些具有特殊意义的数据及其出现的时间，在系统中采用实时时钟芯片能很好地解决这个问题。电子钟如图10-1所示。本项目要求设计一个利用LCD12864实时显示时间的电子钟。

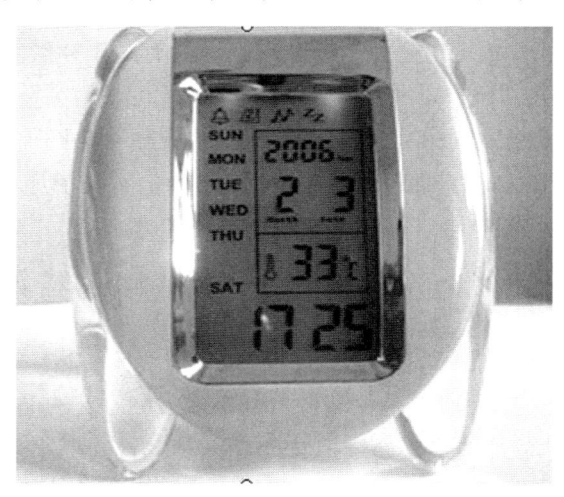

图 10-1 电子钟

▶ 知识目标

- 掌握时钟芯片 DS1302 的原理、特性及选择条件。
- 掌握 LCD12864 的显示原理。

▶ 技能目标

- 掌握 51 单片机和时钟芯片 DS1302 的接口电路设计方法。
- 掌握时钟芯片 DS1302 的 C51 程序设计方法。
- 掌握 LCD12864 的程序设计方法。

10.1　任务描述

利用 DS1302 实时时钟芯片设计一个电子钟，利用 LCD12864 实时显示时间。

10.2　准备知识

10.2.1　DS1302

实时时钟（RTC）是一种由晶体控制精度的，向主系统提供由 BCD 码表示的时间和日期的器件。主系统与实时时钟可通过并口也可通过串口进行通信，并行器件速度快但需要较大的底板空间且价格较昂贵，串行器件体积较小且价格相对便宜。

1. DS1302 简介

DS1302 是美国 DALLAS 公司推出的一种高性能、低功耗、带 RAM 的实时时钟芯片，它可以对年、月、周、日、时、分、秒进行计时，且具有闰年补偿功能，工作电压为 2.5～5.5V。DS1302 采用三线接口与单片机进行同步通信，并可采用突发方式一次性传送多个字节的时钟信号或 RAM 数据。DS1302 内部有一个 31×8bit 的用于临时性存放数据的 RAM 寄存器。DS1302 是 DS1202 的升级产品，与 DS1202 兼容，但增加了主电源/后备电源双电源引脚，同时提供了对后备电源进行涓细电流充电的能力。

图 10-2 所示为 DS1302 的封装外形和引脚排列图，其中 V_{CC1} 为后备电源，一般接 3.6V 电池；V_{CC2} 为主电源，与单片机共用一个电源。DS1302 由 V_{CC1} 或 V_{CC2} 两者中的较大者供电。当 $V_{CC2}>V_{CC1}+0.2V$ 时，V_{CC2} 给 DS1302 供电。当 $V_{CC2}<V_{CC1}$ 时，DS1302 由 V_{CC1} 供电，这时耗电量极小。X1 和 X2 是振荡源，外接 32.768kHz 的晶振。

$\overline{RST}$ 为该芯片的复位/片选线，通过把 $\overline{RST}$ 输入驱动置高电平来启动所有的数据传送。$\overline{RST}$ 输入有两种功能：一种是 $\overline{RST}$ 接通控制逻辑，允许地址/命令序列送入移位寄存器；另一种是 $\overline{RST}$ 提供终止单字节或多字节数据的传送手段。当 $\overline{RST}$ 为高电平时，所有的数据传送被初始化，允许对 DS1302 进行操作。若在传送过程中 $\overline{RST}$ 置为低电平，则会终止此次数据传送，I/O 引脚变为高阻态。当 DS1302 上电运行时，在 $V_{CC}\geqslant 2.5V$ 之前，$\overline{RST}$ 必须保持低电平。只有当 SCLK 为低电平时，才能将 $\overline{RST}$ 置为高电平。

在实际应用时，在初始化 DS1302 的过程中，先让 $\overline{RST}=0$，SCLK=0，然后再让 $\overline{RST}=1$，芯片准备工作开始。在芯片为常态工作时，SCLK=1，$\overline{RST}=0$。I/O 为串行数据输入/输出端（双向），SCLK 始终是输入端。

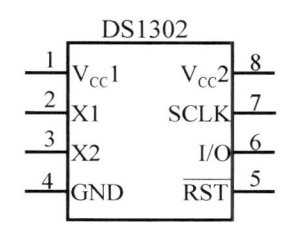

图 10-2　DS1302 的封装外形和引脚排列图

2．DS1302 的寄存器和控制命令

单片机对 DS1302 的操作就是对其内部寄存器的操作。DS1302 内部共有 12 个寄存器，其中有 7 个寄存器与日历和时钟有关，存放的数据位为 BCD 码形式。此外，DS1302 还有年寄存器、慢充电寄存器、时钟突发寄存器及与 RAM 相关的寄存器等。时钟突发寄存器可一次性顺序读写除慢充电寄存器以外的寄存器，日历、时钟寄存器及其控制字对照表如表 10-1 所示，DS1302 内部主要寄存器功能表如表 10-2 所示。

表 10-1　日历、时钟寄存器及其控制字对照表

名　称	7	6	5	4	3	2	1	0
	1	RAM/CK	A4	A3	A2	A1	A0	RD/W
秒寄存器	1	0	0	0	0	0	0	1/0
分寄存器	1	0	0	0	0	0	1	1/0
时寄存器	1	0	0	0	0	1	0	1/0
日寄存器	1	0	0	0	0	1	1	1/0
周寄存器	1	0	0	0	1	0	1	1/0
月寄存器	1	0	0	0	1	0	0	1/0
年寄存器	1	0	0	0	1	1	0	1/0
写保护寄存器	1	0	0	0	1	1	1	1/0
慢充电寄存器	1	0	0	1	0	0	0	1/0
时钟突发寄存器	1	0	1	1	1	1	1	1/0

表 10-2　DS1302 内部主要寄存器功能表

名　称	控　制　字		取值范围	各　位　内　容							
	写	读		7	6	5	4	3	2	1	0
秒寄存器	80H	81H	00～59	CH	10SEC			SEC			
分寄存器	82H	83H	00～59	0	10MIN			MIN			
时寄存器	84H	85H	1～12 或 0～23	12/24	0	A/P	HR	HR			
日寄存器	86H	87H	1～28,29,30,31	0	0	10DATE		DATE			
周寄存器	8AH	8BH	1～7	0	0	0	0	0	DAY		
月寄存器	88H	89H	1～12	0	0	0	10M	MONTH			
年寄存器	8CH	8DH	0～99	10YEAR				YEAR			
写保护寄存器	8EH			WP	0	0	0	0	0	0	0

其中，CH 为时钟停止位，当 CH=0 时晶振工作，当 CH=1 时晶振停止工作；当 AP=1 时为下午模式，当 AP=0 时为上午模式；当 WP = 0 时，允许对寄存器写数据，当 WP = 1 时，禁止对寄存器写数据。单片机连接不仅要向寄存器写入带有寄存器地址的指令，还需要读取相应寄存器的数据。要想与 DS1302 通信，首先要先了解 DS1302 的控制字。控制字的最高有效位（第 7bit）必须是 1，若它为 0，则不能把数据写入 DS1302。若第 6bit 为 0，则表示存取日历时钟数据，若其为 1，则表示存取 RAM 数据；第 5~1bit（A4~A0）为控制字所控制的寄存器的地址；若第 0bit（最低有效位）为 0，则表示进行写操作，若其为 1，则表示进行读操作。

3．DS1302 的读/写时序

1）控制字的读/写

控制字实际上是 DS1302 的寄存器控制指令，每一个指令的最后一位表示对寄存器的读或写操作。控制字总是从最低位开始向 DS1302 写入。从图 10-3 可以看出，在片选 $\overline{\text{RST}}$（CE）有效期间，每位的写入需要一个时钟的上升沿，并且必须先把数据加载到 DS1302 的数据端。在指令输入后的下一个 SCLK 时钟的上升沿时，数据被写入 DS1302，数据的写入也是先从最低位（第 0bit）开始的。同样，在紧跟 8bit 的控制字指令后的下一个 SCLK 时钟的下降沿，读出 DS1302 的数据。读出的数据也是从最低位到最高位的。

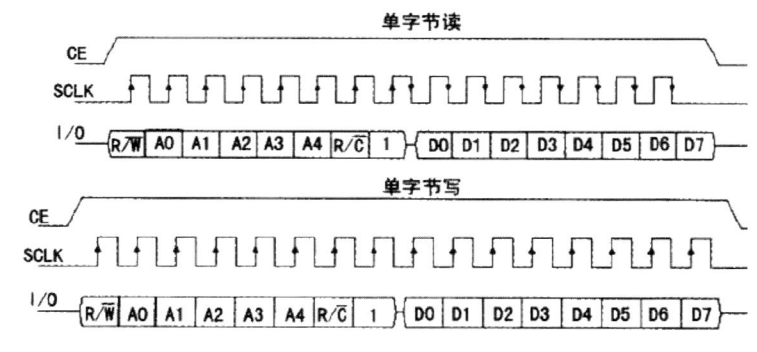

图 10-3　DS1302 数据读/写时序图

2）程序设计原理

单片机对 DS1302 的控制，主要有初始化、单字节写、单字节读三种基本操作，应用操作有对含有指令的地址（控制字）写数据、对含有指令的地址读数据两种，由于读出和写入的数据必须是 BCD 码，所以程序中需要有十进制数—BCD 码与 BCD 码—十进制数转换函数。时间的读取需要读数据操作，调整时间需要写数据操作。

4．DS1302 应用

利用 DS1302 时钟芯片可以设计一个比较完整的电子日历，本应用利用 6 位数码管显示从 DS1302 读取的当前时间，时间显示的格式为时、分、秒。

1）电路原理

电路采用 6 位数码管显示，这里不再画出。DS1302 的 SCLK 引脚接 P1.1，I/O 引脚接 P1.2，复位引脚接 P1.3，DS1302 的 X1 和 X2 接 32 768Hz 的晶振。DS1302 和单片机连接示意图如图 10-4 所示。

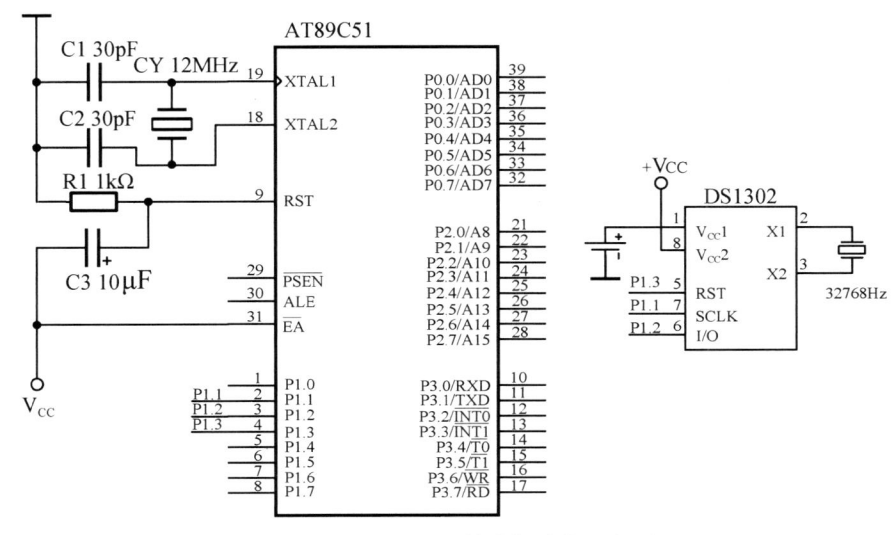

图 10-4　DS1302 和单片机连接示意图

2）程序

程序如下：

```
/***************************************************************/
#include<reg51.h>
#define uchar unsigned char
uchar dot,time1[6],flash;
unsigned int tt;
code seven_tab[10] = {0xc0,0xf9,0xa4,0xb0,0x99,0x92,0x82,0xf8,0x80,0x90};
code bit_select[6] = {0xfe,0xfd,0xfb,0xf7,0xef,0xdf};
sbit rtc_clk=P1^1;           //定义引脚连接
sbit rtc_data=P1^2;
sbit rtc_rst=P1^3;

sbit a0=ACC^0;
sbit a7=ACC^7;

void write_rtc(uchar date)   //写1B
{
    uchar i;
    ACC=date;
    for(i=8;i>0;i--)
        {
```

```c
            rtc_data=a0;
            rtc_clk=1;
            rtc_clk=0;
            ACC=ACC>>1;
        }
}

uchar read_rtc()                                    //读 1B
{
    uchar i;
    for(i=8;i>0;i--)
        {
            ACC=ACC>>1;
            a7=rtc_data;
            rtc_clk=1;
            rtc_clk=0;
        }
    return(ACC);
}
void write1302(uchar address,uchar date)    //写 DS1302 数据
{
    rtc_rst = 0;
    rtc_clk = 0;
    rtc_rst = 1;
    write_rtc(address);
    write_rtc(date);
    rtc_clk = 1;
    rtc_rst = 0;
}
uchar read1302(uchar address)               //读 DS1302 数据
{
    uchar temp;
    rtc_rst = 0;
    rtc_clk = 0;
    rtc_rst = 1;
    write_rtc(address);
    temp=read_rtc();
    rtc_clk = 1;
    rtc_rst = 0;
    return(temp);
}
void init1302()                             //DS1302 初始化
{
    write1302(0x8e,0x00);                   //写操作
    write1302(0x80,0x56);                   //写秒
```

```c
    write1302(0x82,0x34);                //写分
    write1302(0x84,0x12);                //写时
    write1302(0x86,0x10);                //写月
    write1302(0x88,0x10);                //写日
    write1302(0x8a,0x06);                //写周
    write1302(0x8c,0x10);                //写年
    write1302(0x8e,0x80);                //写保护
}
void get_time()              //获取DS1302的时间数据（时、分、秒），存入time1数组
{
    uchar d;
    d = read1302(0x81);
    time1[0] = d & 0x0f;
    time1[1] = (d >> 4) & 0x0f;
    d = read1302(0x83);
    time1[2] = d & 0x0f;
    time1[3] = (d >> 4) & 0x0f;
    d = read1302(0x85);
    time1[4] = d & 0x0f;
    time1[5] = (d >>4 ) & 0x0f;
}
void time0() interrupt 1     //利用中断对数码管上显示的数据进行刷新
{
    uchar i;
    TR0=0;
    TH0 = (65536 - 2000) / 256;
    TL0 = (65536 - 2000) % 256;
    TR0 = 1;
    tt ++;
    if(tt == 500)
    {
        tt = 0;
        dot = !dot;
        flash = 0x7f | (dot << 7);
    }
    P0 = 0xff;
    P2 = bit_select[i];
    if(i == 2)
        P0 = seven_tab[time1[i]] & flash;
    else
        P0 = seven_tab[time1[i]];
    i ++;
    if(i == 6) i=0;
}
void init_timer0()           //timer0初始化
```

```
{
    TMOD = 0x01;
    TH0 = (65536-2000) / 256;
    TL0 = (65536-2000) % 256;
    TR0 = 1;
    ET0 = 1;
    EA  = 1;
}
void main()
{
    init_timer0();
    init1302();
    while(1)
    {
        get_time();
    }
}
```

程序说明：

1）指针概述

指针（pointer）实际上就是存储器的地址，因为可以把它想象成一个指向存储器的箭头，所以称为指针。而指针变量就是储存存储器地址的变量。内存单元的指针和内存单元的内容是两个不同的概念。在使用指针变量时也必须预先声明。

对于一个内存单元来说，它的地址即为指针，其中存放的数据是该单元的内容。在 C 语言中，允许用一个变量来存放指针，这种变量称为指针变量。一个指针变量的值就是某个内存单元的地址，或称为某个内存单元的指针。

指针变量也是一个变量，它和普通变量一样占用一定的存储空间。但与普通变量的不同之处在于，由于指针变量的存储空间存放的不是普通的数据，而是另一个变量的地址，因此指针变量是一个地址变量。声明指针变量的格式如下：

数据类型　*指针变量名;

在指针定义中，"指针变量名"前的"*"仅是一个符号，并不是指针运算符；"数据类型"表示该指针变量所指向变量的数据类型，并非指针变量自身的数据类型，因为所有指针变量都是地址，所以所有指针变量的类型相同，只是所指向的变量的数据类型不同。例如，对于 char *p;来说，p 是一个指针变量，其值是个整型变量的地址，或者说 p 指向一个整型变量。至于 p 究竟指向哪一个整型变量，应由向 p 赋予的地址来决定。指针也可以指向用户自定义的数据类型变量，如

```
typedef struct
{
char year;
    char moth;
    char day;
```

}date;
date *dispaly_date;
```

2）指针与数组

当数组的名字后面没有加任何索引值时，就是指向数组开始位置的地址值，数组的名字也是指针，如

```
char filename[80];
char *p;
p=filename;          //指针p存放filename的开始地址
```

反之，指针也可以当作数组来使用，如

```
int x[5]={1,2,3,4,5};
int *p,sum,i;
p=x;                 //指针p存放数组x的开始地址
for(i=0;i<5;i++)
    sum=sum+p[i];    //p[i]相当于x[i]
```

3）指针的运算

（1）指针变量前面加上"*"就是取得指针所指向位置的内容，如

```
int x[5]={1,2,3,4,5};
int *p;
p=x;                 //指针p存放数组x的开始地址
*p=10;               //相当于x[0]等于10
```

（2）变量前面加上"&"可以取得一个变量的位置，如

```
int x,y;
int *p;
p=&x;                //指针p存放x的地址，相当于p是指向x的指针
*p=1;                //相当于设置x等于1
```

（3）"&"也可以加在数组元数的前面，如

```
int x[5];
int *p;
p=&x[2];             //指针p存放x[2]的地址，相当于p是指向x[2]的指针
*p=50;               //相当于设置x[2]等于50
```

10.2.2　LCD12864

1. LCD12864 的原理

在常用的人机交互显示界面中，除了数码管、LED，以及之前已经提到的LCD1602，还有一种LCD使用较多，那就是LCD12864。常用的LCD12864中有带字库的，也有不带字库的，其控制芯片也有很多种，如KS0108、T6963、ST7920等。这里以将T6963作为主控芯片的LCD12864为例来学习如何去驱动LCD12864并在其中显示相应的信息。液晶屏采用深圳勤正达公司的FM12864F-6，它是一款图形点阵LCD，由控制器T6963C、行驱动
```

器/列驱动器及 128×64 全图形点阵液晶显示器组成。它可以完成常用字符及图形显示，也可以显示 8×4 个（16×16 点阵）汉字。FM12864F-6 如图 10-5 所示。

图 10-5 FM12864F-6

FM12864F-6 的接口信号说明如表 10-3 所示。

表 10-3 FM12864F-6 的接口信号说明

引　脚	符　号	电　平	功　能　描　述
1	FG	0V	铁框地
2	V_{SS}	0V	信号地
3	V_{DD}	5.0V	逻辑和 LCD 正驱动电源
4	V_O	$-10V<V_O<V_{DD}$	对比度调节输入（内部负压时空接）
5	$\overline{WR}$	L	写信号
6	$\overline{RD}$	L	读信号
7	$\overline{CE}$	L	片选信号
8	C/D	H/L	指令/数据选择
9	$\overline{RST}$	L	复位（模块内已带上电复位电路，加电后可自动复位）
10～17	DB0～DB7	H/L	数据总线 0（三态数据总线）
18	FS	H/L	字体选择（H：6X8 点；L：8X8 点，在图形方式时建议接低）
19	LED+	—	LED 背光电源输入（+5V）或 EL 背光电源输入（AC80V）
20	LED-	—	LED 背光电源输入负极

T6963C 是日本东芝公司专门为中等规模 LCD 设计的一款控制器，它通过外部 MCU 可方便地实现对 LCD 驱动器和显示缓存的管理。其特点为具有 8bit 80 或 Z80 系列总线，内部有 128 个常用字符表，可管理外部扩展显示缓存 64KB（本模块为 32KB），并具有丰富的指令供 MCU 实现对 LCD 的操作与编辑。T6963C 的指令表如表 10-4 所示。

表 10-4 T6963C 的指令表

命　令	命　令　码	参数 D1	参数 D2	功　能
地址指针设置	00100001（21H）	X 横向地址	Y 垂直地址	光标地址设置
	00100010（22H）	偏置地址	00H	CGRAM 偏置地址设置
	00100100（24H）	低 8bit 地址	高 8bit 地址	读写显存地址设置

续表

命　令	命令码	参数 D1	参数 D2	功　能
显示 区域设置	01000000（40H）	低 8bit 地址	高 8bit 地址	文本显示区首地址
	01000001（41H）	每行字符数	00H	文本显示区宽度
	01000010（42H）	低 8bit 地址	高 8bit 地址	图形显示区首地址
	01000011（43H）	每行字节数	00H	图形显示区宽度
显示 方式设置	10000000（80H）	–	–	文本与图形逻辑"或"合成显示
	10000001（81H）	–	–	文本与图形逻辑"异或"合成显示
	10000011（83H）	–	–	文本与图形逻辑"与"合成显示
	10000100（84H）	–	–	文本显示特征以双字节表示
显示 状态设置	10010000（90H）	–	–	关闭所有显示
	10010010（92H）	–	–	光标显示但不闪动
	10010011（93H）	–	–	光标闪动显示
	10010100（94H）	–	–	文本显示，图形关闭
	10011000（98H）	–	–	文本关闭，图形显示
	10011100（9CH）	–	–	文本和图形都显示
光标 大小设置	10100000（A0H）	–	–	1 行八点光标
	10100001（A1H）	–	–	2 行八点光标
	10100010（A2H）	–	–	3 行八点光标
	10100011（A3H）	–	–	4 行八点光标
	10100100（A4H）	–	–	5 行八点光标
	10100101（A5H）	–	–	6 行八点光标
	10100110（A6H）	–	–	7 行八点光标
	10100111（A7H）	–	–	8 行八点光标
进入/退出显示 数据自动读/写 方式设置	10110000（B0H）	–	–	进入显示数据自动写方式
	10110001（B1H）	–	–	进入显示数据自动读方式
	10110010（B2H）	–	–	退出自动读/写方式
	10110011（B3H）	–	–	退出自动读/写方式
进入显示数据 一次读/写方式 设置	11000000（C0H）	数据	–	写 1B 数据，地址指针加 1
	11000001（C1H）	–	–	读 1B 数据，地址指针加 1
	11000010（C2H）	数据	–	写 1B 数据，地址指针减 1
	11000011（C3H）	–	–	读 1B 数据，地址指针减 1
	11000100（C4H）	数据	–	写 1B 数据，地址指针不变
	11000101（C5H）	–	–	读 1B 数据，地址指针不变
屏读 1B	11100000（E0H）	–	–	从当前地址指针（在图形区内）读 1B 屏幕显示数据
屏读拷贝(一行)	11101000（E8H）	–	–	从当前地址指针（在图形区内）读 一行屏幕显示数据并写回

续表

命　令	命令码	参数 D1	参数 D2	功　能
显示数据位操作设置	11110XXX	—	—	位清 0
	11111XXX	—	—	位置 1
	1111X000	—	—	设位地址 bit 0（LSB）
	1111X001	—	—	设位地址 bit 1
	1111X010	—	—	设位地址 bit 2
	1111X011	—	—	设位地址 bit 3
	1111X100	—	—	设位地址 bit 4
	1111X101	—	—	设位地址 bit 5
	1111X110	—	—	设位地址 bit 6
	1111X111	—	—	设位地址 bit 7（MSB）

T6963C 的读/写时序如图 10-6 所示。

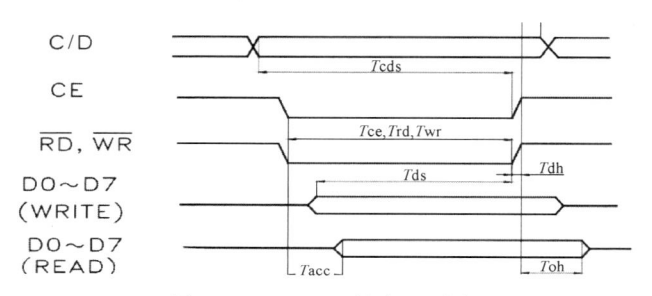

图 10-6　T6963C 的读/写时序

无论向 T6963C 读出数据还是写入命令，都必须先判断其忙状态。读忙状态满足以下条件：/RD 为 L；/WR 为 H；/CE 为 L；C/D 为 H；D0～D7 为状态字。

T6963C 的状态字定义如表 10-5 所示。

表 10-5　T6963C 的状态字定义

MSB	STA7	STA6	STA5	STA4	STA3	STA2	STA1	STA0
LSB	D7	D6	D5	D4	D3	D2	D1	D0

T6963C 的位状态描述如表 10-6 所示。

表 10-6　T6963C 的位状态描述

位定义	位描述	位功能
STA0	指令读写状态	0：忙；1：闲
STA1	数据读写状态	0：忙；1：闲
STA2	数据自动读状态	0：忙；1：闲
STA3	数据自动写状态	0：忙；1：闲
STA4	未用	—
STA5	控制器运行检测可能性	0：不能；1：可能

续表

位 定 义	位 描 述	位 功 能
STA6	屏读/屏拷贝出错状态	0：对；1：错
STA7	闪烁状态检测	0：关；1：开

注：1. STA0 和 STA1 在大多数命令和数据传送前必须在同一时刻判断，否则可能会出错。

2. 在数据自动读写时判断 STA2 和 STA3。

3. 在屏读/屏拷贝时判断 STA6。

4. STA5 和 STA7 为厂家测试时使用的位。

2．电路原理图

LCD12864 和单片机的连接示意图如图 10-7 所示。$\overline{WR}$ 接 P2.4，$\overline{RD}$ 接 P2.3，$\overline{CE}$ 接 P2.2，C/D 接 P2.1，$\overline{RST}$ 接 P2.0。D0～D7 接单片机 P0 的 8 位数据口，LCD12864 的第 4 引脚接变位器，调节背光显示。

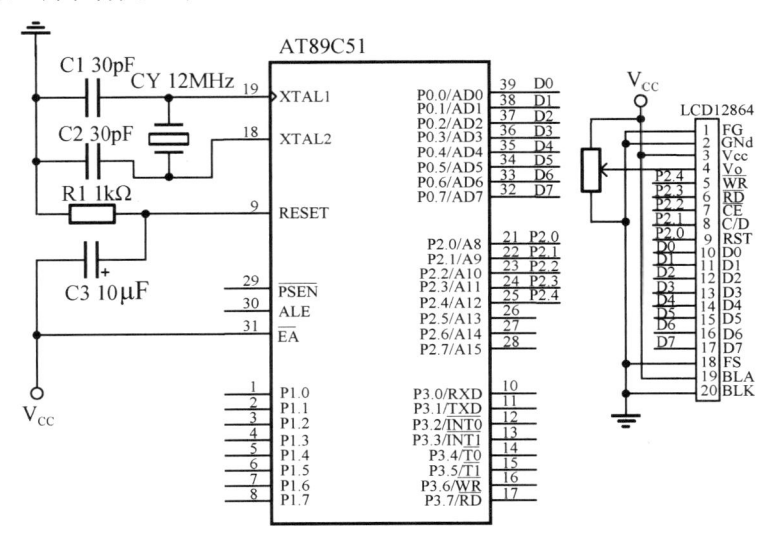

图 10-7 LCD12864 和单片机的连接示意图

3．LCD12864 程序

用 C 语言编程，在 LCD12864 上显示一行汉字和一行字符，汉字内容为"汉字液晶显示"，字符内容为"2011/2/26"，程序仿真运行效果如图 10-8 所示。

图 10-8 程序仿真运行效果

程序如下：
```c
/****************************************************************
            12864 液晶显示器的汉字和英文显示程序
****************************************************************/
#include<reg51.h>
#include<ziku.c>
#include<intrins.h>
#define uchar unsigned char
#define uint unsigned int
/****************************************************************
*12864 液晶的定义（T6963 驱动）                                  *
****************************************************************/
sbit RST = P2^0;                //reset signal, active"L"
sbit C_D = P2^1;                //L:data;H:code
sbit C_E = P2^2;                //chip enable signal, active"L"
sbit R_D = P2^3;                //read signal, active"L"
sbit W_R = P2^4;                //write signal, active"L"
#define width   15              //显示区宽度
#define Graphic 1
#define TXT 0
#define LcmLengthDots 128
#define LcmWidthDots  64
void delay_nms(uint i)          //延时函数
{
    while(i)
    i--;
}
void write_commond(uchar com)   //对液晶写一个指令
{
    C_E = 0;
    C_D = 1;
    R_D = 1;
    P0 = com;
    W_R = 0;                    // write
    _nop_();
    W_R = 1;                    // disable write
    C_E = 1;
    C_D = 0;
}
void write_date(uchar dat)      //对液晶写一个数据
{
    C_E = 0;
    C_D = 0;
    R_D = 1;
    P0 = dat;
```

```c
        W_R = 0;
        _nop_();
        W_R = 1;
        C_E = 1;
        C_D = 1;
    }
    void write_dc(uchar com,uchar dat)                  //写一个指令和一个数据
    {
        write_date(dat);
        write_commond(com);
    }
    void write_ddc(uchar com,uchar dat1,uchar dat2)     //写两个数据和一个指令
    {
        write_date(dat1);
        write_date(dat2);
        write_commond(com);
    }
    void F12864_init(void)                              //LCD 初始化函数
    {
        RST = 0;
        delay_nms(2000);
        RST = 1;
        write_ddc(0x40,0x00,0x00);                      //设置文本显示区首地址
        write_ddc(0x41,128/8,0x00);                     //设置文本显示区宽度
        write_ddc(0x42,0x00,0x08);                      //设置图形显示区首地址 0x0800
        write_ddc(0x43,128/8,0x00);                     //设置图形显示区宽度
        write_commond(0xA0);                            //设置光标形状为 8x8 方块
        write_commond(0x80);             //显示方式设置为文本 and 图形(异或)
        write_commond(0x92);                            //设置光标
        write_commond(0x9F);             //显示开关设置为文本开,图形开,光标闪烁关
    }
    void F12864_clear(void)                             //清空显示存储器函数
    {
        unsigned int i;
        write_ddc(0X24,0x00,0x00);                      //置地址指针为从零开始
        write_commond(0xb0);                            //自动写
        for(i=0;i < 128 * 64;i++)write_date(0x00);      // 清一屏
        write_commond(0xb2);                            // 自动写结束
        write_ddc(0x24,0x00,0x00);                      // 重置地址指针
    }
    void goto_xy(uchar x,uchar y,uchar mode)            //设定显示的地址
    {
        uint  temp;
        temp = 128 / 8 * y + x;
        if(mode)                                        //mode = 1 为 Graphic
```

```c
        {                                     //在图形模式时，要加上图形区首地址 0x0800
            temp = temp + 0x0100;
        }
        write_ddc(0x24,temp&0xff,temp/256);   //地址指针位置
}
void Putchar(uchar x,uchar y,uchar Charbyte)  //显示一个ASCII码函数
{
    goto_xy(x,y,TXT);
    write_dc(0xC4,Charbyte-32);               //数据一次读写方式
}
void display_string(uchar x,uchar y,uchar *p) //显示英文字符串
{
    while(*p != 0)
    {
        if(x > 15 )                           //自动换行  128*64
        {
            x = 0;
            y++;
        }
        Putchar(x,y,*p);
        ++x;
        ++p;
    }
}
void dprintf_hanzi_string_1(struct typFNT_GB16 code *GB_16,uint X_pos,uint Y_pos,uchar j,uchar k)   //显示汉字字符串,j = k + n 为(n 为要显示的字的个数),k 为选择从哪个字开始
{
    unsigned int address;
    unsigned char m,n;
    while(k < j)
    {
        m = 0;
        address = LcmLengthDots / 8 * Y_pos + X_pos + 0x0800;
        for(n = 0;n < 16;n++)                 //计数值16
        {
            write_ddc(0x24,(uchar)(address),(uchar)(address>>8));   //设置显示存储器地址
            write_dc(0xc0,GB_16[k].Mask[m++]);   //写入汉字字模左部
            write_dc(0xc0,GB_16[k].Mask[m++]);   //写入汉字字模右部
            address = address + 128/8;  //修改显示存储器地址，显示下一列（共16列）
        }
        X_pos += 2;
        k++;
    }
```

```c
}
void main()                                          //主函数
{
    F12864_init();
    F12864_clear();
    while(1)
    {
        dprintf_hanzi_string_1(GB_16,2,16,6,0);      //汉字液晶显示
        display_string(3,5,"2011/2/26");             //显示 2011/2/26
    }
}
```

ziku.c 文件的内容如下：

```c
/****************************************************************/
//液晶汉字字库部分
//定义汉字字库的结构体
typedef struct typFNT_GB16
{
    char Index[2];
    char Mask[32];
};
// 定义汉字字库的具体内容
code struct typFNT_GB16  GB_16[]=
{
"汉",//0
{0x20,0x00,0x10,0x00,0x17,0xFC,0x02,0x08,0x82,0x08,0x49,0x10,0x49,0x10,0x11,0x10,0x10,0xA0,0x20,0xA0,0xE0,0x40,0x20,0xA0,0x21,0x18,0x26,0x0E,0x28,0x04,0x00,0x00},
"字", //1
{0x02,0x00,0x01,0x00,0x3F,0xFC,0x20,0x04,0x40,0x08,0x1F,0xE0,0x00,0x40,0x00,0x80,0x01,0x00,0x7F,0xFE,0x01,0x00,0x01,0x00,0x01,0x00,0x01,0x00,0x05,0x00,0x02,0x00},
"液", //2
{0x40,0x40,0x20,0x20,0x27,0xFE,0x09,0x20,0x89,0x20,0x52,0x7C,0x52,0x44,0x16,0xA8,0x2B,0x98,0x22,0x50,0xE2,0x20,0x22,0x30,0x22,0x50,0x22,0x88,0x23,0x0E,0x22,0x04},
"晶", //3
{0x00,0x00,0x0F,0xF0,0x08,0x10,0x0F,0xF0,0x08,0x10,0x0F,0xF0,0x08,0x10,0x00,0x00,0x7E,0x7E,0x42,0x42,0x7E,0x7E,0x42,0x42,0x42,0x42,0x7E,0x7E,0x42,0x42,0x00,0x00},
"显", //4
{0x00,0x00,0x1F,0xF0,0x10,0x10,0x1F,0xF0,0x10,0x10,0x1F,0xF0,0x04,0x40,0x04,0x40,0x44,0x48,0x24,0x48,0x14,0x50,0x14,0x60,0x04,0x40,0xFF,0xFE,0x00,0x00,0x00,0x00},
"示", //5
{0x00,0x00,0x1F,0xF8,0x00,0x00,0x00,0x00,0x00,0x00,0x7F,0xFE,0x01,0x00,0
```

```
x01,0x00,0x11,0x20,0x11,0x10,0x21,0x08,0x41,0x0C,0x81,0x04,0x01,0x00,0x05,0x
00,0x02,0x00}
  };
```

10.3 项目实现

10.3.1 设计思路

本项目利用 DS1302 实时产生当前时间，并利用 LCD12864 进行实时显示。

10.3.2 硬件电路

利用 LCD12864 显示的电子钟的硬件电路图如图 10-9 所示，DS1302 的 $\overline{\text{RST}}$、SCLK、I/O 引脚分别和单片机的 P2.7、P2.6、P2.5 相连，晶体振荡频率为 32 768Hz。LCD12864 的数据引脚和 P1 口相连，CS2、CS1、R/W、E、DI 引脚分别和单片机的 P2.4、P2.3、P2.2、P2.1、P2.0 相连。

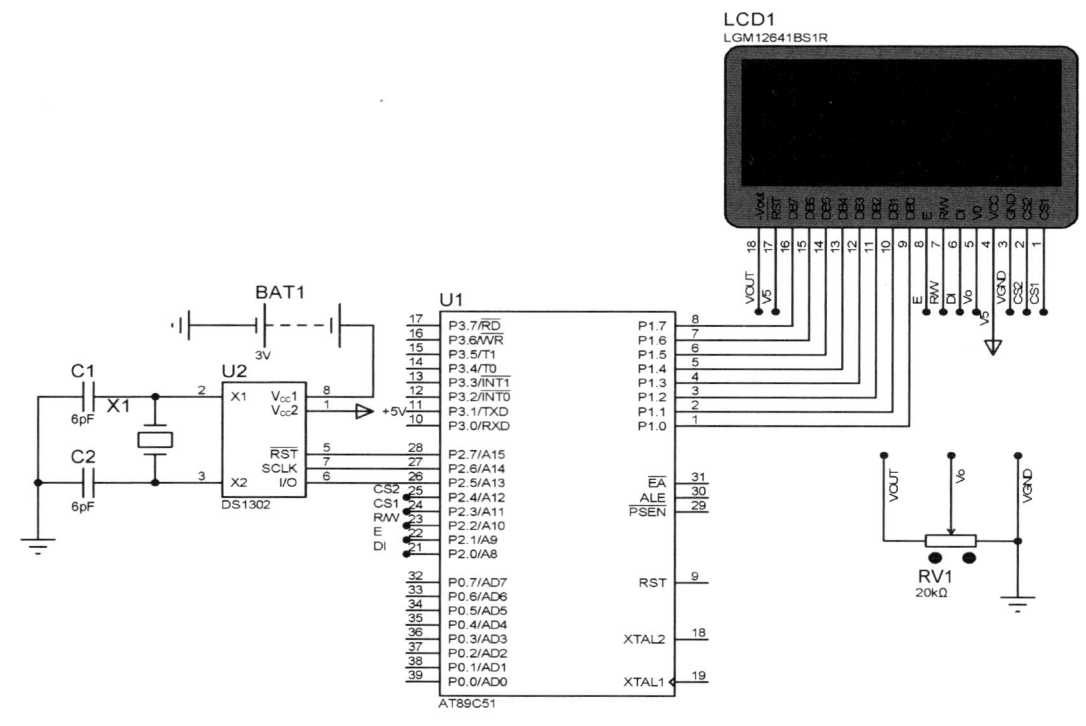

图 10-9 利用 LCD12864 显示的电子钟的硬件电路图

10.3.3 软件设计

本程序包括 main.c、lcd.c 和 1302.c 三个文件：

```c
/************************main.c************************/
#include <absacc.h>
#include <intrins.h>
#include <reg51.h>

#include "LCD.h"
#include "1302.h"

uchar date_buf[8];                    //存储1032

void show_date(void)
{
    uchar i,j;
    j = 16;
    i = date_buf[6]>>4;               //year
    i &= 0x0f;
    ShowNumber(2,16+j,i);
    i = date_buf[6] & 0x0f;
    ShowNumber(2,24+j,i);
    ShowChina(2,32+j,12);
    i = date_buf[4]>>4;               //month
    i &= 0x01;
    ShowNumber(2,48+j,i);
    i = date_buf[4] & 0x0f;
    ShowNumber(2,56+j,i);
    ShowChina(2,64+j,13);
    i = date_buf[3]>>4;               //day
    i &= 0x03;
    ShowNumber(2,80+j,i);
    i = date_buf[3] & 0x0f;
    ShowNumber(2,88+j,i);
    ShowChina(2,96+j,14);
}

void show_time(void)
{
    uchar i,j;
    j = 32;
    i = date_buf[2]>>4;               //hour
    i &= 0x03;
    ShowNumber(6,0+j,i);
    i = date_buf[2] & 0x0f;
```

```c
    ShowNumber(6,8+j,i);
    ShowChina(6,16+j,15);
    i = date_buf[1]>>4;              //minute
    i &= 0x07;
    ShowNumber(6,32+j,i);
    i = date_buf[1] & 0x0f;
    ShowNumber(6,40+j,i);
    ShowChina(6,48+j,16);
    i = date_buf[0]>>4;              //second
    i &= 0x07;
    ShowNumber(6,64+j,i);
    i = date_buf[0] & 0x0f;
    ShowNumber(6,72+j,i);
    ShowChina(6,80+j,17);
}

void show_date_time(void)
{
    uchar *j;
    j=date_buf;
    read_serial(j);
    show_date();
    show_time();
}

void main(void)
{
    InitLCD();
    while(1)
    {
    show_date_time();
    }
}

/************************1302.c*****************************/
#include <absacc.h>
#include <intrins.h>
#include <reg51.h>
#define uchar unsigned char

#define DS1302_SECOND    0x80
#define DS1302_MINUTE    0x82
#define DS1302_HOUR      0x84
#define DS1302_WEEK      0x8A
#define DS1302_DAY       0x86
```

```c
#define DS1302_MONTH 0x88
#define DS1302_YEAR     0x8C

sbit DS1302_CLK = P2^6;            //实时时钟的时钟线引脚
sbit DS1302_IO  = P2^5;            //实时时钟的数据线引脚
sbit DS1302_RST = P2^7;            //实时时钟的复位线引脚

uchar read_1302(void)              //从 DS1302 中读取 1B 数据
{
 uchar i,data_1302;
 for(i=0;i<8;i++)
 {
    data_1302>>=1;
    if(DS1302_IO)
    {
        data_1302|=0x80;
    }
    DS1302_CLK=1;
    DS1302_CLK=0;
 }
 return (data_1302);
}

void write_1302(uchar data_1302)   //向 DS1302 写入 1B 数据
{
    uchar i;
    for(i=0;i<8;i++)
    {
        DS1302_IO=(bit)(data_1302&0x01);
        DS1302_CLK=1;
        DS1302_CLK=0;
        data_1302>>=1;
    }
}
void write_all_1302(uchar addr,uchar data_1302)  //向 DS1302 的某一地址写入 1B 数据
{
    DS1302_RST = 0;
    DS1302_CLK = 0;
    DS1302_RST = 1;
    write_1302(addr);
    write_1302(data_1302);
    DS1302_CLK = 1;
    DS1302_RST = 0;
}
uchar read_all_1302(uchar addr)    //从 DS1302 的某一地址中读取 1B 数据
```

```c
{
    uchar data_1302;
    DS1302_RST = 0;
    DS1302_CLK = 0;
    DS1302_RST = 1;
    write_1302(addr|0x01);
    data_1302 = read_1302();
    DS1302_CLK = 1;
    DS1302_RST = 0;
    return (data_1302);
}

void DS1302_SetProtect(bit flag)      //是否写保护
{
    if(flag)
        write_all_1302(0x8E,0x10);
    else
        write_all_1302(0x8E,0x00);
}

void stop_1302(void)                  //停止DS1302时钟
{
    uchar i;
    i = read_all_1302(DS1302_SECOND);
    i |= 0x80;
    write_all_1302(DS1302_SECOND,i);
}
void start_1302(void)                 //启动DS1302时钟
{
    uchar i;
    i = read_all_1302(DS1302_SECOND);
    i &= 0x7f;
    write_all_1302(DS1302_SECOND,i);
}

void read_serial(uchar *j)            //读出DS1302的时间序列
{
    uchar i;
    DS1302_RST = 0;
    DS1302_CLK = 0;
    DS1302_RST = 1;
    write_1302(0xbf);                 //0xbf为连续读出的命令代码
    for(i=0;i<8;i++)
    {
        *(j+i) = read_1302();
```

```c
        nop();
    }
    DS1302_CLK = 1;
    DS1302_RST = 0;
}
void write_date_time(uchar *j)        //写入 DS1302 的时间序列
{
    uchar i;
    DS1302_RST = 0;
    DS1302_CLK = 0;
    DS1302_RST = 1;
    write_1302(0xbe);                 //0xbe 为连续写入的命令代码
    for(i=0;i<8;i++)
    {
        write_1302(*(j+i));
    }
    DS1302_CLK = 1;
    DS1302_RST = 0;
}
/*********************lcd.c***************************/
#include <reg51.h>
#include <absacc.h>
#include <intrins.h>
#define LCD12864DataPort  P1
#define uchar unsigned char
#define uint unsigned char

sbit di = P2^0;                       //数据/指令选择
sbit rw = P2^2;                       //读/写选择
sbit en = P2^1;                       //读/写使能
sbit cs1= P2^3;                       //片选 1,低有效（前 64 列）
sbit cs2= P2^4;                       //片选 2,低有效（后 64 列）

 char code HZcode[18][32]={{0x00,0x00,0xFC,0x44,0x54,0x54,0x54,0x55,0xFE,
0x54,0x54,0xF4,0x44,0x44,0x00,0x00,0x40,0x30,0x0F,0x00,0x7D,0x25,0x25,0x25,0
x27,0x25,0x25,0x7D,0x00,0x00,0x00,0x00},…};
 char  code  Numcode[11][16]={{0x00,0x,0x10,0x08,0x08,0x10,0xE0,0x00,0x00,
0x0F,0x10,0x20,0x20,0x10,0x0F,0x00},…};

void nop(void)
{
    _nop_(); _nop_(); _nop_(); _nop_(); _nop_(); _nop_(); _nop_(); _nop_();
_nop_(); _nop_(); _nop_();
}
```

```c
void CheckState(void)                    //状态检查
{
    uchar dat;
    dat = 0x00;
    di=0;
    rw=1;
}

void WriteByte(uchar dat)                //写显示数据,dat:显示数据
{
    CheckState();
    di=1;
    rw=0;
    LCD12864DataPort=dat;
    en=1;
    en=0;
}

SendCommandToLCD(uchar command)          //向LCD发送命令,command:命令
{
    CheckState();
    rw=0;
    di=0;
    LCD12864DataPort=command;
    en=1;
    en=0;
}
void SetLine(uchar line)                 //设定行地址（页）--X 0-7
{
    line &= 0x07; // 0<=line<=7
    line |= 0xb8; //1011 1xxx
    SendCommandToLCD(line);
}
void SetColumn(uchar column)             //设定列地址--Y 0-63
{
    column &= 0x3f; // 0=<column<=63
    column |= 0x40; //01xx xxxx
    SendCommandToLCD(column);
}
void SetStartLine(uchar startline)       //设定显示开始行--XX0--63
{
    startline |= 0xc0; //1100 0000
    SendCommandToLCD(startline);
}
```

```c
void SetOnOff(uchar onoff)              //开关显示
{
    onoff|=0x3e;  //0011 111x
    SendCommandToLCD(onoff);
}
void SelectScreen(uchar screen)         //选择屏幕 screen：0-全屏，1-左屏，2-右屏
{
    switch(screen)
    {
        case 0:
            cs1=0;                      //全屏
            nop();
            cs2=0;
            nop();
            break;
        case 1:
            cs1=1;                      //左屏
            nop();
            cs2=0;
            nop();
            break;
        case 2:
            cs1=0;                      //右屏
            nop();
            cs2=1;
            nop();
            break;
        default:
            break;
    }
}
void ClearScreen(uchar screen)          //清屏 screen：0-全屏，1-左屏，2-右
{
    uchar i,j;
    SelectScreen(screen);
    for(i=0;i<8;i++)
    {
        SetLine(i);
        for(j=0;j<64;j++)
        {
            WriteByte(0x00);
        }
    }
}
```

```c
void Show8x8(uchar lin,uchar column,uchar *address)        //显示8×8点阵 lin: 行（0~7），column: 列（0~127）address: 字模区首地址
{
    uchar i;
    if(column<64)
    {
        SelectScreen(1);                        //若列数<64，则从第一屏开始写
        SetLine(lin);
        SetColumn(column);
        for(i=0;i<8;i++)
        {
            if(column+i<64)
            {
                WriteByte(*(address+i));
            }
            else
            {
                SelectScreen(2);
                SetLine(lin);
                SetColumn(column-64+i);
                WriteByte(*(address+i));
            }
        }
    }
    else
    {
        SelectScreen(2);                        //否则从第二屏开始写
        column-=64;                             //防止越界
        SetLine(lin);
        SetColumn(column);
        for(i=0;i<8;i++)
        {
            if(column+i<64)
            {
                WriteByte(*(address+i));
            }
            else
            {
                SelectScreen(1);
                SetLine(lin);
                SetColumn(column-64+i);
                WriteByte(*(address+i));
            }
        }
    }
```

```c
}
void ShowNumber(uchar lin,uchar column,uchar num)      //显示数字 8×16
{
    uchar *address;
    address=&Numcode[num][0];
    Show8x8(lin,column,address);
      Show8x8(lin+1,column,address+8);
}
void ShowChina(uchar lin,uchar column,uchar num)       //显示汉字 16×16
{
    uchar *address;
    address = &HZcode[num][0];
    Show8x8(lin,column,address);
       Show8x8(lin,column+8,address+8);
       Show8x8(lin+1,column,address+16);
       Show8x8(lin+1,column+8,address+24);
}

void InitLCD(void)                                     //初始化 LCD
{
    uchar i=2000;                                      //延时
    while(i--);
     SetOnOff(1);                                      //开显示
    ClearScreen(1);                                    //清屏
    ClearScreen(2);
      SetStartLine(0);                                 //开始行:0
}

void r_show8x8(uchar lin,uchar column,uchar *address)
{
    uchar i,r_data;
    if(column<64)
    {
        SelectScreen(1);         //若列数<64,则从第一屏开始写
        SetLine(lin);
        SetColumn(column);
        for(i=0;i<8;i++)
        {
            if(column+i<64)
            {
                r_data = ~(*(address+i));
                WriteByte(r_data);
            }
            else
            {
```

```c
                SelectScreen(2);
                SetLine(lin);
                SetColumn(column-64+i);
                r_data = ~(*(address+i));
                WriteByte(r_data);
            }
        }
    }
    else
    {
        SelectScreen(2);                //否则从第二屏开始写
        column-=64;                     //防止越界
        SetLine(lin);
        SetColumn(column);
        for(i=0;i<8;i++)
        {
            if(column+i<64)
            {
                r_data = ~(*(address+i));
                WriteByte(r_data);
            }
            else
            {
                SelectScreen(1);
                SetLine(lin);
                SetColumn(column-64+i);
                r_data = ~(*(address+i));
                WriteByte(r_data);
            }
        }
    }
}

void r_ShowNumber(uchar lin,uchar column,uchar num)
{
    uchar *address;
    address=&Numcode[num][0];
    r_show8x8(lin,column,address);
    r_show8x8(lin+1,column,address+8);
}
```

10.3.4 仿真调试

在 PC 上运行 Keil，先新建一个工程项目，使用的单片机为 AT89C51，该工程项目暂且命名为 dzzh；然后新建一个文件，保存为 dzzh.c，并将其添加到工程项目中。直接在 Keil 程序编辑窗口中编写程序。当程序设计完成后，通过 Keil 编译并生成 HEX 目标文件。

在已安装 Proteus 软件的 PC 上运行 ISIS 文件，即可进入 Proteus 电路原理仿真界面。利用该软件进行仿真时操作比较简单，其过程是首先构造电路，然后双击单片机加载 HEX 文件，最后进行仿真。电子钟的仿真图如图 10-10 所示，LCD 中显示当前日期、时间。

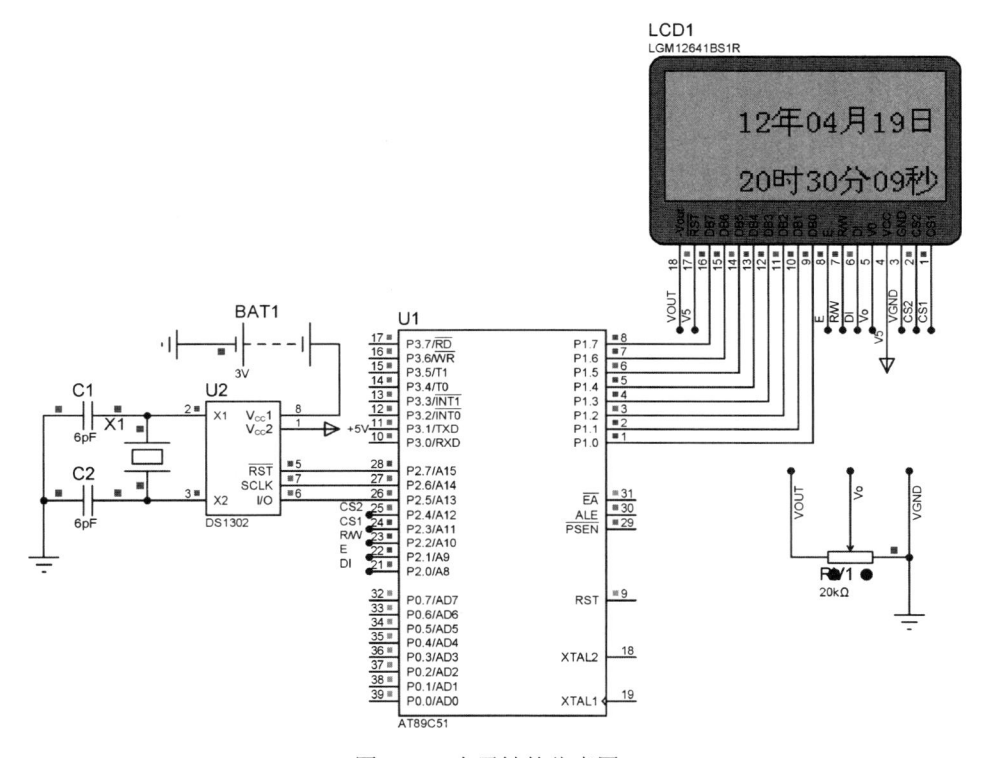

图 10-10 电子钟的仿真图

▶▶ **项目总结**

- LCD12864 是一种图形点阵型液晶显示模块，可显示 128 列 64 行点阵，可显示 32 个（16×16 点阵）汉字，与 CPU 接口采用 8bit 数据总线并口 I/O 方式。
- LCD12864 有 7 条控制指令格式：显示开关控制、设置显示其实行、设置页地址、设置 Y 地址、读状态、写显示数据、向 LCD 发送命令。
- DS1302 是一种高性能、低功耗、带 RAM 的实时时钟电路，它可以对年、月、周、日、时、分、秒进行计时，且具有闰年补偿功能，工作电压为 2.5～5.5V，采用三线接口与单片机进行同步通信。
- DS1302 内部共有 12 个寄存器，其中有 7 个寄存器与日历和时钟有关，存放的数据位为 BCD 码形式。
- 单片机对 DS1302 的控制，主要有初始化、写 1B 数据、读 1B 数据三种基本操作，应用操作有对含有指令的地址（控制字）写数据、对含有指令的地址读数据两种，由于读出和写入的数据必须是 BCD 码，因此程序中需要有十进制数—BCD 码与 BCD 码—十进制数转换函数。时间的读取需要读数据操作，调整时间需要写数据操作。

思考与练习

1. LCD12864 在读/写之前，为什么要进行忙状态检测？
2. 如何使一些字符显示在 LCD12864 的特定位置？
3. DS1302 存放时间的寄存器有哪几个，地址分别是什么？
4. 如何进行十进制数—BCD 码的转换？

附录 A

单片机 C 语言的相关知识

表 A-1 由 ANSI 标准定义的 C 语言关键字

关 键 字	用 途	说 明
auto	存储种类说明	用以说明局部变量，默认值为此
break	程序语句	退出最内层循环
case	程序语句	switch 语句中的选择项
char	数据类型说明	单字节整型数或字符型数据
const	存储类型说明	在程序执行过程中不可更改的常量值
continue	程序语句	转向下一次循环
default	程序语句	switch 语句中的失败选择项
do	程序语句	构成 do_while 循环结构
double	数据类型说明	双精度浮点数
else	程序语句	构成 if_else 选择结构
enum	数据类型说明	枚举
extern	存储种类说明	在其他程序模块中说明了的全局变量
flost	数据类型说明	单精度浮点数
for	程序语句	构成 for 循环结构
goto	程序语句	构成 goto 转移结构
if	程序语句	构成 if_else 选择结构
int	数据类型说明	基本整型数
long	数据类型说明	长整型数
register	存储种类说明	使用 CPU 内部寄存的变量
return	程序语句	函数返回
short	数据类型说明	短整型数
signed	数据类型说明	有符号数，二进制数据的最高位为符号位
sizeof	运算符	计算表达式或数据类型的字节数
static	存储种类说明	静态变量
struct	数据类型说明	结构类型数据
swicth	程序语句	构成 switch 选择结构
typedef	数据类型说明	重新进行数据类型定义

续表

关　键　字	用　　途	说　　明
union	数据类型说明	联合类型数据
unsigned	数据类型说明	无符号型数据
void	数据类型说明	无类型数据
volatile	数据类型说明	该变量在程序执行中可被隐含地改变
while	程序语句	构成 while 和 do_while 循环结构

表 A-2　C51 编译器的扩展关键字

关　键　字	用　　途	说　　明
bit	位标量声明	声明一个位标量或位类型的函数
sbit	位标量声明	声明一个可位寻址变量
Sfr	特殊功能寄存器声明	声明一个特殊功能寄存器
Sfr16	特殊功能寄存器声明	声明一个 16bit 的特殊功能寄存器
data	存储器类型说明	直接寻址的内部 RAM
bdata	存储器类型说明	可位寻址的内部 RAM
idata	存储器类型说明	间接寻址的内部 RAM
pdata	存储器类型说明	分页寻址的外部 RAM
xdata	存储器类型说明	外部 RAM
code	存储器类型说明	ROM
interrupt	中断函数说明	定义一个中断函数
reentrant	再入函数说明	定义一个再入函数
using	寄存器组定义	定义芯片的工作寄存器

表 A-3　运算符优先级和结合性

级　别	类　别	名　称	运算符	结　合　性
1	强制转换、数组、结构、联合	强制类型转换	( )	右结合
		下标	[ ]	
		存取结构或联合成员	->或.	
2	逻辑	逻辑非	!	左结合
	字位	按位取反	~	
	增量	加一	++	
	减量	减一	--	
	指针	取地址	&	
		取内容	*	
	算术	单目减	-	
	长度计算	长度计算	sizeof	
3	算术	乘	*	右结合
		除	/	
		取模	%	

续表

级　别	类　　别	名　　称	运　算　符	结　合　性
4	算术和指针运算	加	+	右结合
		减	−	
5	字　位	左移	<<	
		右移	>>	
6	关　系	大于或等于	>=	
		大于	>	
		小于或等于	<=	
		小于	<	
7		恒等于	==	
		不等于	!=	
8	字　位	按位与	&	
9		按位异或	^	
10		按位或	|	
11	逻　辑	逻辑与	&&	左结合
12		逻辑或	||	
13	条　件	条件运算	?:	
14	赋　值	赋值	=	
		复合赋值	Op=	
15	逗　号	逗号运算	,	右结合

附录 B

单片机 C 语言的编程模版

- 程序开始处的程序说明。
- 单片机 SFR 定义的头文件。

```
#include <reg51.h>              //通用 89C51 头文件
#include <REG52.h>              //通用 89C52 头文件
#include <STC11Fxx.H>           //STC11Fxx 或 STC11Lxx 系列单片机头文件
#include <STC12C2052AD.H>       //STC12Cx052 或 STC12Cx052AD 系列单片机头文件
#include <STC12C5A60S2.H>       //STC12C5A60S2 系列单片机头文件
```

- 更多库函数头定义。

```
#include <assert.h>             //设定插入点
#include <ctype.h>              //字符处理
#include <errno.h>              //定义错误码
#include <float.h>              //浮点数处理
#include <fstream.h>            //文件 I/O
#include <iomanip.h>            //参数化 I/O
#include <iostream.h>           //数据流 I/O
#include <limits.h>             //定义各种数据类型最值常量
#include <locale.h>             //定义本地化函数
#include <math.h>               //定义数学函数
#include <stdio.h>              //定义 I/O 函数
#include <stdlib.h>             //定义杂项函数及内存分配函数
#include <string.h>             //字符串处理
#include <strstrea.h>           //基于数组的 I/O
#include <time.h>               //定义关于时间的函数
#include <wchar.h>              //宽字符处理及 I/O
#include <wctype.h>             //宽字符分类
#include <intrins.h>            //51 基本运算（包括_nop_空函数）
```

- 常用定义声明。

```
sfr[自定义名]=[SFR 地址];    //按字节定义 SFR 中的存储器名，如 sfr P1 = 0x90;
sbit[自定义名]=[系统位名];   //按位定义 SFR 中的存储器名，如 sbit Add_Key = P3 ^ 1;
bit[自定义名] ;              //定义一个位（位的值只能是 0 或 1)，如 bit LED;
#define[代替名][原名]        //用代替名代替原名，如#define LED P1 和#define TA 0x25
unsigned char[自定义名];     //定义一个 0~255 的整数变量，如 unsigned char a;
```

```
unsigned int[自定义名];    //定义一个0~65535的整数变量,如unsigned int a;
```
- 定义常量和变量的存放位置的关键字如表 B-1 所示。

表 B-1 定义常量和变量的存放位置的关键字

关 键 字	说 明	示 例
data	字节寻址片内 RAM,片内 RAM 的 128B	data unsigned char a;
bdata	可位寻址片内 RAM,16B,从 0x20 到 0x2F	bdata unsigned char a;
idata	所有片内 RAM,256B,从 0x00 到 0xFF	idata unsigned char a;
pdata	片外 RAM,256B,从 0x00 到 0xFF	pdata unsigned char a;
xdata	片外 RAM,64KB,从 0x00 到 0xFFFF	xdata unsigned char a;
code	ROM,64KB,从 0x00 到 0xFFFF	code unsigned char a;

- 选择、循环语句。

```
if(1){//为真时语句}else{//否则时语句}
------------------------
while(1){//为真时内容}
------------------------
do{//先执行内容}while(1);
------------------------
switch (a){
    case 0x01://为真时语句  break;
    case 0x02://为真时语句  break;
    default:  //冗余语句    break;}
------------------------
for(;;){//循环语句}
------------------------
```

- 主函数模板。

```
void main (void){//初始程序 while(1){//无限循环程序}}
/****************************************************************/
```

- 中断处理函数模板。

```
/****************************************************************
void name (void) interrupt 1 using 1{//处理内容}
/****************************************************************/
```

- 中断入口说明如表 B-2 所示。

表 B-2 中断入口说明

中 断 号	中 断 名 称	ROM 入口地址
interrupt 0	外部中断 0	0x03
interrupt 1	定时/计数器中断 0	0x0B
interrupt 2	外部中断 1	0x13
interrupt 3	定时/计数器中断 1	0x1B
interrupt 4	UART 串口中断	0x23

注:更多的中断依单片机型号而定,ROM 入口地址均相差 8B。

using 0 为使用寄存器组 0。

using 1 为使用寄存器组 1。

using 2 为使用寄存器组 2。

using 3 为使用寄存器组 3。

- 普通函数框架。

```
void name (void){//函数内容}
/********************************************************************
带返回值
unsigned int name (unsigned char a,unsigned int b){//函数内容 return a; //返回值}
*********************************************************************/
```

附录 C

Proteus 元件名称的中英文对照

表 C-1　Proteus 元件名称的中英文对照

英　文	中　文
AND	与门
ANTENNA	天线
BATTERY	直流电源
BELL	铃、钟
BVC	同轴电缆接插件
BRIDEG 1	整流桥（二极管）
BRIDEG 2	整流桥（集成块）
BUFFER	缓冲器
BUZZER	蜂鸣器
CAP	电容
CAPACITOR	电容
CAPACITOR POL	有极性电容
CAPVAR	可调电容
CIRCUIT BREAKER	断路器
COAX	同轴电缆
CON	插口
CRYSTAL	晶体振荡器
DB	并行插口
DIODE	二极管
DIODE SCHOTTKY	稳压二极管
DIODE VARACTOR	变容二极管
DPY_3-SEG	3 段 LED
DPY_7-SEG	7 段 LED
DPY_7-SEG_DP	7 段 LED（带小数点）
ELECTRO	电解电容
FUSE	熔断器
INDUCTOR	电感

续表

英　　文	中　　文
INDUCTOR IRON	带铁芯电感
INDUCTOR3	可调电感
JFET N	N 沟道场效应管
JFET P	P 沟道场效应管
LAMP	灯泡
LAMP NEDN	起辉器
LED	发光二极管
METER	仪表
MICROPHONE	麦克风
MOSFET	MOS 管
MOTOR AC	交流电动机
MOTOR SERVO	伺服电动机
NAND	与非门
NOR	或非门
NOT	非门
NPN DAR	NPN 三极管
NPN-PHOTO	感光三极管
OPAMP	运放
OR	或门
PHOTO	感光二极管
PNP DAR	PNP 三极管
POT	滑线变阻器
PELAY-DPDT	双刀双掷继电器
RES1.2	电阻
RES3.4	可变电阻
RESISTOR BRIDGE	桥式电阻
RESPACK	电阻
SCR	晶闸管
PLUG	插头
PLUG AC FEMALE	三相交流插头
SOCKET	插座
SOURCE CURRENT	电流源
SOURCE VOLTAGE	电压源
SPEAKER	扬声器
SW	开关
SW-DPDY	双刀双掷开关
SW-SPST	单刀单掷开关
SW-PB	按钮

续表

英　文	中　文
THERMISTOR	电热调节器
TRANS1	变压器
TRANS2	可调变压器
TRIAC	三端双向可控硅
TRIODE	三极真空管
VARISTOR	变阻器
ZENER	齐纳二极管
7SEG	数码管
SW-PB	开关

附录 D

I²C 器件 AT24C04 的原理与应用

I²C（Inter-Integrated Circuit）总线是一种由 PHILIPS 公司开发的两线式串行总线，用于连接微控制器及其外围设备。I²C 总线产生于 20 世纪 80 年代，最初主要用于音频和视频设备开发，如今主要在服务器管理中使用，包括单个组件状态的通信。

I²C 总线的主要优点是其简单性和有效性。由于 I²C 总线接口直接位于组件，因此其占用的空间非常小，减少了芯片引脚的数量，降低了互联成本。I²C 总线的长度可高达 25ft，并且能够以 10kbit/s 的最大传输速率支持 40 个组件。I²C 总线还有一个主要优点：它支持多主控（Multimastering），任何能够进行发送和接收的设备都可以成为主总线。主控能够控制信号的传输和时钟频率。当然，在任何时间点上只能有一个主控。

1. I²C 总线概述

1）I²C 总线的构成

I²C 总线是由串行数据线（SDA）和串行时钟线（SCL）构成的串行总线，可发送和接收数据。在 CPU 与被控 IC 之间、IC 与 IC 之间进行双向传送，最高传送速率为 100kbit/s，采用 7bit 寻址，但是随着数据传输速率和应用功能的迅速增加，I²C 总线也增强为快速模式（400kbits/s）和 10bit 寻址以满足更高速率和更大寻址空间的需求。各种被控制电路均并联在这条总线上，但就像电话机一样，只有拨通各自的号码才能工作，所以每个电路和模块都有唯一的地址。

在信息的传输过程中，I²C 总线上并联的每个电路既是主控器（或被控器），又是发送器（或接收器），这取决于它所要完成的功能。CPU 发出的控制信号分为地址码和控制量两部分，地址码用来选址，即接通需要控制的电路，确定控制的种类；控制量决定该调整的类别（如对比度、亮度等）及需要调整的量。这样，各电路虽然挂接在同一条总线上，却彼此独立，互不相关。

2）I²C 总线的信号类型

I²C 总线在传送数据过程中共有三种类型信号，它们分别是起始信号、终止信号和应答信号。

起始信号：当 SCL 为高电平时，SDA 由高电平向低电平跳变，开始传送数据。

终止信号：当 SCL 为高电平时，SDA 由低电平向高电平跳变，结束传送数据。I²C 总线开始和结束信号定义如图 D-1 所示。

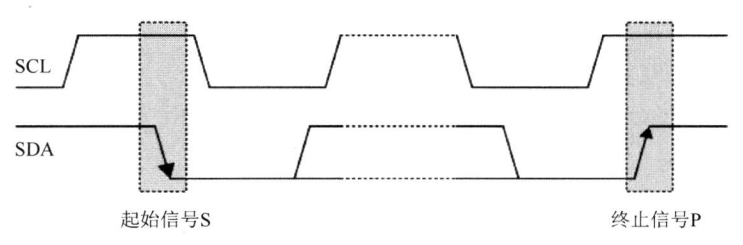

图 D-1　I²C 总线开始和结束信号定义

应答信号是接收数据的 IC 在接收到 8bit 数据后，向发送数据的 IC 发出特定的低电平脉冲，表示已收到数据。CPU 向受控单元发出一个信号后，等待受控单元发出一个应答信号，CPU 接收到应答信号后，根据实际情况做出是否继续传递信号的判断。若未收到应答信号，则判断为受控单元出现故障。I²C 总线应答信号定义如图 D-2 所示。

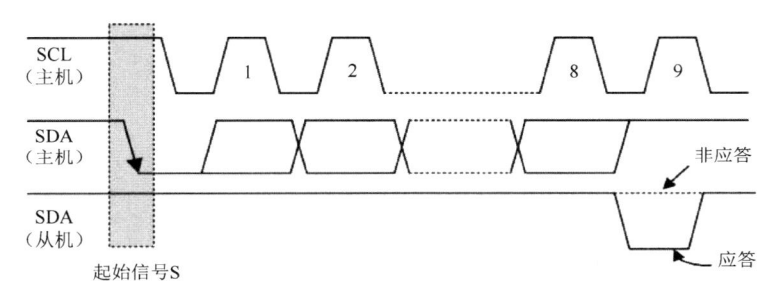

图 D-2　I²C 总线应答信号定义

3）数据位的有效性规定

当 I²C 总线进行数据传送时，当 SCL 为高电平时，SDA 上的数据必须保持稳定，只有在 SCL 为低电平时，才允许 SDA 上的高电平或低电平状态发生变化。数据的传送过程如图 D-3 所示。

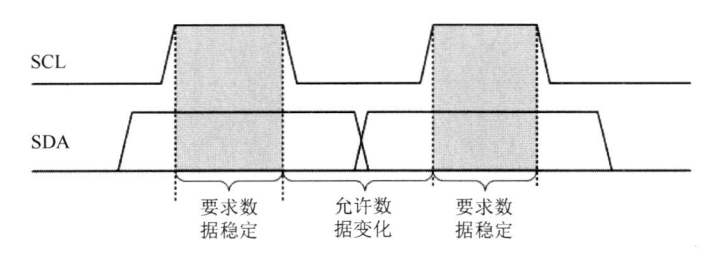

图 D-3　数据的传送过程

4）I²C 总线上一次典型的工作流程

(1) 开始，发送开始信号，表明传输开始。

(2) 发送地址，主设备发送地址信息，包含 7bit 的从设备地址和 1bit 的指示位（表明读或写，即数据流的方向）。

(3) 发送数据，根据指示位，数据在主设备和从设备之间传输。数据一般以 8bit 传输，最重要的位放在前面；具体能传输多少数据并没有限制。接收器上用 1bit 的 ACK（应答信号）表明每个字节都收到了。传输可以被终止和重新开始。

（4）停止，发送停止信号，结束传输。

目前有很多半导体集成电路上都集成了 I²C 接口。带有 I²C 接口的单片机有 CYGNAL 的 C8051F0XX 系列单片机、PHILIPS 的 P87LPC7XX 系列单片机，MICROCHIP 的 PIC16C6XX 系列单片机等。很多外围设备如存储器、监控芯片等也提供 I²C 接口。

2. I²C 总线接口

通过线"与"，I²C 总线接口示意图如图 D-4 所示，它给出了单片机应用系统中较常使用的 I²C 总线外围设备。

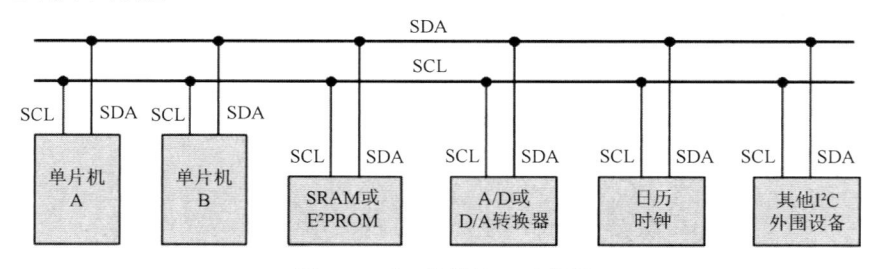

图 D-4　I²C 总线接口示意图

3. I²C 总线的传输协议与数据传送

I²C 规程运用主/从双向通信。若器件发送数据，则定义为发送器，若器件接收数据，则定义为接收器。主器件和从器件都可以工作于接收和发送状态。总线必须由主器件（通常为微控制器）控制，主器件产生 SCL 控制总线的传输方向，并产生起始和停止条件。SDA 上的数据状态仅在 SCL 为低电平时才能改变，当 SCL 为高电平时，SDA 状态的改变被用来表示起始和停止条件。I²C 总线上的数据传送顺序如图 D-5 所示。

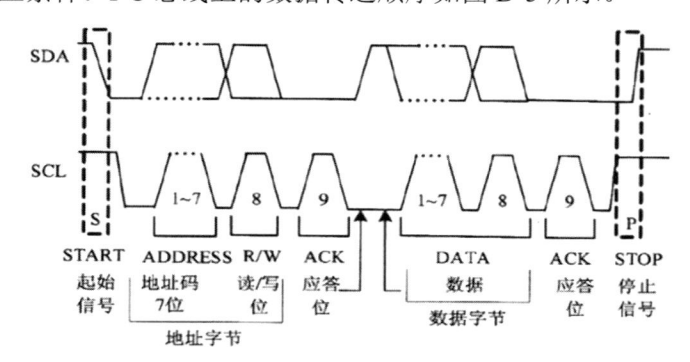

图 D-5　I²C 总线上的数据传送顺序

1）控制字节

在起始条件之后，必须紧跟从器件的控制字节，其中高 4bit 为器件类型识别符（不同的芯片类型有不同的定义，EEPROM 一般为 1010），接着 3bit 为片选，最后 1bit 为读写位，当其为 1 时为读操作，其为 0 时为写操作。从器件的控制字节如图 D-6 所示。

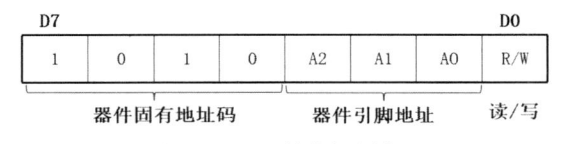

D7							D0
1	0	1	0	A2	A1	A0	R/W
器件固有地址码				器件引脚地址			读/写

图 D-6　从器件的控制字节

2）写操作

写操作分为字节写和页面写两种，页面写方式根据芯片的一次装载的字节不同而有所不同。页面写的时序图如图 D-7 所示。灰色部分由 AT89C51 发送，白色部分由 AT24CXX 发送。

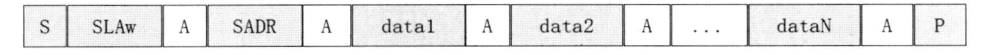

| S | SLAw | A | SADR | A | data1 | A | data2 | A | ... | dataN | A | P |

图 D-7　页面写的时序图

3）读操作

读操作有三种基本操作：当前地址读、随机读和顺序读。图 D-8 所示为顺序读的时序图。应当注意的是，最后一个读操作的第 9 个时钟周期不是"不关心"。为了结束读操作，主器件必须在第 9 个周期间发出终止信号或在第 9 个时钟周期内保持 SDA 为高电平，然后发出终止信号。

| S | SLAw | A | SADR | A | P | S | SLAR | A | data1 | A | data2 | A | ... | dataN | /A | P |
| ← 写入读出单元子地址 → | | | | | | ← 读出操作 → | | | | | | | | | | |

图 D-8　顺序读的时序图

主器件可以采用不带 I²C 总线接口的单片机，如 AT89C51、AT89C2051 等单片机，利用软件实现 I²C 总线的数据传送，即软件与硬件结合的信号模拟。

4．典型信号模拟时序图

为了保证数据传送的可靠性，标准的 I²C 总线的数据传送有严格的时序要求。I²C 总线的起始信号 S、终止信号 P、发送 0 及发送 1 的模拟时序图分别如图 D-9（a）～（d）所示。

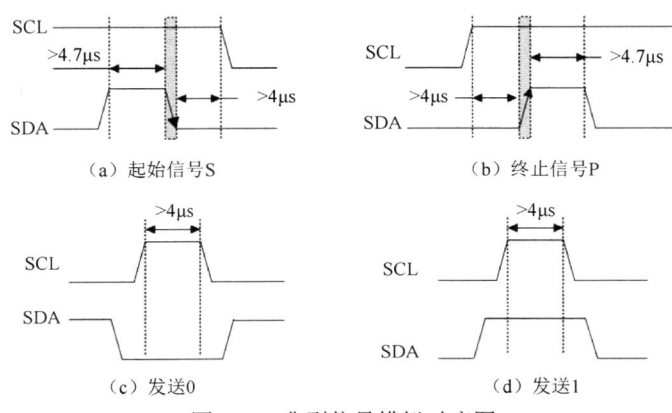

（a）起始信号 S　　（b）终止信号 P

（c）发送 0　　（d）发送 1

图 D-9　典型信号模拟时序图

5. 应用实例

本例实现 AT89C51 对 AT24C04 进行单字节的读写操作。AT24C04 是 Atmel 公司的 CMOS 结构 4096bit（512×8bit）串行 EEPROM，支持 16B 页面写，其和 51 系列单片机（此外以 AT89C51 为例）的接口示意图如图 D-10 所示。AT24C04 的地址为 0，SDA 为串行数据线端，接 AT89C51 的 P1.7 引脚，上拉电阻的选择可参考 AT24C04 的数据手册，SCL 为串行钟端，接 AT89C51 的 P1.1 引脚。

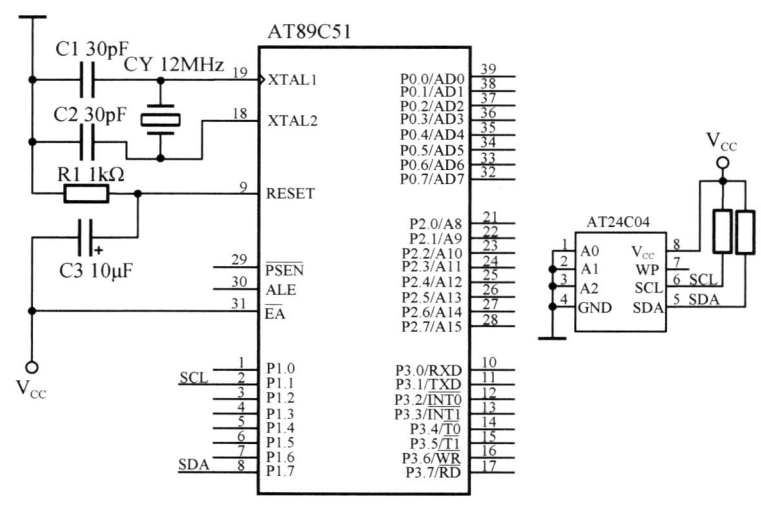

图 D-10 AT24C04 和 51 系列单片机的接口示意图

以下为 C 语言写的利用软件模拟 I²C 总线的数据传送读写程序，I²C 芯片为 AT24C04。单片机对 AT24C04 进行单字节的读写操作的程序如下：

```c
/***************************************************************/
// 程序说明：利用软件模拟 AT24C04 进行单字节的读写操作程序，地址为 0
// 程序功能是把数据 0xc0 存储到地址 5 中，然后读出并通过 P0 口驱动 LED 显示
/***************************************************************/
#include<reg51.h>
#include<intrins.h>
#define uchar unsigned char
#define nop _nop_()
sbit sda=P1^7;    //SDA 和单片机的 P1.7 引脚相连
sbit scl=P1^1;    //SCL 和单片机的 P1.1 引脚相连
//定义累加器 A 的位，利用累加器 A 操作速度最快
sbit a0=ACC^0;
sbit a1=ACC^1;
sbit a2=ACC^2;
sbit a3=ACC^3;
sbit a4=ACC^4;
sbit a5=ACC^5;
sbit a6=ACC^6;
```

```c
sbit a7=ACC^7;
//开始函数
void start()
{
    sda=1;
    nop;
    scl=1;
    nop;
    sda=0;
    nop;
    scl=0;
    nop;
}
//停止函数
void stop()
{
    sda=0;
    nop;
    scl=1;
    nop;
    sda=1;
    nop;
}
//响应函数
void ack()
{
    uchar i;
    scl=1;
    nop;
    while((sda==1) && (i<250))i++;
    scl=0;
    nop;
}
//写1B函数
void write_byte(uchar dd)
{
    ACC=dd;
    sda=a7;scl=1;scl=0;
    sda=a6;scl=1;scl=0;
    sda=a5;scl=1;scl=0;
    sda=a4;scl=1;scl=0;
    sda=a3;scl=1;scl=0;
    sda=a2;scl=1;scl=0;
    sda=a1;scl=1;scl=0;
    sda=a0;scl=1;scl=0;
```

```c
    sda=1;
}
//读1B函数
uchar read_byte()
{
    sda=1;
    scl=1;a7=sda;scl=0;
    scl=1;a6=sda;scl=0;
    scl=1;a5=sda;scl=0;
    scl=1;a4=sda;scl=0;
    scl=1;a3=sda;scl=0;
    scl=1;a2=sda;scl=0;
    scl=1;a1=sda;scl=0;
    scl=1;a0=sda;scl=0;
    sda=1;
    return(ACC);
}
//写地址和数据函数
void write_add(uchar address,uchar date)
{
    start();
    write_byte(0xa0);          //写地址命令
    ack();
    write_byte(address);       //写地址
    ack();
    write_byte(date);          //写数据
    ack();
    stop();
}
//读地址、数据函数
uchar read_add(uchar address)
{
    uchar temp;
    start();
    write_byte(0xa0);
    ack();
    write_byte(address);
    ack();
    start();
    write_byte(0xa1);
    ack();
    temp=read_byte();
    stop();
    return(temp);
}
```

```c
void delay(uchar i)
{
    uchar a,b;
    for(a=0;a<i;i++)
        for(b=0;b<100;b++);
}
void init()
{
    sda=1;
    nop;
    scl=1;
    nop;
}
void main()
{
    init();                  //初始化函数
    write_add(5,0xc0);       //往地址 5 中写入 0xc0
    delay(100);
    P0=read_add(5);          //读地址 5 中的数据,并送入 P0 口驱动 LED 显示
    while(1);                //无限循环
}
```

参 考 文 献

[1] 张鑫，华臻，陈书谦. 单片机原理及应用[M]. 北京：电子工业出版社，2005.

[2] 汪毓铎，梅丽凤，王艳秋. 单片机原理及接口技术[M]. 北京：清华大学出版社，2017.

[3] 李广弟，朱月秀，王秀山. 单片机基础[M]. 北京：北京航空航天大学出版社，2001.

[4] 王鸿钰. 步进电机控制技术入门[M]. 上海：同济大学出版社出版，1992.

[5] 彭伟. 单片机C语言程序设计实训100例——基于8051+Proteus仿真[M]. 北京：电子工业出版社，2009.

[6] 文哲雄，罗中良. 单总线多点分布式温度监控系统的设计[J]. 微计算机信息，2005，（6）：63-65.

[7] 唐继贤. 51单片机工程应用实例[M]. 北京：北京航空航天大学出版社，2009.

[8] 张靖武，周灵斌. 单片机原理、应用与 PROTEUS 仿真[M]. 北京：电子工业出版社，2008.

[9] 赵文博，刘文涛. 单片机语言C51程序设计[M]. 北京：人民邮电出版社，2005.

[10] 曾一江. 单片机原理与接口技术[M]. 北京：科学出版社，2009.

[11] 陈杰，黄鸿. 传感与检测技术[M]. 北京：高等教育出版社，2010.

[12] 石生，韩肖宁. 电路基本分析[M]. 北京：高等教育出版社，2008.

[13] 杨志忠，卫桦林. 数字电子技术[M]. 北京：高等教育出版社，2008.

[14] 胡宴如，耿素艳. 模拟电子技术[M]. 北京：高等教育出版社，2008.

[15] 张子红，马鸣霄，刘鑫，等. Altium Designer 6.6 电路原理图与电路板设计教程[M]. 北京：海洋出版社，2009.

[16] 余永权. 单片机实践与应用[M]. 北京：北京航空航天大学出版社，2002.

反侵权盗版声明

  电子工业出版社依法对本作品享有专有出版权。任何未经权利人书面许可，复制、销售或通过信息网络传播本作品的行为；歪曲、篡改、剽窃本作品的行为，均违反《中华人民共和国著作权法》，其行为人应承担相应的民事责任和行政责任，构成犯罪的，将被依法追究刑事责任。

  为了维护市场秩序，保护权利人的合法权益，我社将依法查处和打击侵权盗版的单位和个人。欢迎社会各界人士积极举报侵权盗版行为，本社将奖励举报有功人员，并保证举报人的信息不被泄露。

举报电话：（010）88254396；（010）88258888
传 真：（010）88254397
E - m a i l：dbqq@phei.com.cn
通信地址：北京市万寿路 173 信箱
     电子工业出版社总编办公室
邮 编：100036